装饰装修工程施工技巧与常见问题分析处理

主 编 孙 波 刘 宇
副主编 陈 艳 葛彩霞

湖南大学出版社

内 容 简 介

　　本书根据装饰装修工程施工实际，结合最新装饰装修设计与施工质量验收规范，对装饰装修工程的施工方法和技巧进行了详细阐述，对装饰装修工程常见施工质量问题进行了细致的分析并提出了适当的解决方法。本书主要内容包括抹灰工程、吊顶工程、轻质隔墙工程、饰面板（砖）工程、幕墙工程、涂饰工程、门窗工程、裱糊与软包工程、楼地面工程施工、细部工程等。

　　本书内容丰富，体例新颖，可供装饰装修工程施工现场技术及管理人员使用，也可供高等院校相关专业师生学习时参考。

图书在版编目（CIP）数据

装饰装修工程施工技巧与常见问题分析处理/孙波，刘宇主编 . —长沙：湖南大学出版社，2013.5

（建筑工程施工技巧与常见问题分析处理系列手册）

ISBN 978 - 7 - 5667 - 0336 - 1

Ⅰ.①装… Ⅱ.①孙… ②刘… Ⅲ.①建筑装饰—工程施工—技术手册 Ⅳ.①TU767-62

中国版本图书馆 CIP 数据核字（2013）第 105491 号

装饰装修工程施工技巧与常见问题分析处理
ZHUANGSHI ZHUANGXIU GONGCHENG SHIGONG JIQIAO YU CHANGJIAN WENTI FENXI CHULI

作　　者：孙　波　刘　宇　主编
责任编辑：刘　旺　　　　责任印制：陈　燕
印　　装：北京紫瑞利印刷有限公司
开本：787×1092　16 开　　印张：14.5　　字数：344 千
版次：2013 年 6 月第 1 版　　印次：2013 年 6 月第 1 次印刷
书号：ISBN 978 - 7 - 5667 - 0336 - 1
定价：32.00 元

出 版 人：雷　鸣
出版发行：湖南大学出版社
社　　址：湖南·长沙·岳麓山　　　　邮　编：410082
电　　话：0731 - 88821691（发行部），88820008（编辑室），88821006（出版部）
传　　真：0731 - 88649312（发行部），88822264（总编室）
网　　址：http：//www.hnupress.com　　电子邮箱：liuwangfriend66@126.com

装饰装修工程施工技巧与常见问题分析处理

（编 委 会）

主　　编：孙　波　刘　宇

副 主 编：陈　艳　葛彩霞

编　　委：徐梅芳　訾珊珊　华克见　孙世兵

前 言

当前，我国经济社会进入一个新的重要发展时期，作为国民经济的支柱产业，建筑业的重要地位和作用正在日益显现。随着我国建设事业的不断发展，建筑行业的各项技术也有了很大的进步，各种新材料、新设备、新技术不断涌现，这给建筑工程相关从业人员带来了极大的机遇与挑战，也对他们提出了更高的专业要求。

工程质量直接关系到人民生命财产的安全和社会经济的运行发展。我国工程质量近些年来总体水平虽有提高，可质量问题仍然不少，各种事故时有发生。作为建筑工程现场工作人员，更应该深入了解施工过程中存在的质量问题，才能有效地预防质量问题的发生，对出现的质量问题进行有效治理，确保工程安全、顺利进行，保证工程的使用质量。

在建筑施工现场，相关技术人员、建筑工人在面对各种施工方法问题、施工质量问题时，常常苦于无法方便快捷地找到解决实际问题的相关知识、资料。为此，我们组织相关专家、学者，在进行了实地调研之后，编写了这套《建筑工程施工技巧与常见问题分析处理系列手册》。本套丛书在编写上，力求直接解决相关人员在实际工作中所遇到的重点、难点问题，使相关从业人员在确保建筑工程质量的前提下，更好、更快、更准确地获取所需的相关知识。

与市面上同类书籍相比，本套丛书具有以下一些特点：

1. 针对不同的工程，分别编写了《地基基础工程施工技巧与常见问题分析处理》、《钢结构工程施工技巧与常见问题分析处理》、《主体结构工程施工技巧与常见问题分析处理》、《装饰装修工程施工技巧与常见问题分析处理》、《水暖工程施工技巧与常见问题分析处理》、《电气安装工程施工技巧与常见问题分析处理》、《通风空调工程施工技巧与常见问题分析处理》等分册，以适应不同专业施工、管理人员的需求，并使各专业知识更加全面、具体，具有可操作性。

2. 参考了国家最新相关施工技术、质量验收等方面的标准、规范、规程，并注意吸收新技术、新材料、新设备等方面的应用知识，确保书籍编写的正确性、新颖性。

3. 在编写体例上，注意丛书的实用性和方便性，针对各专业工程的具体施工，从目录上即体现出各具体施工问题的详细分类，方便读者查找；在内容上，从施工工艺、施工技巧、存在问题分析及处理三大方面入手；在细节上，针对各个细小的施工，对建筑工程施工的方法、问题进行详细剖析，使读者切实掌握施工技术的应用，并能解决实际相关问题。

4. 本套丛书注意语言通俗、易懂、简洁，图文并茂，以方便读者快速阅读、快速掌握，从而提升读者分析问题和解决问题的能力，特别适合建筑工程施工现场技术及管理人员使用。

本套丛书在编写过程中得到了有关专家学者的大力支持与帮助，参考和引用了有关部门、单位和个人的资料，在此深表谢意。限于编者的水平及阅历的局限，加之编写时间仓促，书中错误及疏漏之处在所难免，恳请广大读者和有关专家批评指正。

编　者

目录

第1章 抹灰工程

1.1 抹灰工程基层处理

1.1.1 抹灰工程基层处理施工工艺与技巧

基层处理的两个重要操作工序是墙面清理和浇水湿润。墙面清理的主要内容是清理墙面上的耳灰、混凝土跑浆、油渍、碱渍、污垢等；浇水湿润是在抹灰前24h左右进行，要求水要浇到渗入墙体10～20mm为宜。天气炎热时应多浇一些水，以防墙面风干；在阴雨天和冬季则应少浇水，防止砂浆不凝结。基层处理的具体要求如下：

(1)抹灰开始前应对结构进行严格验收，对个别凹凸不平处要进行剔平、修补，脚手眼要堵好。

(2)基层要湿润，湿润要根据季节不同而分别处理，对不同的基层要有不同的浇水量。

1)砖砌体，应清除表面杂物、尘土，抹灰前应洒水湿润。

2)混凝土，表面应凿毛或在表面洒水润湿后涂刷1：1水泥砂浆(加适量胶黏剂)。

3)加气混凝土，应在湿润后刷界面剂，并同时抹强度不大于M5的水泥混合砂浆。

(3)缝隙处理。

1)预制板顶棚缝隙要提前用三角模吊好，灌注好细石混凝土，并提前用1：0.3：0.3(体积比)混合砂浆勾缝。

2)对于轻型、薄型混凝土隔墙的缝隙，应视隔墙的牢固程度提前用水泥砂浆或细石混凝土灌实。

3)门、窗洞口的缝隙要在做水泥护角前用1：3(体积比)水泥砂浆勾严。

4)当门框与过梁之间、窗框与过梁之间及窗台处的缝隙较大且用水泥砂浆无法塞缝时，应用细石混凝土塞缝。

(4)配电箱、消防栓的铁箱要固定牢固，如有松动，要及时钉牢，并用水泥砂浆固定。

(5)现浇混凝土表面如有油渍，应先用质量分数为10％的氢氧化钠溶液清洗，再用清水冲净。

(6)基层过光的混凝土表面要凿毛，并用水泥108胶聚合物浆刮糙或甩毛。

(7)外墙抹灰工程施工前应先安装钢木门窗框、护栏等，并将墙上的施工孔洞堵塞密实。

1.1.2 屋面防水工程完工前，未采取措施就进行室内抹灰分析处理

屋面防水工程完工前，没有采取措施就进行室内抹灰，其后果会因屋面渗漏导致室内抹灰轻则污染，重则被雨水冲刷损坏，造成返修。

施工要强化计划管理。在一般情况下，室内抹灰应安排在屋面防水工程完工后再进行，尤其是楼层及屋面采用预制多孔板安装的多层工房。若确因施工进度需要在屋面防水工程完工前进行室内抹灰，应在屋面或其上一层楼面采取防雨措施后再进行。

1.1.3 抹灰基层施工质量缺陷分析处理

（1）抹灰基层清理不干净、抹灰前浇水不透、抹灰不分层，一次抹灰层过厚，这些情况容易导致各抹灰层之间及抹灰层与基体之间未黏结牢固，有脱层、空鼓，面层有爆灰和裂缝等缺陷。

针对上述情况，具体防治措施如下：

1）严格执行操作规程，基层应清理干净，抹灰前先浇水湿润。

2）按规定分层抹灰，不得不分层连续抹灰，分层间隔时间必须得当，一般宜隔夜进行。

3）石灰膏必须经淋制后存贮在沉淀池中，以保证足够的熟化时间。

（2）装饰抹灰中，对基体表面清理和浇水润湿不够，底层砂浆强度等级过低，面层涂抹前没有在中层表面上刮水泥浆，均会导致各抹灰层之间及抹灰层与基体之间黏结不牢固，有脱层、空鼓和裂缝等缺陷。为避免出现基体脱层、空鼓等现象，实施过程中应注意以下几点：

1）基层表面应清扫干净，剔平凸块，蜂窝、凹洼、缺棱掉角处应修补。施工前 1d 应浇水，要浇透、浇匀。

2）水刷石、水磨石、斩假石等材质其底层砂浆等级不能过低，在面层涂抹前应在中层表面上刮一层水泥砂浆结合层（水胶比为 0.37～0.4），要边刮边抹面层。

3）应避免在日光曝晒下抹灰。罩面灰成活后，第二天应浇水养护。

1.2 一般抹灰工程

1.2.1 一般抹灰工程施工工艺

1. 内墙一般抹灰施工工艺

（1）施工工序

基层处理→做灰饼→抹踢脚线（板）→做门窗洞口及阳角处的护角→抹水泥窗台→墙面做标筋→抹底子灰→修抹预留孔洞、配电箱、槽盒→抹罩面灰。

（2）施工要点

1）基层处理。基层处理施工要点按 1.1.1 节所述方法进行操作。

2）做灰饼。做灰饼的主要目的是控制抹灰层的垂直度、平整度和厚度。施工时先在墙面上端距阴角、阳角 150～200mm 处，根据已确定的抹灰层厚度，用 1∶3（体积比）水泥砂浆做成 50mm×50mm 见方的灰饼。先做两端头的灰饼，并以这两块灰饼为依据拉准线，然后依拉好的准线每隔 1m 左右做一个灰饼。上部灰饼做好以后，用托线板和线坠依据上部灰饼的厚度做下部的灰饼。下部灰饼位置应高于踢脚线的高度，一般离地面不小于 200mm，做法与上部灰饼做法相同。灰饼的厚度不得大于 25mm，也不得小于 7mm。

3)抹踢脚线(板)。在踢脚线或墙裙抹灰之前,应将基层清理干净,提前浇水湿润,弹出高度水平线,然后用 1:1 水泥砂浆薄薄地刮一遍,超出高度水平线 30~50mm。紧接着用 1:3(体积比)水泥砂浆抹底层灰,并用木抹子搓毛,再抹 1:2.5(体积比)的水泥砂浆,其厚度要突出墙面罩面灰 5~7mm。待抹平压光收水后,按施工图设计要求的高度,以室内墙面 500mm 线为标准,测量出踢脚线的上口高度,再用粉线包弹出踢脚线上口的水平线,然后用八字靠尺靠在线上,用钢抹子将踢脚线上口切齐抹平整,最后用阳角抹子捋光上口。

4)做门窗洞口及阳角处的护角。为使阳角在抹灰后线条清晰、挺直,防止抹灰后阳角被碰坏,一般抹灰都要做护角线。护角线分为明护角线和暗护角线两种,明护角线的效果较好。护角应抹 1:2(体积比)的水泥砂浆,高度不应低于 2m,每侧宽度不小于 50mm,厚度一般以抹灰层的厚度为标准。施工时先用 1:3(体积比)水泥砂浆薄薄抹一层 50mm 宽的底子灰,然后用钢筋夹头将八字靠尺撑住,用线坠或目测方法将八字靠尺调整垂直,再分层抹灰。一边抹完以后,再用同样的方法完成另一边的操作。待护角的棱角稍干时,用阳角抹子和水泥浆捋出小圆角,上口用钢抹子切成斜角,两边对称呈八字形,便于抹灰时与抹灰层的接合。

5)抹水泥窗台。抹水泥窗台前先将窗台基层清理干净,并浇水湿润,如有松动的砖,则要重新砌筑,再用 1:2(体积比)的细石混凝土铺实,厚度为 25mm;次日先刷一遍素水泥浆,再用 1:2.5(体积比)的水泥砂浆罩面,要求压光、压实,并在窗台阳角处用捋角器捋成小圆角。

6)墙面做标筋。标筋也叫冲筋,是在两个灰饼之间抹出的一条宽为 100mm、厚度与灰饼相同的长灰埂,它是抹底子灰填平的标志。施工时先将墙面浇水湿润,再在上下两个灰饼之间分层抹出一条比灰饼高出 5~10mm、宽为 100mm 的灰埂,要求灰埂呈八字形,以便与抹灰层连接。然后用刮杠紧贴灰饼上下来回搓,直到把标筋搓得与灰饼同样平为止。操作时应检查木杠是否受潮变形,如发现木杠变形,要及时修整,以免因标筋不平而造成墙面抹灰高低不平。

7)抹底子灰。底子灰应在标筋完成 2h 以后进行施工,不能过早或过迟。施工时先将砂浆抹于两个标筋之间,底层要低于标筋的厚度,待砂浆收水后再进行中层的抹灰,其厚度以填平标筋为准,并略高于标筋,这道工序叫刮糙或装档;中层砂浆抹好后,用刮杠按标筋由下往上刮平,刮杠时手腕要灵活,刮完一块后用木抹子搓平、搓毛,局部凹陷处用砂浆补平,然后再刮,完成以后要检查底子灰是否平整、阴阳角是否方正,并用靠尺板检查墙面的垂直平整情况,发现有偏差要及时修整。当层高在 3.5m 以上时,应有两人分别在架子上下协调操作。

8)修抹预留孔洞、配电箱、槽、盒。当底灰抹平后,要随即由专人把预留孔洞、配电箱、槽、盒周边 5cm 宽的石灰砂刮掉,并清除干净,用大毛刷蘸水沿周边刷水湿润,然后用 1:1:4 水泥混合砂浆,把洞口、箱、槽、盒周边压抹平整、光滑。

9)抹罩面灰。应在底灰六七成干时开始抹罩面灰(抹时如底灰过干应浇水湿润),罩面灰两遍成活,厚度约 2mm。操作时最好两人同时配合进行,一人先刮一遍薄灰,另一人随即抹平。依照先上后下的顺序进行,然后赶实压光,压光时要掌握火候,既不要出现水纹,也不可压活,压好后随即用毛刷蘸水将罩面灰污染处清理干净。施工时整面墙不宜甩破活,如遇有预留施工洞时，可甩下整面墙待抹为宜。

2. 外墙一般抹灰施工工艺

（1）施工工序

基层处理→找规矩、做灰饼与标筋→抹底子灰水泥砂浆→黏分格条→抹罩面水泥砂浆→做滴水线（槽）→养护。

（2）施工要点

1）基层处理。将砖墙面上残留的砂浆、污垢、灰尘等清扫干净，然后用水冲洗墙面，将灰缝中的尘土等冲洗干净，并使水吃进砖墙中 10～20mm。

2）找规矩、做灰饼与标筋。外墙抹灰与内墙抹灰一样，都要通过找规矩、做灰饼与标筋来控制墙面的平整度和垂直度。但因外墙面由檐口到地面的抹灰面大，门窗、阳台、明柱、腰线等看面都要横平竖直，而抹灰的操作步骤必须一步架一步架往下抹，因此，外墙抹灰找规矩的要求与内墙抹灰找规矩要求有所不同。

外墙抹灰找规矩要在四角先挂好由上至下的垂直通线（如为多层或高层建筑，应用钢丝绑垂直线），门窗口角、垛处都要吊垂直。其方法可用缺口尺、垂线吊直后，根据确定的抹灰厚度，在每步架大角两侧弹上控制线，然后拉水平通线，根据竖向和水平方向弹好的控制线做灰饼，竖向要求每步架做一个灰饼。其余的操作方法和要求与内墙抹灰做灰饼、标筋相同。

3）抹底子灰水泥砂浆。在抹底层水泥砂浆前，先用掺入水质量 10% 的 108 胶水泥砂浆薄薄地刷一遍，紧接着用 1：3（体积比）的水泥砂浆抹底子灰，要分层抹，每遍的厚度控制在 5～7mm 左右。抹至与标筋相平时，用大杠刮平找直，再用木抹子打毛。用木抹子打毛时要注意，如墙面砂浆太干时，应一手用茅柴帚洒水，另一手用木抹子打磨，木抹子要贴平墙面，靠转动手腕，自上而下、从右向左以圆圈形打磨，用力要均匀，轻重一致，使表面平整、密实。

4）黏分格条。室外墙面抹水泥砂浆，要进行分格处理，其目的是提高墙面美观度，防止罩面砂浆收缩产生裂缝，同时既便于抹灰，又能较好地控制墙面抹灰的平整度，这是保证抹灰质量的一项有力措施。

黏分格条前，应按施工图样设计要求的尺寸进行排列分格，然后用墨斗或粉线包进行分格弹线，弹线时竖直方向用线坠或经纬仪来校正垂直，水平方向要以水平线为依据来校正水平，弹线时要按顺序进行，先弹竖向后弹横向。分格线弹好后，就可黏分格条。另外，在黏分格条前，应提前 1d 将分格条放在水池中泡透，这样既便于黏贴，又能防止使用时分格条不变形。

根据分格条的长度，在分格条上画好尺寸锯齐，然后用铁皮抹子将素水泥浆抹在分格条的背面，便可以进行黏贴。在黏贴时必须注意，竖直方向的分格条要黏贴在垂直分格线的左侧，水平方向的分格条要黏贴在水平分格线的下口，这样便于观察，并且操作方便。

黏贴完一条竖向或横向分格条后，应用直尺校正其平整度，并将分格条两侧用水泥浆抹成八字形斜角（水平分格条要先抹好下口再抹上口）。

5）抹罩面水泥砂浆。分格条黏贴切好后，即可进行罩面抹灰。抹罩面水泥砂浆之前，应在底子灰上洒水湿润，然后用 1：2.5（体积比）水泥砂浆进行罩面抹灰。先薄薄地抹一层灰，使其与底层抹灰抓牢，紧接着抹第二层灰与分格条平齐，然后用靠尺板或短木杠将抹灰罩面与分格条刮平，要横竖向刮平，再用木抹子搓平，最后用铁抹子压实溜光。待表面无明水后，用刷子蘸水泥砂浆，按垂直于地面的同一方向轻轻刷一遍，以保持面层灰的颜色一致，增加表面的美感。

罩面层水泥砂浆抹好后，要及时将分格条取出来，然后用素水泥膏将缝勾平、勾严，再用抹子轻轻地压一下灰层，这样能保证面层灰与底子灰黏结牢固，防止取分格条时将面层灰拉起而造成空鼓。如果分格条难取，则应待罩面砂浆干透后再取出来，防止碰坏边棱。

如果先抹底子灰，待底子灰全部抹完后，再反上去从上往下抹罩面灰时，要注意先检查底子灰是否有空鼓现象，如发现有空鼓现象时，应将空鼓处全部剔凿掉重新抹底子灰。另外，应注意先将底层砂浆上的污垢、尘土清理干净，再浇水湿润后，方可抹罩面灰。

6）做滴水线（槽）。在檐口、窗台、窗楣、雨篷、阳台、压顶和突出墙面的凸线等上面应做流水坡度，下面应做滴水线（槽），流水坡度及滴水线（槽）距外表面不小于 40mm，滴水线路称鹰嘴。应保证坡向正确，其形式如图 1-1 所示。

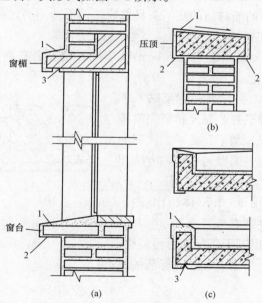

图 1-1 滴水的形式

（a）窗台；（b）女儿墙；（c）雨篷、阳台、檐口

1—流水坡度；2—滴水线；3—滴水槽

7）养护。在面层水泥砂浆抹好后，一般情况下隔一夜就可以浇水养护。如果养护面积较大，应派专人负责养护，在干燥或炎热天气更要加强养护，防止抹灰面层出现干裂和空鼓现象。

1.2.2 抹灰工程施工技巧

1. 内墙一般抹灰施工技巧

（1）灰饼、标筋要与墙面平行，不可倾斜、扭翘。

（2）灰饼的间距不宜过大，否则在刮杠时较费劲，间距一般控制在 1～1.5m 左右。

（3）抹灰层的厚度应根据墙面的施工质量来确定，但抹灰的最薄处不得小于7mm。内墙面抹灰总厚度一般不超过35mm，如超过35mm，应有补强措施并进行隐藏验收。

（4）抹灰工程应分层进行，底层抹灰一般不超过10mm，中层应隔夜进行，每层厚度为6～7mm。

（5）罩面灰应待中层六七成干时进行，并视中层的颜色来决定是否需要洒水，如颜色发白，一定要洒水湿润后再进行抹面。

（6）罩面灰完成后最好上一遍木抹子（用木抹子搓平），如感觉较平整，也可直接用钢抹子溜一遍，待稍吸水后再压光。

（7）不同材料基体交接表面的抹灰，应采取防止开裂的加强措施，当采用加强网时，加强网与各基体的搭接宽度不应小于100mm。

（8）如果墙体为砖墙时，底层抹灰方向应垂直于灰缝方向（即砖的长度方向），这样能使底层灰填嵌到灰缝中，增加底层灰与墙体的黏结强度。

（9）装档可在做标筋后适时进行，过早进行，标筋太软，在刮平时易变形；过晚进行，标筋已经收缩，按收缩后的筋抹出的底子灰易造成墙面低洼不平，标筋处突出。

2. 外墙抹灰工程施工技巧

（1）外墙抹水泥砂浆大面积施工前，应先做样板，经鉴定并确定施工方法后才能进行抹灰。

（2）如遇到阳角大角，要在另一侧反贴八字靠尺，尺棱边出墙与灰饼平齐，靠尺黏结完要挂垂线检查，然后依尺抹灰、刮平、搓平。做完一面后再反尺正贴在抹好的一面做另一面，方法相同，如图1-2所示。

（3）抹罩面灰时宜采用1∶2.5（体积比）的水泥砂浆，从上到下、从左到右进行施工。

（4）可在装档前先抹出若干条标筋后再装档，也可由专人在前做标筋，后跟人装档。标筋的厚度与上下灰饼齐平。

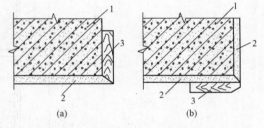

图1-2　反贴嵌卡八字靠尺
1—基体；2—抹灰层；3—八字靠尺

（5）对于柱子等应短边设置分格缝，统一标高，拉通线弹出水平分格线；窗间墙竖向分层分格缝，几个层段应统一吊线分格。

（6）窗台的抹灰应尽可能推迟，待结构沉降稳定后进行窗台抹灰，同时抹灰后要加强养护，以防止砂浆的收缩内力和负弯矩引起的外力组合在一起，使抹灰面产生裂缝。

（7）标筋与装档的相距时间，应以标筋尚未收缩、装档时大杠上去不变形为宜。

（8）分格条在使用前要在清水中泡透。水平分格条应黏贴在水平线下边，竖向分格条应黏贴在垂直线左侧，以便于检查其准确度，并防止发生错缝和不平现象。

（9）外墙抹灰由于墙体跨度大，墙身高，接槎多，施工有一定难度。基层浇水湿润是关键，浇水量要适当，浇水量多，容易使抹灰层产生流坠，变形凝结后易造成空鼓；浇水量不足，施工中砂浆干燥快，不易修理。

（10）当打底时遇到门窗洞口时，可随抹墙一同打底，也可先把离洞口一周50mm及侧面留出来不抹，后派专人进行抹灰，这样施工较快。

3. 窗台抹灰施工改进方法与一般做法对照

（1）窗台抹灰的一般做法，利用窗台底面一皮砖出墙 60mm，在窗台底砖墙上直接抹成水泥砂浆窗台，在窗台出墙底面做滴水槽或滴水线。这种传统做法如果处理不好，容易使窗台底面产生空鼓、裂缝、湿墙等现象。

（2）改进后的窗台抹灰具体做法如下：

1）用小方木制作鹰嘴杆，并在接触滴水一面贴上透明胶带纸，以使做成的滴水底面光滑。鹰嘴杆的长度比实际窗台宽度长 150mm 即可。一般每层每种窗台两根即可满足施工周转使用。鹰嘴杆断面尺寸如图 1-3、图 1-4 所示。施工中采用图 1-3 所示鹰嘴杆，在外墙罩面以后再做窗台、滴水；采用图 1-4 所示鹰嘴杆，在外墙罩面时可做窗台，或在外墙抹灰打底后做窗台、滴水，再罩外墙面，故留下外墙罩面厚度 8～10mm。

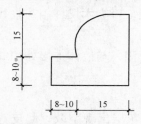

图 1-3　鹰嘴杆断面（一）（单位：mm）

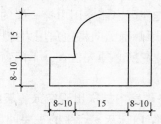

图 1-4　鹰嘴杆断面（二）（单位：mm）

2）主体结构施工时，窗台标高下，砖墙少砌一皮砖（60mm 左右），如为多孔砖或其他规格砌块材料，应适当调整厚度。

3）做窗台前，在砖墙上适当浇水，浇筑 C20 细石混凝土，厚 60mm。同时做出 10％左右泛水坡度，注意泛水坡度一致，然后浇水养护。

4）待混凝土达到一定强度以后，用 1：2 水泥砂浆抹窗台，用鹰嘴杆出檐，并抹出窗台外 50mm。如有窗套，应同窗套交圈，一般待砂浆硬化 1d 后即可抽掉鹰嘴杆。

（3）改进后做法的优势。采用这种方法做出的外窗台既美观又不产生裂缝、空鼓、湿墙等质量通病，特别是滴水效果非常好，且容易与腰线、窗套等外墙装饰线相连。

1.2.3　抹灰面空鼓、裂缝分析处理

1. 内墙抹灰面出现空鼓、裂缝现象

抹灰后过一段时间，往往在不同基层墙面交接处，基层平整度偏差较大的部位，墙裙、踢脚板上口，以及线盒周围、砖混结构顶层两山头、圈梁与砖砌体相交等处出现空鼓、裂缝情况。为避免抹灰面出现空鼓、裂缝等现象，施工时应注意以下几点：

（1）罩面抹灰完成后要等其收水后再进行压活，防止罩面后立即压，跟得太紧易产生气泡和抹纹。

（2）拌和的砂子灰及罩面灰所用的石灰膏和生石灰粉必须经充分熟化后才能使用，不能有未熟化的颗粒。

（3）控制各抹灰层的厚度，避免一次抹灰层过厚。不同材料基体交接处表面的抹灰，应采用加强网防止开裂，搭接宽度不小于 100mm。

(4)应加强对抹灰层的养护，减小收缩面。外墙抹灰一般面积较大，为了不显接槎及防止抹灰开裂，应设置分格缝。

(5)低温条件施工应注意工作环境温度，低于5℃时，不宜进行抹灰施工。

2. 门窗侧壁空鼓分析处理

门窗侧壁的面积窄小，抹灰前基层清理不洁净，湿润不透，易造成空鼓、脱落现象。一般门窗侧壁需用木尺杆找直，抹灰时抹子搁不进去，因怕碰歪尺杆，不敢用力抹压，操作起来很不方便，使抹上的砂浆不实，只起到了找平的作用，没有与墙体牢固黏结。再加上在安装门窗扇时剔、凿造成振动和风吹扇动的摔打，都是门窗侧壁抹灰脱落空鼓的主要原因。一般来说，减少门窗侧壁空鼓的正确做法是：

(1)抹灰前首先要将门窗侧壁清理干净，充分浇水湿润，并润透。一般提前1d将门窗侧壁润透，表皮晾干，无明水时再抹灰。

(2)先在门窗侧壁用力抹一层约1/2抹灰厚度的砂浆，再夹木尺杆用灰浆找平，最后再用小抹子顺侧壁竖向将边角用力抹压密实。

(3)抹灰前必须先检查一下门窗框安装是否正确、牢固，与墙体连接处的缝隙是否按要求嵌塞密实。

3. 冬季室内抹灰出现空鼓、起皮现象分析处理

冬季室内抹灰易产生的主要问题是：到开春时，抹灰层出现空鼓、起皮等现象。经分析，出现这些现象主要有以下几个方面原因：

(1)在热做法施工中，由于火炉靠得太近，温度不均匀，抹灰层易干，早期失水，影响砂浆强度及黏结。

(2)抹灰作业时，室内温度过低，砂浆无法及时收干，反复抹压，造成其与基层脱离。

(3)初冬时，由于气温低，抹灰不易收干，操作者往往减少对基层浇水湿润，有的甚至不浇水，因而影响抹灰层与基层的黏结，造成空鼓、开裂现象。

故在施工中，用火炉做热源时，个别部位要利用管式加热器进行加热。门窗口与墙交接处应用砂浆密实嵌缝，所有门窗玻璃要在抹灰前安装完毕，以保证室内温度在抹灰后4d内不低于5℃。

此外，在抹灰砂浆中掺适量108胶，可以减缓早期轻微受冻造成的损害，并促使其后期强度仍有增强，不会出现裂缝。原因是108胶在硬化前是一种胶体，胶水冻结时，体积膨胀，挤压108胶，108胶就成为一种缓冲物质，使已凝结或正在凝结的水泥砂浆内部结构不被破坏，所以解冻后，水泥砂浆大多能增强其后期强度。

4. 墙裙、踢脚线处的砂浆出现空鼓、裂缝现象分析处理

墙裙、踢脚线做完后，其表面的砂浆容易发生空鼓，且有裂缝。究其原因有可能墙面未处理干净，材料选择配比不当，工序间时差过短或没有多层施工，抹灰层"内软外硬"等。具体防治措施如下：

(1)抹灰前，应先将基层表面清理干净，并于施工前一天浇水湿透。

(2)砂浆应使用相同的水泥砂浆或水泥量加大的混合砂浆。

(3)分层抹灰，应控制工序时间间隔。

(4)分层使用水泥砂浆、混合砂浆、石灰砂浆等时注意防止"内软外硬"的现象。

1.2.4 抹灰表面缺陷分析处理

1. 抹灰表面不平整，阴阳角不方正、不垂直

墙面不垂直影响视觉效果，阴阳角不方正将影响使用效果，门窗洞口抹灰小于90°则直接影响门窗的开启角度，达不到验收和使用要求。针对这种现象，具体防治措施如下：

（1）抹灰前必须抹灰饼、找规矩，使其保证墙面的垂直和平整，将其灰饼用灰层连系成灰筋，以灰筋为标准，按其厚度抹平。

（2）抹灰前应在阴阳角及门窗洞口处抹灰饼、找垂直及方正，并在立墙面弹好抹灰层的线，控制好抹灰厚度。

2. 室内灰线不顺直，结合不牢固、开裂、表面粗糙

室内灰线不顺直容易引起灰线变形，底灰与基层连接处不牢易造成砂浆开裂空鼓，灰线表面易产生偏离、麻面，从而造成脱落。为避免此类现象，其正确做法如下：

（1）灰线必须在墙面的罩面灰施工前进行，且墙面与顶棚的交角必须垂直方正，符合高级抹灰面层的验收标准。抹灰线底灰之前，应将基层表面清理干净，在施抹前浇水湿润，抹灰线时再洒一次水，保证基层湿润。

（2）灰线模型体应规整，线条清晰，工作面光滑。按灰线尺寸固定靠尺要平直、牢固，与线模紧密结合。抹灰线砂浆时，应先抹一层水泥石灰砂浆过渡结合层，并认真控制各层砂浆配合比。同一种砂浆也应分层施抹，喂灰应饱满，推拉挤压要密实，接槎要平整。如有缺陷，应用细筋（麻刀）灰修补，再用线模赶平压光，使灰线表面密实、光滑、平顺、均匀，线条清晰，色泽一致。

3. 内墙罩面灰接槎明显，色泽不匀

罩面灰施工时，接槎位置没控制好，随意性大，留槎没规矩，不留直槎，乱甩槎，接槎处重叠施抹，使此部位明显加厚，反复压抹后，颜色变重、变黑并明显加厚，影响使用和美观效果。为避免罩面灰的色泽不匀称，施工时具体防治措施如下：

（1）接槎留直槎，要控制在一定的位置，将每层灰的甩槎做成阶梯形。

（2）每层灰接槎留在阶梯部位，以衔接好为准，不应使压槎部位重叠。

（3）用塑料抹子抹压罩面灰，以解决钢抹子压活发黑的弊病。

（4）为保持内墙踢脚和墙裙颜色一致，应选用同品种、同批量、同强度等级的水泥。

（5）要有专人掌握配合比及控制好加水量，以保证灰浆颜色一致。

4. 抹灰层的平均总厚度大于质量验收标准规定

抹灰层的平均总厚度大于质量验收标准规定，不仅会增加造价，而且会影响质量。抹灰厚度过厚，易引起开裂、起壳等缺陷，严重者会导致脱落，有时还会造成安全事故。故实际施工中应提高结构质量，控制结构的垂直度、平整度，使抹灰层的平均总厚度不大于质量验收标准的下列规定：

（1）内墙：普通抹灰——18mm；中级抹灰——20mm；高级抹灰——25mm。

（2）外墙——20mm；勒脚及突出墙面部分——25mm。

（3）石墙——35mm。

5. 外墙抹灰未设分格，分格槽缺棱、错缝

由于外墙抹灰层长年暴露于大气中，受风雨烈日的影响，由于温差引起的收缩值较大，因此，如果不设分格缝或留设的分格缝间距过大，则会因热胀冷缩而导致墙面抹灰层产生不规则的裂缝、空鼓，严重影响外墙装饰线条的美观。为防止分格槽出现缺棱、错缝等现象，实施过程中应注意以下三点：

（1）外墙抹灰墙面一般面积较大，为防止砂浆收缩、开裂及装饰需要，应设分格缝，分格缝的间距宜为 3m 左右，或为层高；缝的宽度宜为 10mm，深度为直达底层灰面。

（2）取条时应掌握好灰层的干燥时间，不要抹灰后即取条，以免将灰层拉起使分格条变形。

（3）取条后及时将缝边整理修补，并用素水泥膏勾缝、勾严，做到缝底密实，缝边光滑、顺直。

1.2.5　抹灰工程操作缺陷分析处理

1. 罩面石膏灰涂抹在水泥砂浆层上

罩面石膏灰涂抹在水泥砂浆层上，容易导致石膏面层颜色变黄，水泥属水硬性胶结材料，完成后的面层易返潮。建筑石膏是由天然二水石膏在温度 107～170℃下煅烧磨细而成，属气硬性胶结材料，结硬后的石膏面层耐水性很差，因此，当水泥返潮时，石膏面层受潮后颜色变黄，最终导致石膏面层脱落。为防止罩面石膏灰涂抹在水泥砂浆层上，具体防治措施是：抹灰时要加以控制，凡面层涂抹罩面石膏的，其中层不得使用水泥砂浆抹灰，以确保石膏罩面灰不变色，不脱落。

2. 在涂料墙面的抹灰砂浆中掺入含氯盐的防冻剂

在涂料墙面的抹灰砂浆中掺入含氯盐的防冻剂后，其涂层表面会产生反碱、咬色等现象。故冬季施工，在涂料墙面的抹灰砂浆中，不得掺入含氯盐的防冻剂，抹灰层可采取加温加速干燥，加温方法以抹灰层不泛黄变色为准。

3. 淋制生石灰时未用大孔筛过滤，未经存贮就使用

淋灰不过筛，存贮时间短，会使石灰膏内掺杂杂质和未熟化的颗粒，未熟化的颗粒因吸收空气内的水分而膨胀，使抹灰面产生鼓包、开花。因此，石灰膏应用块状生石灰淋制。淋制时，必须用孔径不大于 3mm×3mm 的筛过滤，并存贮在沉淀池中熟化，常温下熟化时间不少于 15d；用于罩面时，不应少于 30d。使用时，石灰膏内不得有未熟化的颗粒和其他杂质。

1.3　装饰抹灰工程

1.3.1　装饰抹灰施工工艺

1. 水刷石抹灰施工工艺

（1）施工工序

堵门窗口缝→基层处理→浇水湿润墙面→吊垂直、套方、找规矩、做灰饼、充筋→分层抹底层砂浆→弹线分格、黏分格条→做滴水线→抹面层石渣浆→修整、赶实压光、喷刷→取分格条、勾缝→养护。

（2）施工要点

1）堵门窗口缝。抹灰前检查门窗口位置是否符合设计要求，应安装牢固，四周缝按设计及规范要求已填塞完成，然后用1∶3水泥砂浆塞实抹严。

2）基层清理。基层清理内容详见"1.1.1抹灰工程基层处理施工工艺与技巧"所述内容。

3）浇水湿润墙面。基层处理完后，要认真浇水湿润墙面。浇水时应将墙面清扫干净，浇透、浇均匀。

4）吊垂直、套方、找规矩、做灰饼、充筋。根据建筑高度确定放线方法，高层建筑可利用墙大角、门窗口两边，用经纬仪打直线找垂直。多层建筑时，可从顶层用大线坠吊垂直，绷铁丝找规矩，横向水平线可依据楼层标高或施工＋50cm线为水平基准线交圈控制，然后按抹灰操作层抹灰饼。做灰饼时应注意横竖交圈，以便操作。每层抹灰时则以灰饼做基准充筋，使其保证横平竖直。

5）分层抹底层砂浆。对于混凝土墙，先刷一道胶黏性素水泥浆，然后用1∶3水泥砂浆分层装档抹与筋平，然后用木杠刮平，用木抹子搓毛或做成花纹。

对于砖墙，抹1∶3水泥砂浆，在常温时可用1∶0.5∶4混合砂浆打底，抹灰时以冲筋为准，控制抹灰层厚度，分层分遍装档与冲筋抹平，用木杠刮平，然后木抹子搓毛或做成花纹。底层灰完成24h后应浇水养护。抹头遍灰时，应用力将砂浆挤入砖缝内使其黏结牢固。

6）弹线分格、黏分格条。根据图纸要求弹线分格、黏分格条，分格条宜采用红松制作，黏前应用水充分浸透，黏时在条两侧用素水泥浆抹成45°八字坡形，黏分格条时注意竖条应黏在所弹立线的同一侧，防止左右乱黏，出现分格不均匀；条黏好后待底层灰呈七八成干后可抹面层灰。

7）做滴水线。在抹檐口、窗台、窗眉、阳台、雨篷、压顶和突出墙面的腰线以及装饰凸线等处，应将其上面作成向外的流水坡度，严禁出现倒坡。下面做滴水线（槽）。窗台上面的抹灰层应深入窗框下坎裁口内，堵密实。流水坡度及滴水线（槽）距外表面不小于4cm，滴水线深度和宽度一般不小于10mm，应保证其坡度方向正确。

抹滴水线（槽）应先抹立面，后抹顶面，再抹底面。分格条在其面层灰抹好后即可拆除。采用"隔夜"拆条法时须待面层砂浆达到适当强度后方可拆除。

滴水线做法同水泥砂浆抹灰做法。

8）抹面层石渣浆。待底层灰六七成干时首先将墙面润湿涂刷一层胶黏性素水泥浆，然后开始用钢抹子抹面层石渣浆。自下往上分两遍与分格条抹平，并及时用靠尺或小杠检查平整度（抹石渣层高于分格条1mm为宜），有坑凹处要及时填补，边抹边拍打揉平。

9）修整、赶实压光、喷刷。将抹好在分格条块内的石渣浆面层拍平压实，并将内部的水泥浆挤压出来，压实后尽量保证石渣大面朝上，再用铁抹子溜光压实，反复3～4遍。拍压时特别要注意阴阳角部位石渣饱满，以免出现黑边。待面层初凝时（指捺无痕），以用水刷子刷不掉石粒为宜。然后开始刷洗面层水泥浆，喷刷分两遍进行：第一遍先用毛刷蘸水刷掉面层水泥浆，露出石粒；第二遍紧随其后用喷雾器将四周相邻部位喷湿，然后自上而下顺序喷水冲洗，喷头一般距墙面10～20cm，喷刷要均匀，使石子露出表面1～2mm为宜。最后用水壶从上往下将石渣表面冲洗干净，冲洗时不宜过快，同时注意避开大风天，以避免造成墙面污染发花。若使用白水泥砂浆做水刷石墙面时，在最后喷刷时，可用草酸稀释液冲洗一遍，再用清水洗一遍，墙面更显洁净、美观。

10) 取分格条、勾缝。喷刷完成后，待墙面水分控干后，小心将分格条取出，然后根据要求用线抹子将分格缝溜平抹顺直。

11) 养护。待面层达到一定强度后，可喷水养护防止脱水、收缩造成的空鼓、开裂现象。

门窗磕脸、窗台、阳台、雨罩等部位进行水刷石施工时，应先做小面，后做大面，刷石喷水应由外往里喷刷，最后用水壶冲洗，以保证大面的清洁美观。檐口、窗台、磕脸、阳台、雨罩等底面应做滴水线(槽)，并做成上宽 7mm，下宽 10mm，深 10mm 的木条，便于抹灰时木条容易取出，保持棱角不受损坏。滴水线距外皮不应小于 4cm，且应顺直。当大面积墙面做水刷石且 1d 内不能完成时，在继续施工冲刷新活前，应将前面做的刷石用水淋湿，以防喷刷时黏上水泥浆后不便于清洗，防止对原墙面造成污染。施工槎子应留在分格缝上。

2. 斩假石抹灰施工工艺

(1) 施工工序

基层处理→吊垂直、套方、找规矩、做灰饼、充筋→抹底层砂浆→弹线分格、黏分格条→抹面层石渣灰→浇水养护→弹线分条块→面层斩剁(剁石)。

(2) 施工要点

1) 基层处理。基层处理内容详见"1.1.1 抹灰工程基层处理施工工艺与技巧"所述。

2) 吊垂直、套方、找规矩、做灰饼、充筋。根据设计要求，在需要做斩假石的墙面、柱面中心线或建筑物的大角、门窗口等部位用线坠从上到下吊通线作为垂直线，水平横线可利用楼层水平线或施工＋50cm 标高线为基线作为水平交圈控制。为便于操作，做整体灰饼时要注意横竖交圈。然后每层打底时以此灰饼为基准，进行层间套方、找规矩、做灰饼、充筋，以便控制各层间抹灰与整体平直。施工时，要特别注意保证檐口、腰线、窗口、雨篷等部位的流水坡度。

3) 抹底层砂浆。抹灰前基层要均匀浇水湿润，首先刷一道水溶性胶黏剂水泥素浆(配合比根据要求或实验确定)；然后依据充筋情况分层分遍抹 1∶3 水泥砂浆，分两遍抹与充筋平；再用抹子压实，木杠刮平；最后用木抹子搓毛或划纹。打底时，要注意阴阳角的方正垂直，待抹灰层终凝后设专人浇水养护。

4) 弹线分格，黏分格条。根据图纸要求弹线分格、黏分格条，分格条宜采用红松制作，黏前应用水充分浸透，黏时在条两侧用素水泥浆抹成 45°八字坡形，黏分格条时注意竖条应黏在所弹立线的同一侧，防止左右乱黏，出现分格不均匀，条黏好后待底层呈七八成干后方可抹面层灰。

5) 抹面层石渣灰。首先将底层浇水均匀湿润，满刮一道水溶性胶黏性素水泥膏(配合比根据要求或实验确定)，随即抹面层石渣灰。抹与分格条平，用木杠刮平，待收水后用木抹子用力赶压密实，然后用铁抹子反复赶平压实，并上下顺势溜平，随即用软毛刷蘸水把表面水泥浆刷掉，使石渣均匀露出。

6) 浇水养护。斩剁石抹灰完成后，养护非常重要。如果养护不好，会直接影响工程质量，施工时要特别重视这一环节，应设专人负责此项工作，并做好施工记录。用斩剁石抹灰面层养护时，夏季防止暴晒，冬季防止冰冻，遇极端天气最好不要施工。

7)面层斩剁(剁石)。掌握斩剁时间，在常温下经 3d 左右或面层达到设计强度的 60%～70% 时即可进行，大面积施工应先试剁，以石子不脱落为宜。面层石粒抹好后，常温(15℃～30℃)养护约 2～3d 就可以开始试剁；如气温较低(5℃～15℃)时，需养护 4～5d 后开始试剁，如试剁不掉石子，就可以正式剁石。为了保证墙角完整无缺，使斩假石有真石感，可在墙角、柱子等横剁边条处留出 15～20mm 的边条不剁，如图 1-5 所示。

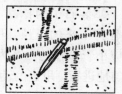

图 1-5　斩假石的石纹做法

3. 干黏石施工工艺

(1)施工工序

基层处理→吊垂直、套方、找规矩→做灰饼、充筋→抹底层砂浆→弹线分格、黏分格条→抹黏结层砂浆→撒石粒→拍平、修整→取条、勾缝→喷水养护。

(2)施工要点

1)基层处理。基层处理内容详见"1.1.1 抹灰工程基层处理施工工艺与技巧"所述内容。

2)吊垂直、套方、找规矩。当建筑物为高层时，可用经纬仪利用墙大角、门窗两边打直线找垂直。建筑为多层时，应从顶层开始用特制大线坠吊垂直，绷铁丝找规矩，横向水平线可按楼层标高或施工＋50cm 线为水平基准交圈控制。

3)做灰饼、冲筋。根据垂直线在墙面的阴阳角、窗台两侧、柱、垛等部位做灰饼，并在窗口上下弹水平线，灰饼要横竖垂直交圈。然后根据灰饼情况冲筋。

4)抹底层砂浆，用 1:3 水泥砂浆抹底灰，分层抹与冲筋平，用木杠刮平木抹子压实、搓毛。待终凝后浇水养护。

5)弹线分格、黏分格条。根据设计图纸要求弹出分格线，然后黏分格条。分格条使用前要用水浸透，黏时在条两侧用素水泥浆抹成 45°八字坡形，黏分格条应注意黏在所弹立线的同一侧，防止左右乱黏，出现分格不均匀。弹线分格应设专人负责，以保证分格符合设计要求。

6)抹黏结层砂浆。为保证黏结层黏石质量，抹灰前应用水湿润墙面，黏结层厚度以所使用石子粒径确定,抹灰时如果底面湿润,有干得过快的部位应再补水湿润,然后抹黏结层。抹黏结层宜采用两遍抹成,第一道用同强度等级水泥素浆薄刮一遍,保证结合层黏牢,第二遍抹聚合物水泥砂浆,再用靠尺测试,严格按照高刮低添的原则操作,否则,易使面层出现大小波浪,造成表面不平整影响美观。在抹黏结层时宜使上下灰层厚度不同,并不宜高于分格条,最好是在下部 1/3 高度范围内比上面薄些。整个分格块面层比分格条低 1mm 左右,石子撒上压实后,不但可保证平整度,且条边整齐,而且可避免下部出现鼓包皱皮等现象。

7)撒石粒。当抹完黏结层后,紧跟其后是一手拿装石子的托盘,另一手用木拍板向黏结层甩黏石子。要求甩严、甩均匀,并用托盘接住掉下来的石粒,甩完后随即用钢抹子将石子均匀地拍入黏结层,石子嵌入砂浆的深度不应小于粒径的 1/2 为宜。并应拍实、拍严。操作时要先甩两边,后甩中间,从上至下快速均匀地进行,甩出的动作应快,用力均匀,不使石子下溜,并应保证左右搭接紧密,石粒均匀。甩石粒时要使拍板与墙面垂直平行,让石子垂直嵌入黏结层内,如果甩时偏上偏下、偏左偏右,则效果不佳,石粒浪费也大。甩时用力过大会使石粒陷入太紧形成凹陷,用力过小则石粒黏结不牢。出现空白时不宜添补,动作慢则会造成部分不合格,修整后宜出接槎痕迹和"花脸"。阳角甩石粒,可将薄靠尺贴在阳角一边,先做邻面干黏石,然后取下薄靠尺抹上水泥腻子,一手持短靠尺在已做好的邻面上用另一只手甩石子,并用钢抹子轻轻拍平、拍直,使棱角挺直。

门窗磕脸、阳台、雨罩等部位应留置滴水槽,其宽度深度应满足设计要求。黏石时应先做小面,后做大面。

8)拍平、修整。拍平、修整要在水泥初凝前进行,先拍压边缘,后拍中间,拍压要轻重结合、均匀一致。拍压完成后,应对已黏石面层进行检查,发现阴阳角不顺挺直,表面不平整、黑边等问题,应及时处理。

9)起条、勾缝。前面工序全部完成,检查无误后,随即将分格条、滴水线条取出。取分格条时要认真小心,防止将边棱碰损。分格条取出后用抹子轻轻地按一下黏石面层,以防拉起面层造成空鼓现象。待水泥达到初凝强度后,用素水泥膏勾缝。格缝要保持平顺挺直、颜色一致。

10)喷水养护。黏石面层完成后常温 24h 后喷水养护,养护期不少于 2～3d,夏季气温较高时,应遮阳,避免阳光直射,并增加喷水次数,以保证工程质量。

1.3.2　装饰抹灰工程施工技巧

1. 水刷石抹灰施工技巧

(1)水刷石子时,阳角部位要用刷子往外刷。

(2)墙裙打底时,底子灰的上口应比设计高度低 10mm,以便于抹面层石子灰浆时,上口能被小泥石子浆包盖住。

(3)在夏季施工时,面层抹压修整后晾置待刷时,可在面层外表黏贴一层浸过水的牛皮纸,这样既不影响面层内部水泥浆的硬化,又可以避免表面硬化过快而不易冲刷。

(4)水泥石子浆的稠度值按石子粒径不同控制在 40～60mm 之间(粒径越大,稠度值应越小,粒径越小,则稠度值越大)。

(5)在施工中遇阳角时,要把阳角两边相邻的两块全部抹完一同冲刷,并要先在侧面用水泥石子浆反贴八字靠尺，翻尺后正面贴八字靠尺，以免产生棱角上无石子和黑边现象。

（6）如果面层抹完后比较软，但不流坠，可以先放置不动，使其自然吸水凝固。

（7）水刷石冲刷干净后，待水落下即可拆除八字靠尺，用刷子向底面甩水，再用另一把干净刷子把甩上的水蘸干，这样可以把冲洗立面流下的污水带走。

（8）罩面前，视底子灰的颜色和施工季节酌情浇水湿润。浇水最好用喷浆泵。

（9）抹水泥石子浆时要用力，从上到下、从左到右依次进行，每抹之间的接槎要压平。抹完一个分格空间后，用小木杠轻轻刮平，低洼处补上水泥石子浆。

2. 干黏石施工技巧

（1）干黏石用强度等级为42.5级以上的矿渣硅酸盐水泥，砂一般采用中砂。

（2）黏木分格条时不得超过抹灰厚度，否则会使面层不平整。也可采用玻璃条作分格条，其优点是分格呈线形，无毛边，且不用取条，一次成活。

（3）预制混凝土外墙板，应将板缝勾平、勾严，做防水处理后应经淋水验收合格，无渗漏现象。

（4）黏贴比较长的分格条时，可在弹线的另一侧用打点法贴线，先黏贴一根直靠尺，然后依靠尺再黏分格条，这样便于安装。

（5）当分格条采用玻璃条时，操作方法与黏木条相似。分格线弹好后，将3mm厚的分格条（宽度按面层厚度设计）用水泥浆黏于底灰上，然后用小鸭嘴抹出60°或近似弧形边座。把玻璃条嵌牢后，要用排笔或纱头抹掉上面的灰浆，以免污染。

（6）石子在使用前要提前过筛，冲洗后晾干备用。

（7）甩石粒时如发现有不均匀或者过稀的现象，应及时补甩，补甩时用抹子或手直接补贴，要均匀严密，否则会使墙面出现死坑或裂缝。

（8）弹分格线时不要居中，要弹在分格条的一侧，以便于黏贴分格条。

（9）当墙面为加气混凝土时，墙面不必浇水，因加气混凝土的气孔多为封闭孔，不易干燥。

（10）在阳角处，为了消除阳角黑边现象，可采用近阳角处相邻两墙同时抹、同时黏的方法施工。

（11）抹灰时要依分格条抹平，抹纹要极浅；如不平整，可依分格条用靠尺刮平、补平后溜平、溜光至抹纹轻浅。

3. 斩假石施工技巧

（1）剁石时用力要一致，应垂直于大面且顺着同一个方向剁，以保证剁纹均匀。

（2）要保证剁纹垂直和平行，可在分格条内画垂直线控制，或在台阶上画平行线垂直线，控制剁纹保持与边线平行。

（3）斩假石按质感不同分为立纹剁斧和花锤剁斧，应根据设计要求进行斩剁。在操作时应自上而下进行，先斩转角和四周边缘，后斩中间，斩斧要保持锋利。斩剁时应掌握好操作技巧，动作要快，轻重要均匀，使剁纹深浅一致，符合质量和设计要求。

（4）面层斩剁完毕后，要边浇水边把斩剁时留在墙面上的残屑和粉尘用钢丝刷子刷干净。

（5）在斩剁时必须保持斩石墙面的湿润，如墙面太干燥时，应蘸水湿润后进行斩剁，但斩剁完后，就不得蘸水，以免影响外观。

（6）剁石时应使剁斧垂直于墙面剁向面层，一般应剁入石子粒径的 1/3，约 1mm 深。

（7）每斩剁好一行后，应将分格条取出，并检查分格缝内灰浆是否饱满、严密。如发现有孔隙和小孔时，应及时用素水泥浆修补平整、顺直。

（8）当基层表面平整度偏差较大时，每层抹灰不要跟得太紧，要待前一遍砂浆有一定强度后再进行下一步的施工，并要洒水养护。

（9）当底层、面层总厚度超过 40mm 时，在底层应加铺 $\phi4$ 或 $\phi6$ 的钢筋网，其间距为 200mm，以防产生裂缝。

（10）斩假石墙面的分格条，可以在涂抹压光后取出，也可在斩剁后取出，分格条取出后，要用素水泥浆把分格缝勾好。

（11）斩剁前要先在分格条周边量出 20mm 宽弹上线，斩剁时依弹线留出分格条周边 20mm 不剁，将其作为镜边，以增加美感。

1.3.3　装饰抹灰空鼓、裂缝分析处理

1. 水刷石墙面局部出现空鼓、裂缝，表面流坠现象

水刷石外墙面施工后，墙面局部出现空鼓、裂缝现象；或由于水泥石子浆偏稀或水泥失效，罩面后产生下滑，操作者技术水平欠佳，反复冲刷增大了罩面砂浆的含水量，都会造成流坠。

究其原因可能是基层处理不好，清扫不干净，墙面浇水不透或不均匀，影响底层砂浆与基层的黏结性能；一次抹灰太厚或各层抹灰跟得太紧，造成砂浆层内外收缩快慢不同，易产生开裂，甚至起鼓脱落，同时灰层过厚，自重大，易往下坠，拉裂灰层；素水泥浆刮抹不均匀或漏刮，刮素水泥浆后没有紧跟抹水泥石子浆，致使水泥干燥变成了隔离层；水泥石子浆偏稀或水泥失效，罩面后产生下滑；操作人员技术水平差，反复冲刷增大了罩面砂浆的含水率，可能造成裂缝、空鼓和流坠。故在实际施工中，应按以下做法进行：

（1）抹灰前应将基层清扫干净，施工前 1d 应浇水湿润，要浇透、浇匀。

（2）抹底子灰不宜过厚，抹完用刮杠刮平，搓抹时以砂浆还显潮湿、柔和为宜。底子灰应从上到下一次打底完成，并进行一次质量验收，标准同面层，合格后再进行罩面，不允许分段打底随后进行罩面施工。

（3）在抹面层水泥石子浆前，应在底子灰上满刮一道水胶比为 0.37～0.4、加水泥重的 5％～10％的 108 胶素水泥浆结合层，然后抹面层水泥石子浆，边刮浆边抹面层，不得间隔。素水泥如果干燥，不仅起不到结合层的黏结作用，反而变成了隔离层，更易发生空裂。刮素水泥浆宜在底灰六七成干时进行，如底灰干燥，应浇水湿润。

（4）表面光滑的混凝土或加气混凝土墙面，抹灰前应先刷一道 108 胶素水泥浆黏结层，以增加底灰与基层的黏结能力，可避免空鼓和裂缝。

（5）在天气炎热季节避免面层凝结过快而难于操作，可适当在罩面灰中加石灰膏，其掺量不应超水泥用量的 50％。

（6）面层开始凝固前即用软刷蘸清水刷掉面层水泥浆，喷刷时应从上向下（左右应看风向）顺风微倾喷刷，至石子全部外露、表面清晰干净为止。

2. 干黏石饰面出现空鼓、裂缝现象

干黏石饰面施工后，过一段时间轻轻敲击饰面层有空鼓声音，严重的出现黏石饰面脱落。主要原因是基层表面的粉尘、泥浆等杂物没有清理干净，饰面抹灰砂浆强度不够高，层间强度差异大，饰面抹灰砂浆保养、保护不当等。为避免干黏石饰面出现空鼓、裂缝现象，施工中应注意以下几点：

(1)基层表面的粉尘、泥浆等杂物，必须清理干净；带有隔离剂的混凝土基层，施工前宜用10%烧碱水溶液将隔离剂清洗干净，再用清水冲洗表面，表面过于光滑时应用1∶1∶0.8聚合物水泥砂浆(砂宜用中砂，两遍过筛)满刷一遍，厚度约1mm，并扫毛晾干。

(2)抹灰前，用108胶水(108胶∶水=1∶4)均匀涂刷中层灰、面层灰一遍，并边刷边抹。加气混凝土墙面除按上述操作外，还必须采取分层抹灰，灰浆强度逐层提高，减少因强度差异大造成的收缩裂缝、空鼓。

(3)底层砂浆强度应等于或大于中层砂浆，并注意保湿养护；冬季施工时，应采取防冻保温措施。

3. 斩假石空鼓，石面颜色不匀，表面粗糙

斩假石饰面施工完毕干燥后，敲击有空鼓声，将严重影响斩假石黏结质量。斩假石表面颜色不匀、粗糙，影响观感质量。

其原因主要是施工前未将基层表面的粉尘、泥浆等杂物清理干净，抹灰前未使表面粗糙后再抹底灰，分层抹平；同一饰面未选用同一品种、同一强度等级、同一细度的矿物颜料及其他原材料，并一次备齐；每次拌和水泥石子的加水量不准确。

针对以上情况，正确施工做法是：

(1)施工前应将基层表面的粉尘、泥浆等杂物认真清理干净。

(2)对较光滑的基层表面，宜采用聚合物水泥砂浆或涂刷用乳胶水拌和的素水泥浆。随后用扫帚扫毛，使表面粗糙，晾干后抹底灰，较厚的地方要分层抹平，并将表面划毛后再施工。

(3)同一饰面必须选用同一品种、同一强度等级、同一细度的矿物颜料及其他原材料，并一次备齐。拌灰时，应先将颜料与水泥充分拌匀，然后再加入石子拌和，全部石子灰用量应一次备足。

(4)每次拌和水泥石子浆的加水量应准确，所需饰面应湿润均匀，斩剁时应蘸水，但剁完部分的尘屑应用钢丝刷顺纹刷净，不得蘸水刷洗。雨天不得施工，常温施工时为了使颜色均匀，应在石子浆中掺入分散剂木质素磺酸钙和疏水剂甲基硅醇钠。

1.3.4　装饰抹灰表面缺陷分析处理

1. 水刷石抹灰面石子不均匀或脱落，饰面浑浊

水刷石交活后表面石子密稀不一致，有的石子脱落，造成表面不平，有明显的缺石子凹洼，刷石表面的石子面上有污染，饰面浑浊，不清晰。造成这种现象的原因主要是石子不干净、大小不匀，分格条黏贴、取出方法不当，水刷石喷刷操作不当，时间过早或过晚，喷头使用掌握不好。正确的做法如下：

(1)石子可选用4～6mm的中、小八厘，要求颗粒坚韧、有棱角、洁净，使用前应过筛，冲洗干净并晾干，袋装或苫布遮盖存放。使用时石子与水泥应统一配料拌和。

(2)分格条可使用一次性成品分格条，不再取出；也可使用优质红松木制作的分格条，黏贴前应用水浸透(一般应浸 24h 以上)，以增加韧性便于黏贴和取条，保证灰缝整齐和边角不掉石粒。分格条用素水泥黏贴，两边八字抹成 45°为宜，过大时石子颗粒不易装到边，喷刷后易出现石子缺少和黑边；过小时易将分格条挤压变形或取条时掉石子较多。

(3)抹罩面石子浆应掌握好底灰的干湿程度，防止产生假凝现象，造成不易压实抹平。在六七成干的底灰上先薄薄刮一层素水泥浆结合层，水胶比为 0.37～0.4，然后抹面层石子浆，随刮随抹，不得间隔；如底灰已干燥，应适当浇水湿润。

(4)开始喷洗时，应以手指按上去无痕，或用刷子刷石子不掉粒为适宜。喷洗次序由上而下，喷头离墙面 100～200mm，喷洗要均匀一致，一般喷洗到石子露出灰浆面 1～2mm 为宜。若发现石子不匀，应用铁抹子轻轻拍压；如发现表面有干裂现象，要用抹子抹压。用小水壶冲洗时速度不要过快或太慢。

(5)接槎处喷洗前，应把已经完成的墙面喷湿 300mm 左右宽，然后由上往下洗刷。刮风天不宜做水刷石墙面。

2. 干黏石棱角不通顺，有黑边，表面不平整

干黏石饰面棱角毛糙、不直、不顺，也不清晰，墙角、柱角和门窗洞口等阳角处黏石后有时有一条明显的无石子灰浆线(称为棱角黑边)，分格条两侧石子不均或缺少，整个饰面不平整，影响美观。主要原因如下：

(1)未按施工操作规程要求统一吊线、弹线、从上到下一次打底成活，只为了图方便，减少架子翻板次数，在每步架子上一次打底，抹黏石灰，撒石施工完毕，造成棱角不通顺。

(2)木制分格条湿水不够，容易把分格条两侧灰层中水分吸掉，使分格条两侧石渣黏结不上或不牢，造成毛边；或取分格条时将两侧石渣碰掉，造成缺棱掉角。

(3)阳角黏石施工时，先在大面上卡好卡尺，抹小面，黏石后压实并溜平，然后将卡尺卡在小面上再抹大面并黏石渣，此时小面阳角处灰浆已干，黏不上石渣，用卡尺时不小心还会将阳角处石渣碰掉，这样就可能造成阳角两面交接处出现一条明显无石渣灰浆线，也就是棱角黑边。

(4)阴、阳角面层施工面的灰浆玷污另一面墙，同时碰坏另一面墙上已黏好的石子，造成棱角表面的不平整。

施工过程中的正确做法如下：

(1)对建筑物外立面要统一吊垂线、拉平线后，进行找点、冲筋，并全部从上向下打底，而后进行质量检查，要求无空裂，垂直度和平整度按面层标准要求验收，符合要求后方可进行面层施工。对阳角、阴角必须实测其垂直度。

(2)小面黏石后，取尺时要轻轻拿住尺，先使卡尺后边离开面层，使卡尺八字处轻轻向里滑进，以保证阳角边棱整齐、完整。抹大面边角处要轻，细心操作，速度要快，避免小面阳角处灰浆干燥。既不要碰坏已黏好的小面八字角，也不要带灰过多玷污小面八字角的边沿。

(3)大面的黏石要统一先弹出垂直和水平分格线，选用平直、方正、无节疤的红松木分格条，用隔夜水泡透，然后按分格线黏贴。抹面层灰浆时应先抹分格条中间面层灰，后抹分格条四周及边角面层灰，抹后立即进行黏石，确保分格条两侧在面层灰未干时就黏好石子，使石子饱满、均匀，黏结牢固，分格缝清晰、美观。

（4）拍抹好大面石子后，阳角灰缝处再撒些小石子，用抹子拍平，然后立即取尺；若灰缝处稍干，可淋少量水，随后黏小粒石子，再拍平，这样可消除黑边的发生。

（5）阴、阳角面层施工，严防后施工面的灰浆玷污另一面墙，同时也要注意不要碰坏另一面墙上已黏好的石子，以确保棱角的平直和清晰。

3. 干黏石面层接槎明显

由于分格缝之间距离过大或分格缝留置不当，不能连续完成格内黏石，造成接槎不在分格缝内，目测有接槎痕迹，影响观感效果。主要是分格过长施工时不能一次完成，造成格内接槎，操作技术不熟练。为避免该现象的产生，具体防治措施有：

（1）施工前应熟悉施工图纸，确定施工方案，避免分格不合理，造成操作困难。

（2）遇有大块分格，应事先计划好，一次做完一块，中间不得留槎。

（3）脚手架的搭设应与分格操作相适应，满足抹灰要求。

（4）操作时做好工序搭接，面层灰抹后应立即甩黏石渣。

4. 斩假石面层没强度、粉化、裂缝

使用过期水泥，或配合比不准，加水量过大，以及粉石受日晒、雨淋、受冻等都会造成斩假石面层没强度、粉化、裂缝，经剁斧石表面形成坑洼不平、掉石渣或面层开裂，这样既影响美观，又影响使用功能。其主要原因是水泥进场时没有对其出厂合格证、复试报告、品种、强度等级、出厂日期等进行检查验收；炎热的夏季未采取防暴晒措施；冬季未采取保温、防冻措施；抹石渣浆面层前，底层未清理干净，也没有浇水湿润。

实施过程中应注意以下几点：

（1）水泥进场前必须要有出厂合格证或复试报告，并应对其品种、强度等级、出厂日期等检查验收。使用前，必须按规定批量取样送检测单位，对其强度、凝结时间和安全性能进行检测，合格后才可使用。

（2）炎热的夏天采用此法施工时应防暴晒；0℃以下应停止施工，如必须施工时，应在拌和石渣浆内掺入抗冻早强剂，并加强养护，防止灰层受冻。

（3）抹石渣浆前必须先将基层清理干净，并浇水湿润。

（4）两种不同材料，受力后沉降不均，抹面层前应加钢板网拉结，使之共同受力。

（5）面层厚度超过 4cm 应在其内部加钢筋网防裂。面层厚薄不一、偏差较大时，应先将基层补平后再抹面层。

5. 拉毛灰花纹、颜色不均匀

由于施工人员技术欠佳，且选用颜料不当，施工后拉毛灰花纹不匀称，颜色不一致，使其观感效果差。其主要原因是基层干燥，没有浇透，未按工作段或分隔缝成活，且中途有停顿；拉毛时砂浆稠度未控制均匀，灰浆厚度不一致。具体防治措施有：

（1）选用耐光、耐碱的矿物性材料；操作技术应熟练，做到动作快慢一致，有规律地进行。

（2）基层洒水湿润，要均匀浇透；操作时，应按工作段或分隔缝成活，不得中途停顿，造成不必要的接槎。

（3）拉毛时砂浆稠度应控制均匀，以黏、洒罩面灰浆不流淌为度。基层应平整，使灰浆薄厚一致。拉毛用力平衡均匀，快慢一致，保证饰面花纹均匀，颜色一致。

6. 喷、滚、弹涂面施工未设分格缝，施工接槎明显

由于层面未设分格缝或分格块过大，一次不能连续抹到分格缝处，而出现二次施工及接槎，造成接槎处灰层重叠，颜色重，接槎明显，严重影响饰面层的完整及美观。其主要原因是施工时未按规定要求分格，未对已完成的部位做好遮挡。故施工过程中，应按设计图纸要求分格，如分格块过大时，应安排多人上下(或左右)同时完成一个分格块内的饰面层，中间不甩槎；如必须留槎时，应尽量甩槎至分格缝部位或水落管后等不显眼处。喷、弹、涂时注意接槎部位到位，应对已完成的部位做好遮挡工作，以防止污染。

1.3.5 装饰抹灰操作缺陷分析处理

1. 水刷石面层喷洗不当，造成石子脱落

水刷石面层喷洗、冲刷顺序不当，喷洗时间把握不好，当水刷石喷洗过早或过度，而且面层还很软时，容易造成石子脱落，出现掉石子现象；或当水刷石喷洗过晚，面层已干，遇水后石子容易崩掉，喷不干净，造成面层浑浊不清晰。从而影响美观。

为防止以上情况，正确做法如下：

(1)开始喷刷的时间应是面层开始初凝，即以手指按上去无痕，或用刷子蘸水刷石子不掉粒为度。

(2)喷洗时，如果局部石子颗粒不均匀，应用铁抹子轻轻拍打，以达到表面石子颗粒均匀一致为度；表面有干裂，要用抹子抹压抹去裂缝。

(3)用小水壶由上而下冲洗干净。接槎处喷洗前，应先把已完成的墙面用水充分喷湿300mm 左右宽，否则浆水溅污到已完成的干燥墙面上，不易再喷洗干净。

2. 抹水泥石罩石子浆时，底灰的干湿程度没有掌握好

抹罩面石子浆接触面强度降低致使黏结不牢，罩面石子浆干得过快，不易抹平和压实；喷洗后表面石子显得稀散不均匀、不整齐和不清晰；罩面流坠和裂缝。具体原因如下：

(1)抹罩面石子浆时，底灰太干燥，罩面石子浆中水分过多被底灰吸取，造成接触面因水泥失水而强度降低，黏结不牢，同时也会造成罩面石子浆干得过快，产生假凝结，不易抹平和压实。

(2)在压平过程中石子颗粒不易在水泥浆中转动，造成石子大面不能全部朝外，喷洗后表面石子就会显得稀散不均匀、不整齐和不清晰。

(3)如底灰过湿，则罩面石子浆不易吸水，造成罩面流坠和裂缝。故施工时，应掌握好底子灰的干湿程度，一般应在底子灰六七成干时，先薄薄刮一道纯水泥浆，然后抹面层水泥石子浆，随刮随抹，不能间断。如果底子灰太干燥，则应浇水湿润。抹水刷石罩面石子浆后用木缸检查其平整度，待稍收水后将石子层压平、压实，将其内水泥浆挤出，用软刷蘸水将浮浆刷去，重新压实溜光，这样反复进行3~4 遍，在刷压拍平过程中，石子颗粒应在灰浆中转动翻身，直至石子大面朝外，表面排列紧密均匀为止。

3. 刷石面层太厚，加水量太多，压抹不够

细看表面面层鼓胀处会发现有坠裂，多发生在分格条的上部，这些裂缝多为收缩裂缝，其主要原因是打底灰不平整，刷石面层太厚，拌和石渣浆的和易性差，太稀，灰层密实性差。故在施工时，打底灰要平整，不能有坑洼不平的表面。刷石面层不可太厚，应控制在

10～12mm 并应分两遍粉平。严格控制好拌和石渣浆的和易性及加水量。要控制好压活的遍数使其灰层密实。

4. 水刷石施工时，刷石与散水、台阶施工进行不协调；墙面根部未清理干净

水刷石面层压活质量太次，喷刷石石渣脱落毛糙，形成根部处理不清晰。其主要原因是首层刷石施工前，散水、台阶的结构没有施工完成，导致水刷石面层一次没能抹到底，或墙面根部未清理干净，致使虽抹过但压活质量太次，喷刷后石渣脱落毛糙，形成根部处理不晴晰。基于以上原因，主要防治措施如下：

（1）首层刷石施工前最好先将散水、台阶等结构工程施工完成，以利刷石能一次做到底，不留接槎。

（2）如果散水、台阶等结构由于其他原因不能预先完成时，则其刷石面层应抹至散水、台阶等结构混凝土面层以下 50mm，以保证以后刷石面层不会出现烂根现象。

（3）水刷石面层施工部位的障碍必须清除，特别是墙面根部基层上泥浆、混凝土残渣等必须清理干净。

5. 干黏石底子灰未抹平，用石与压抹用力不匀

干黏石面层不平整，表面有坑有洼，形成黏石表面颜色深浅不一。可能是干黏石的底子灰未抹平整，面层黏石灰层过厚，黏石时扔石渣的力度过大，甩完石渣后，将石渣压入灰层时，抹压力度大。因此，施工时应注意以下几项：

（1）黏石的底子灰应抹平整，不能出现坑洼现象。

（2）面层黏石灰层不应过厚，其厚度应控制在 8～10mm 为宜。

（3）黏石时应轻扔石渣，不可硬砸、硬甩，以免将灰层砸成坑。

（4）甩完石渣后，用抹子轻轻地将石渣压入灰层时，不可用力抹压。

6. 石渣撒入后，不认真拍压使其黏入灰层

施工者在石渣撒入后，不拍压入灰层，而是悬浮在灰层表面，待干后手触即掉，或是用抹子溜抹石渣表面。主要原因是黏石底灰在黏石前没有用水浇透，或黏石灰没有抹平整。其正确做法如下：

（1）在黏石前一定要用水浇透黏石底灰。

（2）黏石灰要抹平整。

（3）黏石后用抹子轻轻将石渣拍入灰层 2/3 处，稍干后，用抹子溜平。

7. 石渣撒入后，过分拍打而产生冷浆

干黏后面层容易产生泛浆，形成滑坠，主要是未掌握好对基层的供水量；人工撒石渣操作不符合规范要求，其正确做法如下：

（1）根据不同施工季节、温度，不同材质的墙面，分别严格掌握好对基层的浇水量，使其湿度均匀、适当。

（2）抹面层灰时必须两遍成活，先是薄薄地刮一层，稍晾干，随后再抹面层灰并随即黏石。

（3）人工撒石渣应 3 人同时连续操作，1 人抹黏结层，1 人紧跟在后面甩石渣，1 人用铁抹子将石渣拍入黏结层，要求拍实拍平，但不能拍出灰浆，石渣嵌入深度以不小于 1/2 粒径为宜。

（4）灰层终缝前应加强检查，发现收缩裂缝可用刷子蘸点水再用抹子轻轻按平、压实、黏牢。

8. 大面积干黏石施工时，未采取措施避免接槎

大面积黏石，或分格块较大时，黏石施工不能一次黏完，必须分两次操作，中间接槎部位明显可见黏石灰的分界线，影响黏石面层的协调及美观。由于分格缝之间距离过大或分格缝留置不当，不能连续完成格内黏石而需分两次操作，中间接槎部位明显可见石粒较密实或黏不上石粒。其正确做法如下：

(1)主体施工搭设脚手架时应考虑黏石的分格缝，避免接槎不在分格缝中。

(2)大面积黏石或分块较大时，应两步架同时上下操作，使整块黏石一并完成，中间不甩槎。

9. 斩假石施工前，未垛样板，斧纹零乱

斩假石面质量粗糙，斧纹零乱不规则，或有灰皮没剁净，使其表面呈现出花感，颜色不一，影响美观。主要原因是施工前先剁出样板示范，致使施工方法不一致。另外，各种剁斧用法不当，选用不合理，开剁时间掌握不恰当，剁斧不锋利，用力不均等，都会造成斧纹零乱。其正确做法如下：

(1)按图纸要求留边放线，交底后，先剁样板，按样板做。

(2)剁斧应保持锋利，斩剁动作要迅速，先轻刮一遍，再盖住前一遍的斧纹剁深痕。

(3)剁时用力要均匀，移动速度要一致，剁纹深浅一致，纹路清晰均匀，不得漏剁。

(4)剁石时要把稳剁斧，斧口平直，垂直于大面，顺着一个方向剁，且用力要一致。

(5)不同饰面用不同斩剁法。

(6)专人负责，勤检查，不合格者返工重剁。

10. 剁石时斧刃不锋利，用力不均匀，表面不平

剁石时斧刃不锋利，用力不均匀，易使垛石表面不平，面层细看有小坑，用力清扫、平触掉石渣，影响使用及美观。主要是施工时没掌握好试剁时间，斧刃不够锋利，剁石时用力不均匀，时大时小。具体操作时的防治措施如下：

(1)大面积剁前，先做样板。

(2)掌握好试剁时间，不能剁得太早。

(3)剁斧要常磨，以保证斧刃的锋利。

(4)剁石时用力要均匀，不可过大或过小。

1.4 清水砌体勾缝工程

1.4.1 清水砌体勾缝施工工艺

1. 施工工序

堵脚手眼→弹线开缝→补缝→门窗周围塞缝→清理→勾缝。

2. 施工要点

(1)堵脚手眼。如采用外脚手架时，勾缝前先将脚手眼内砂浆清理干净，并洒水湿润，再用原砖墙相同的砖块补砌严实，砂浆饱满度不低于85%。

(2)弹线开缝。

1)先用粉线弹出立缝垂直线，用扁钻按线把立缝偏差较大的找齐，开出的立缝上下要顺直，开缝深度约 10mm，灰缝深度、宽度要一致。

2)砖墙的水平缝和瞎缝也应弹线开直，如果砌砖时划缝太浅或漏划，灰缝应用扁钻或瓦刀剔凿出来，深度应控制在 10~12mm 之间，并将墙面清扫干净。

(3)补缝。对于缺棱掉角的砖及游丁的立缝，应事先进行修补，颜色必须和砖的颜色一致，可用砖面加水泥拌成 1:2 水泥浆进行补缝。修补缺棱掉角处表面应加砖面压光。

(4)门窗周围塞缝。在勾缝前，将窗框周围塞缝作为一道工序，用 1:3 水泥砂浆设专人进行堵严、堵实，表面平整深浅一致。铝合金门窗框周围缝隙应按设计要求的材料填塞。如果窗台砖有破损碰掉的现象，应先补砌完整，并将墙面清理干净。

(5)勾缝。

1)在勾缝前 1d 应将砖墙浇水湿润，勾缝时再浇适量的水，以不出现明水为宜。

2)拌和砂浆：勾缝所用的水泥砂浆，配合比为水泥：砂子＝1:(1~1.5)，稠度 3~5cm，应随拌随用，不能用隔夜砂浆。

3)墙面勾缝必须做到横平竖直，深浅一致，搭接平整并压实溜光，不得出现丢缝、开裂和黏结不牢等现象。外墙勾缝深度 4~5mm。

4)勾缝顺序是从上到下先勾水平缝后勾立缝。勾水平缝时应用长镏子，左手拿托灰板，右手拿镏子，将灰板顶在要勾的缝口下边，右手用镏子将灰浆压入缝内，不准用稀砂浆喂缝，同时自左向右边勾缝边移动托灰板，勾完一段后用镏子沿砖缝内溜压密实、平整、深浅一致，托灰板勿污染墙面，保持墙面洁净美观。勾缝时用 2cm 厚木板在架子上接灰，板子紧贴墙面，及时清理落地灰。勾立缝用短镏子在灰板上刮起，勾入立缝中，压塞密实、平整，立缝要与水平缝交圈且深浅一致。

5)每步架勾缝完成后，应把墙面清扫干净，应顺着缝先扫水平缝后扫立缝，勾缝不应有搭槎不平、毛刺、漏勾等缺陷。

1.4.2 清水砌体勾缝施工技巧

(1)横竖缝交接处应平顺，深浅一致，无丢缝，水平缝、立缝应横平竖直。

(2)勾缝前应拉通线检查砖缝顺直情况，窄缝、瞎缝应按线进行开缝处理。

(3)每段墙缝勾好后应及时清扫墙面，以免时间过长灰浆过硬，难以清除造成污染。

(4)施工时严禁自上步架或窗口处向灰槽内倒灰，以免溅脏墙面；勾缝时溅落到墙面的砂浆要及时清理干净。

(5)当采用高架提升机运料时，应将周围墙面围挡，防止砂浆、灰尘污染墙面。

(6)勾缝时应将木门窗框加以保护，门窗框的保护膜不得撕掉。

(7)拆架子时不得抛掷，以免碰损墙面，翻脚手板时应先将上面的灰浆和杂物清理干净。

1.4.3 清水砌体勾缝施工表面缺陷分析处理

1. 清水墙面勾缝深浅不一，出现窄缝和瞎缝

墙面上存在窄缝和瞎缝，勾缝时对窄缝和瞎缝有的漏勾有的勾不严，勾缝深浅不一，导致在此处发生渗漏，同时也影响清水墙的美观。造成这种现象的主要原因如下：

(1)清水墙砌筑质量差，墙面上存在窄缝和瞎缝。

(2)勾缝前未按规矩拉线开补找齐，导致对窄缝和瞎缝漏勾、勾不严、深浅不一等。

(3)勾缝时溜子宽度与砌筑灰缝不相符。

(4)勾缝完毕，勾缝灰浆未完成初凝即进行扫墙。

故在施工过程中，砌筑质量要好，并按清水墙的质量标准要求进行检查验收；勾缝前应按规矩拉线，将窄缝、瞎缝按其砌筑时的留缝宽度进行开缝处理，使灰缝横平竖直，宽窄一致；勾缝时溜子宽度应与砌筑灰缝相符，溜子应放平，用力要均匀一致，应比砌体表面凹进 3～5mm 为宜；勾缝完毕，扫墙时应待勾缝灰浆初凝后再进行，以保证灰缝密实。

2. 清水墙水平缝不直，墙面凹凸不平

同一条水平缝宽度不一致，个别砖层冒线砌筑，水平缝下垂，墙体中部（两步脚手架交接处）凹凸不平，影响美观。其主要原因是砌砖时未采用小面跟线，挂线长度超长时，未加腰线，墙体砌至脚手架排木搭设部位时，未预留脚手眼，以消灭"捞活"。所以，正确的做法是：砌砖应采用小面跟线，因一般砖的小面楞角裁口整齐，表面洁净。用小面跟线不仅能使灰缝均匀，而且可提高砌筑效率；挂线长度超长（15～20m）时，应加腰线。腰线砖探出墙面 30～40mm，将挂线搭在砖面上，由角端检查挂线的平直度，用腰线砖的灰缝厚度调平；墙体砌至脚手架排木搭设部位时，预留脚手眼，并继续砌至高出脚手板面一层砖，以消灭"捞活"。挂立线应由下面一步架墙面引伸，立线延至下部墙面至少 0.5m。挂立线吊直后，拉紧平线，用线坠吊平线和立线，当线坠与平线、立线相重，即"三线归一"时，则可认为立线准确无误。

3. 清水墙面污染，勾缝砂浆开裂、脱落

墙面被砂浆严重污染、堵孔砖与原墙面色泽不一致、勾缝砂浆开裂、脱落，以致影响外观质量。其主要原因分析如下：

(1)勾缝用砂浆过稀。

(2)勾缝用的灰板可能靠墙，污染墙面。

(3)未将勾缝镏子做成倒梯形断面。

(4)未待灰缝内的灰浆完成初凝即进行扫墙。

(5)未做好已勾缝墙面的保护。

故施工中勾缝应用 1：1.5 水泥细砂砂浆，细砂应过筛，砂浆稠度以勾缝溜子挑起不落为宜；勾缝前，应提前浇水冲刷墙面的浮灰（包括清除灰缝表层不实部分），待砖墙表皮略见风干时，再开始勾缝。外清水墙勾凹缝时，凹缝深度为 4～5mm，为使凹缝切口整齐，宜将勾缝溜子做成倒梯形断面（图 1-6）。操作时用溜子将勾缝砂浆压入缝内，并来回压实、上下口切齐。竖缝溜子断面构造相同，竖缝应与上下水平缝搭接平整，左右切口要齐。为防止托灰板对墙面的污染，将板端刨成尖角（图 1-7），以减少与墙面的接触。

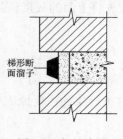

图 1-6　勾缝溜子

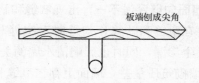

图 1-7　托灰板

勾完缝后，待勾缝砂浆略被砖面吸水起干，即可进行扫缝。扫缝应顺缝扫，先水平缝，后竖缝，扫缝时应不断地抖掉扫帚中的砂浆粉粒，以减少对墙面的污染。

1.4.4 清水墙勾缝施工质量缺陷分析处理

清水墙勾缝时未勾平整，且未压实抹光，在横竖缝接缝处不好勾压，容易形成一个坑或一个鼓包，导致横竖缝不在同一平面，看起来不整齐、不协调，又易引起渗水，同时也影响美观。主要原因是勾缝时没有使用专用的溜子施工，而是用小压子代替，勾缝施工顺序不正确，以及勾缝砂浆污染墙面等。其正确做法如下：

(1)勾立缝应用专用勾竖缝的短溜子并在横竖交接处反复压实。

(2)勾缝时应先勾横缝，然后勾竖缝，一般应勾成凹缝，凹缝深度一般为3～5mm，深浅一致，勾好缝应反复压实、抹光，不得有瞎缝、丢缝等。

(3)勾缝完毕应清扫墙面，清扫时应顺勾缝方向横竖扫干净。

第2章 吊顶工程

2.1 木龙骨安装工程

2.1.1 木龙骨吊顶工程施工工艺

1. 木龙骨吊顶工程一般施工工艺

（1）施工工序

放线（确定标高线）→下料→钉沿墙龙骨→确定吊筋的位置→安装主龙骨→安装次龙骨→调平→刷防火涂料。

（2）施工要点

1）放线（确定标高线）。确定标高线是顶棚装饰工程施工的重要内容之一，标高线的正确与否直接影响到室内家具、墙面及其他配套工程的施工。大型装饰工程的标高线由于地面面积大，如果以室内地面为基准线则误差大，一般以室内墙面的500mm线为标准。如果室内墙面500mm线已经被抹掉，则可以室内公共部位某一点为基准线，向上引测即可得到标高。

对于小型装饰工程（如家庭装饰等），则可以室内地坪线为基准线，但室内地坪线应包括楼地面装饰材料构造层的厚度。

2）下料。下料时龙骨要选用一些较疏松的材质，易钉、刨、锯，含水率及干缩小，不易变形的树种，如白松、红松、椴木等，尽量少用硬杂木。主龙骨的断面尺寸一般为40mm×60mm或60mm×100mm，单面刨光；次龙骨的断面尺寸宜采用30mm×40mm或20mm×30mm，两面刨光；吊筋的断面尺寸宜采用30mm×40mm的木方或直径为6mm的钢筋，长度根据图样的设计要求确定。

3）钉沿墙龙骨。先沿设计标高线用电锤钻孔钉入木楔，然后钉一根与副龙骨相同规格的木方，注意木方的底部与设计标高线之间必须保证有饰面层材料的厚度。

4）确定吊筋位置。一般来说，不上人吊顶主龙骨间距为1200～1500mm，吊筋间距为1000～1500mm；先在楼屋面上弹好主龙骨的位置，再在主龙骨的长度方向上确定吊筋的具体位置，然后用电锤在结构层上吊筋的位置处钻孔，钉木楔或膨胀螺栓固定一根木方，也可采用预埋件的方法。

5）安装主龙骨。主龙骨应单面刨光（与次龙骨连接面），两端分别伸到两侧的墙中或与沿墙龙骨固定。

6）安装次龙骨。次龙骨的间距一般为300mm，两边刨光（分别是与主龙骨和罩面板的连接面），用钉斜向钉入主龙骨，先安装与主龙骨垂直的次龙骨，后安装与主龙骨平行的次龙骨，同时要保证次龙骨的接头在同一个水平面上，高低误差不得大于0.5mm。

7)调平。在两端墙面上沿每根主龙骨方向拉通线，根据房屋的跨度按一定的比例起拱〔木龙骨按(3～5)L/1000 起拱，L 为主龙骨方向的长度〕，然后固定吊筋。固定吊筋时，一般先把吊筋与顶棚结构层连接，然后再与主龙骨连接，施工过程中一定要保证吊筋与楼板结构间的连接牢固，安装后最好用手拉一下，检查其是否稳定，如发生松动，应及时重新安装。吊筋的下端不应冒出次龙骨的底面，否则会影响罩面板的安装。

8)刷防火涂料。待龙骨调平后刷 1～2 遍防火涂料。

2. 木龙骨吊顶工程改进做法施工工艺

(1)施工工序

放线→钉沿墙龙骨→下料→龙骨加工→龙骨拼装→龙骨安装→调平→刷防火涂料。

(2)施工要点

1)放线及钉沿墙龙骨。放线与钉沿墙龙骨的操作与木龙骨吊顶一般做法相同。

2)下料。改进做法中由于没有主、次龙骨之分，所有龙骨的断面尺寸均可采用 25mm×30mm 的木方，两边刨光。下料时先把龙骨紧挨着放在平地上，然后在龙骨上画出间距线(一般为 300mm)，调节好电锯锯片的深度(一般为 15mm)开出凹槽，槽宽与龙骨宽应相同。

3)龙骨拼装。龙骨拼装应分片进行，按凹槽对凹槽的方法用铁钉和白乳胶进行固定，组合成木龙骨框架。如果吊顶是圆形或弧形等特殊造型时，还需将龙骨专门放样制作，但木龙骨的安装方法与普通木龙骨框架的施工方法相同。单片木龙骨框架的最大尺寸一般不超过 10m。

4)龙骨安装及调平。在安装木龙骨框架时，应先将木龙骨框架吊至设计标高的上方，用若干尼龙线沿吊顶标高位置线拉出水平线和交叉的标高基准面，再将木龙骨框架慢慢下移至与标高基准面齐平的龙骨位置上。该片木龙骨框架调平后，将靠墙部分的木框架与沿墙木龙骨连接，再将吊筋与木龙骨框架固定。各片木龙骨框架调平固定后，应将相邻的各片木龙骨框架连接固定。若在同一平面内固定时，在两片框架的连接处用钉子斜向钉牢；如不在同一平面内，则必须用辅助龙骨将两片木龙骨框架连接。如图 2-1所示。

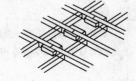

图 2-1　木龙骨框架的连接

5)刷防火涂料。待龙骨调平后刷 1～2 遍防火涂料。

2.1.2　木龙骨吊顶施工技巧

1. 木龙骨吊顶一般做法施工技巧

(1)主龙骨一般沿房屋的短方向布置，主龙骨两侧墙体的孔洞要适当深一些(总长度要大于主龙骨的长度)，以便于主龙骨的安装，同时伸入墙体内的主龙骨两侧要进行防腐处理。当主龙骨布置在屋架下弦下面时，应与屋架下弦方向垂直，每一相交处用 4 根吊筋吊位，当主龙骨布置在槽形板下时，应与板缝相垂直，用直径为 6mm 的钢筋吊在预埋于板缝中的短钢筋或扁铁上。

(2)木龙骨吊筋的龙骨长度应比实际尺寸略长一些，以便于吊筋的调查。

当吊筋长度超过 1500mm 时，应设置斜支撑，以防止因吊筋的晃动而影响吊顶面板的质量。此外，吊筋固定时应先固定中间部位(起拱最高点处)，后固定两侧，这样施工较方便。

（3）龙骨沿墙安装时应略高于水平标高线，以免面板安装后出现吊顶偏低的现象。

2. 木龙骨吊顶改进做法施工技巧

（1）加工木龙骨时，凹槽的宽度可比龙骨断面略大一些，以便于龙骨的拼装。吊装木龙骨时，为便于固定，可采用三角斜撑进行临时支撑。固定时，应先固定中间部位，后固定两侧。

（2）拼装木龙骨时，光面应放在骨架的底面与面板接合处，以便于面板的平整。为保证相邻两片骨架的接缝平整，在龙骨的接合处可用钉子斜向钉牢。

（3）在安装木龙骨框架时，应先拼接大片木龙骨框架，然后拼接小片木龙骨框架；先安装最高点处的木龙骨框架，再依次安装标高较低的木龙骨框架。

2.1.3 木龙骨施工操作缺陷分析处理

1. 木质吊顶龙骨未进行防腐，防火处理

木吊杆和木龙骨产生劈裂、扭曲、变形，既影响吊顶质量，又不符合耐久性要求。正确做法如下：

（1）木质吊顶的木吊杆和木龙骨应采用质地坚固，易"咬钉"、"不腐朽"材质，无超限节疤、斜纹少、无翘曲的红、白松树种，黄花松，桦木、色木、柞木等硬质材不得使用。木吊杆与木龙骨的材质等级应符合承重木结构方木材质标准要求，见表 2-1。

表 2-1　承重木结构方木材质标准

项次	缺陷名称	木材等级		
		I_a	II_a	III_a
		受拉构件或拉弯构件	受弯构件或压弯构件	受压构件
1	腐朽	不允许	不允许	不允许
2	木节，在构件任何一面任何 150mm 长度上所有木节尺寸的总和，不得大于所在面宽的	1/3（连接部位为 1/4）	2/5	1/2
3	斜纹：斜率不大于/%	5	8	12
4	裂缝： 1）在连接的受剪面上 2）在连接部位的受剪面附近，其裂缝深度（有对面裂缝时用两者之和）不得大于材宽的	不允许 1/4	不允许 1/3	不允许 不　限
5	髓心	应避开受剪面	不限	不限

注：①I_a 等材不允许有死节，II_a、III_a 等材允许有死节（不包括发展中的死节），对于 II_a 等材直径不应大于 20mm，且每一延米中不得多于 1 个，对于 III_a 等材直径不应大于 50mm，每延米中不得多于 2 个；

②I_a 等材不允许有虫眼，II_a、III_a 等材允许有表层的虫眼；

③木节尺寸按垂直于构件长度方向测量。木节表现为条状时，在条状的一面不量；直径小于 10mm 的木节不计。

（2）木材应使用的材料应进行烘干处理，含水率应不大于 12%。

（3）木材的防腐、防火处理应符合有关设计防火规范及其他相关规范的规定。

2. 吊杆与木龙骨的受力节点结合不严密，不牢固

由于吊杆与木龙骨的受力节点结合不严密、不牢固，受力后容易产生位移变形，影响吊顶的平整度和使用耐久性。其主要原因是未选用质量优质、干燥的松木、杉木等软质木材制作木吊杆和接头夹板，木吊杆与木龙骨未用半燕榫相连接，用钢筋吊杆时，其吊筋位置和长度埋设不准确，用射钉固定时，射钉不牢固。

施工过程中，木吊杆和接头夹板必须选用优质且比较干燥的松木、杉木等软质木材制作，钉子的长度、直径、间距要适宜，装钉时既能满足强度要求，又不能劈裂。

木吊杆应刻半燕尾榫，交叉地钉固在主龙骨的两侧，以提高其稳定性，如图 2-2 所示。吊杆与龙骨必须钉牢，钉长宜为吊杆厚的 2.0～2.5 倍，吊杆端头应高出屋架下弦上的龙骨上皮 40mm 以上，以防装钉时劈裂，如图 2-3 所示。

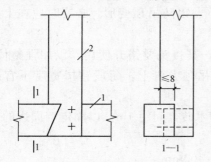

图 2-2　半燕尾榫示意图
1—吊顶龙骨；2—木吊杆

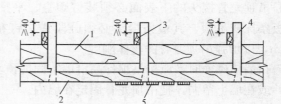

图 2-3　木屋架吊顶
1—屋架下弦；2—吊顶主龙骨；3—屋架上弦龙骨；
4—木吊杆；5—板条罩面板

钢筋吊杆的吊筋位置和长度必须埋设准确，吊筋螺母处必须设置垫板，如龙骨有弯与垫板接触不严，可利用撑木、木楔靠严，以防吊顶变形，必要时应在上、下两面均设置垫板，用双螺母紧固。用射钉固定时，射钉必须牢固。

2.1.4　木吊顶龙骨表面缺陷分析处理

1. 木吊顶龙骨拱度不匀

安装龙骨时四周墙面上不弹平线或平线不准，中间不按平线起拱，造成拱度不匀；吊杆或吊筋间距过大，吊顶龙骨的拱度不易调匀，同时受力后易产生挠度，造成平顶不平整，影响美观。

木吊顶龙骨的材质不好，变形大，不顺直，有硬弯，施工中又难于调直，木材含水率较大，在施工中或交工后产生收缩翘曲变形。若不按规程施工，施工中吊顶龙骨四周墙面上不弹平线或平线不准，中间不按平线起拱，造成拱度不匀。

若吊杆或吊筋的间距过大，吊顶龙骨的拱度不易调匀，同时受力后产生挠度，造成凹凸不平。若吊顶龙骨接头装钉不平或接出硬弯，直接影响吊顶的平整。受力节点结合不严密、不牢固，受力后产生位移变形。实施过程中的正确做法如下：

（1）吊顶应选用比较干燥的松木、杉木等软质木材，并防止受潮和烈日暴晒，不宜采用桦木、色木和柞木等硬质木材。

(2)装钉吊顶龙骨前,应按设计标高在四周墙壁上弹线找平;装钉时四周以平线为准,中间按平线起拱,起拱高度应为房间短向跨度的1/200,纵横拱度均应吊匀。

(3)龙骨及吊顶龙骨的间距、断面尺寸应符合设计要求;木料应顺直,如有硬弯,应在硬弯处锯断,调直后再用双面夹板连接牢固;木料在两吊点间如稍有弯度,弯度应向上。

(4)各受力节点必须装钉严密、牢固,符合质量要求。可采取以下措施:

1)吊杆和接头夹板必须选用优质软件制作,钉子的长度、直径、间距要适宜,既能满足强度要求,装钉时又不能劈裂。

2)吊杆应刻半燕尾榫,交叉地钉固在吊顶龙骨的两侧,以提高其稳定性;吊杆与龙骨必须钉牢,钉长宜为吊木厚的2～2.5倍,吊杆端头应高出龙骨上皮40mm,以防装钉时劈裂。

3)如有吊筋固定龙骨,其吊筋位置和长度必须埋设准确,吊筋螺母处必须设置垫板。如木料有弯与垫板接触不严,可利用撑木、木楔靠严,以防吊顶变形。必要时应在上、下两面均设置垫板,用双螺母紧固。

4)吊顶龙骨接头的下表面必须装钉顺直、平整,其接头要错开使用,以加强整体性;对于板条抹灰吊顶,其板条接头必须分段错槎钉在吊顶龙骨上,每段错槎宽度不宜超过500mm,以加强吊顶龙骨的整体刚度。

5)在墙体砌筋时,应按吊顶标高沿墙牢固地预埋木砖,间距1m,以固定墙周边的吊顶龙骨,或在墙上留洞,把吊顶龙骨固定在墙内。

6)用射钉锚固时,射钉必须牢固,间距不宜大于400mm。

(5)吊顶内应设置通风窗,使木骨架处于干燥环境中;室内抹灰时,应将吊顶人孔封严,待墙面干后,再将人孔打开通风,使吊顶保持干燥环境。

2. 木板吊顶用龙骨、吊杆截面选用不符合要求

当选用尺寸过小时,龙骨的强度和刚度不能满足要求,造成吊顶高低不平甚至造成坍塌事故;当选用尺寸过大时,既增加了吊顶荷载,又浪费了材料。

木吊杆、木龙骨的截面应严格根据设计图纸规定选用,一般常用规格见表2-2。

表 2-2　常用木质吊顶龙骨材料规格及性能表

名　称		规格/mm	材料品种	含水率/%	附　注
吊　杆		$\phi10$、$\phi12$	圆钢		交错布置,直径与间距按设计规定。间距一般为800～1000mm
		40×40	方木	≤15	
龙骨	大龙骨	50×150	红松、白松、美松、智利松等	≤15	龙骨截面、长度、间距根据设计要求和饰面板规格而定
		75×150			
		50×100 等			
	中龙骨	50×100			
		50×75 等			
	小龙骨	50×50			

此外,木吊顶龙骨的间距应根据设计要求和罩面规格而定,大、中龙骨中距一般为900～1200mm;小龙骨中距一般宜取400～500mm。大龙骨相接时,在接头两侧各钉一根长500mm,截面尺寸为50mm×100mm的加强方木。

2.2 轻钢龙骨安装工程

2.2.1 轻钢龙骨构造

轻钢龙骨吊顶由吊筋、主龙骨、次龙骨、横撑龙骨及各种吊、挂件组成,是以镀锌钢带轧制成的轻金属龙骨为骨架组成的吊顶,具有自重轻、刚度大、防火与抗震性能好、施工方便灵活、工业化程度高等优点,现在已经被广泛使用。

轻钢龙骨按其承载能力不同可分为上人龙骨吊顶和不上人龙骨吊顶,如图 2-4、图 2-5 所示;按其主龙骨的规格不同可分为 38 系列、50 系列、60 系列等。

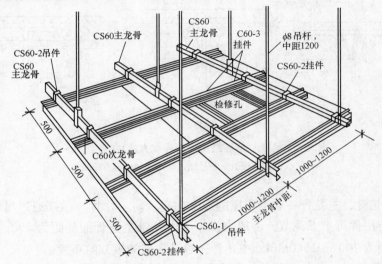

图 2-4 上人轻钢龙骨吊顶示意图(单位:mm)

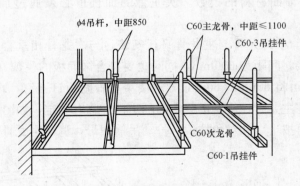

图 2-5 不上人轻钢龙骨吊顶示意图(单位:mm)

2.2.2 轻钢龙骨安装施工工艺

1. 施工工序

放线(确定标高线)→下料→钉沿墙龙骨→安装吊筋→安装主龙骨→安装次龙骨→安装

横撑龙骨→调平。

2. 施工要点

(1)放线。轻钢龙骨吊顶的放线操作同木龙骨吊顶施工。

(2)下料。轻钢龙骨石膏板吊顶的龙骨长度应根据图样的要求进行裁切或加长,吊筋的长度应按实际要求确定。

(3)钉沿墙龙骨。沿墙龙骨的施工方法与木龙骨相同,沿墙龙骨可采用木方或轻钢龙骨的次龙骨。

(4)安装吊筋。先确定吊筋的位置,再在结构层上钻孔安装膨胀螺栓。上人龙骨的吊筋采用直径 6mm 的钢筋,间距为 900~1200mm;不上人龙骨可采用直径为 4mm 的钢筋,间距为 1000~1500mm。吊筋与顶棚结构层的连接方法如图 2-6 所示。吊筋必须刷防火涂料。

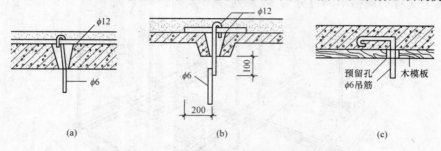

图 2-6 吊筋与顶棚结构层的连接方法(单位:mm)

(a)、(b)预制板上安装吊筋;(c)现浇板上安装吊筋

(5)安装主龙骨。主龙骨一般沿房屋的短方向布置,主龙骨与吊筋通过吊件连接,在吊件安装时要保持吊件可上下调节。一般来说,上人龙骨主龙骨的间距为 900~1200mm;不上人龙骨的间距为 1000~1500mm。主龙骨一般沿房屋的短方向布置。

(6)安装次龙骨。次龙骨通过挂件与主龙骨连接,方向与主龙骨垂直,次龙骨的间距为 400~600mm,并符合饰面材料的模数。次龙骨的加长也必须通过加长件来连接,且有 10mm 的膨胀缝。

(7)安装横撑龙骨。横撑龙骨与主龙骨平行安装,与次龙骨相垂直且在同一个平面内,通过挂件与次龙骨连接,间距为 600mm,同时也要符合饰面板的模数。

(8)调平。调平时可将 60mm×60mm 方木按主龙骨间距钉圆钉,再将长方木横放在主龙骨上,并用铁钉卡住主龙骨,使其按规定间隔定位,临时固定,如图 2-7 所示。方木两端要顶到墙上或梁边,再按十字和对角拉线,拧动吊筋螺母,调节主龙骨。

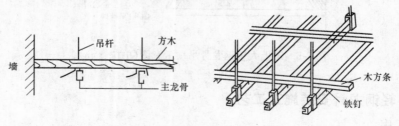

图 2-7 主龙骨固定调平示意图

2.2.3 轻钢龙骨安装施工技巧

(1)当遇到预制空心板楼面，安装膨胀螺栓有困难时，可先在板缝中固定膨胀螺栓，在相邻两膨胀螺栓上固定通长角钢，再在角钢上焊接吊筋。当墙体为轻质隔墙时，吊顶与墙体最好不连接。

(2)为保证挂件的稳固，应在挂件的上下方分别拧上螺母并拧紧，以防安装面板时出现龙骨上下晃动，如图2-8所示。

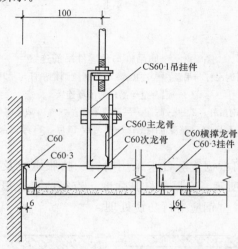

图 2-8 吊顶吊挂件安装示意图(单位:mm)

(3)在潮湿地区，为防止面板受潮发生变形和下垂，次龙骨的间距可设置为300～400mm。

(4)当房屋的尺寸不符合吊筋或主龙骨间距的模数时(1000～1200mm)，吊筋或主龙骨的间距应均分，以便吊筋或主龙骨受力均匀；当房屋的尺寸不符合次龙骨间距的模数时(600mm)，应把余量放在吊顶的一侧，以便于面板的安装。

(5)为保证主次龙骨连接牢固，主、次龙骨的连接件应用钳子夹紧、夹牢，安装时主龙骨开口方向应交错放置。

(6)为防止安装面板时碰乱横撑龙骨，横撑龙骨可在安装面板时同时进行。同时为安装方便，横撑龙骨的尺寸可比实际长度略小 2～3mm，横撑龙骨与次龙骨必须在同一水平面上。

2.2.4 吊杆安装质量缺陷分析处理

1. 金属吊杆与混凝土板固定不牢，吊杆变形不均匀

金属吊杆与混凝土板固定不牢、吊杆变形不均匀，将会造成虚焊脱落、射钉松动或脱落，吊杆产生拉伸现象。施工过程中，金属吊杆与土建预埋件吊筋焊接接长时，焊接搭接长度、焊缝厚度不符合要求；射钉或膨胀螺栓埋入深度过浅；吊杆强度不够；吊杆连接不牢等操作不规范都可造成上述现象。

因此，当吊杆与预埋件吊筋进行焊接时，必须采用搭接焊，搭接长度不小于60mm，焊缝厚度不小于3mm，且应均匀饱满。当预埋件吊钩已由土建单位按设计要求预留到位时，吊杆上端穿过吊钩环孔后折弯，如图2-9所示。

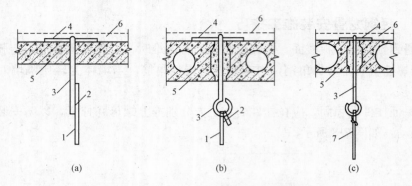

图 2-9　金属吊杆与预埋件吊筋连接

(a)带螺纹圆钢吊杆与吊筋焊接连接；(b)带螺纹圆钢吊杆与吊环焊接连接；

(c)铝合金丝吊杆与吊环连接

1—螺纹圆钢吊杆；2—电焊；3—吊筋或吊环；4—ϕ10 或 ϕ12 钢筋横杆；

5—混凝土楼板；6—整浇混凝土；7—8 号或 12 号、14 号铝合金丝吊杆

当没有预埋吊钩时，可根据实际要求采用射钉、膨胀螺栓及加设圆钢、角钢或槽钢等方法处理节点，如图 2-10 所示。金属吊杆其强度、直径应符合设计要求，长度应适中，吊杆及与其他配套的预埋件、型钢应进行防锈处理。

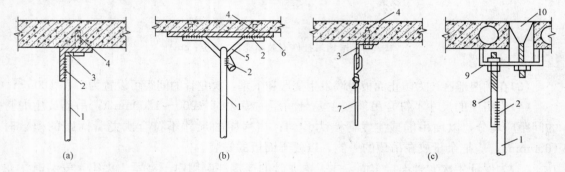

图 2-10　金属吊杆用射钉或膨胀螺栓固定

1—带螺丝圆钢吊杆；2—电焊；3—角钢∟ 40×4，$l=40mm$；4—射钉；5—ϕ10 或 ϕ12 钢筋吊环；

6—6mm×150mm×150mm 钢板；7—8 号或 12 号、14 号铝合金丝；8—钢筋吊筋；9—吊杆连接件；10—金属膨胀螺栓

对于四周无固定点的选型吊顶，应采用刚性吊杆或设置斜撑或剪刀撑，吊杆与结构基体应采用刚性连接。

2. 吊顶吊杆距主龙骨端部距离超过 30mm

主龙骨要承受自身、次龙骨、罩面板等重量，若悬臂过长将产生较大的挠度，使整个吊顶的平整度达不到要求。施工过程中应注意按以下规定操作：

(1)吊杆或预埋件规格尺寸、位置、间距应符合设计要求。

(2)吊顶吊杆和设备的吊杆必须分开，严禁共用。

(3)吊顶吊杆与管道、设备位置相碰时，应调整吊杆位置或增设吊杆。

(4)选择有代表性的房间，预先做样板经确认后，再大面积施工。

2.2.5　龙骨安装操作质量缺陷分析处理

1. 轻钢龙骨纵横方向不平直

吊顶龙骨安装后，主龙骨、次龙骨在纵横方向上不顺直，有扭曲、歪斜现象；龙骨高低位置不均匀，使得下表面拱度不均匀、不平整，甚至成波浪线，影响美观。其主要原因如下：

(1)主龙骨、次龙骨受扭折，虽经修整，仍不平直。

(2)龙骨吊点位置不正确，吊点间距偏大，拉牵力不均匀。

(3)未拉通线全面调整主龙骨、次龙骨的高低位置。

(4)测吊顶的水平线误差超差，中间平线起拱度不符合规定。

(5)龙骨安装后，局部施工荷载过大，导致龙骨局部弯曲变形。

(6)吊顶不牢，吊杆变形不均匀，产生局部下沉。

故施工过程中应注意按以下规定操作：

(1)凡是受扭折的主龙骨、次龙骨一律不宜采用。

(2)按设计要求弹线，确定龙骨吊点位置，主龙骨端部或接长部位增设吊点，吊点间距不宜大于1.2m。吊杆距主龙骨端部距离不得大于300mm，当大于300mm时，应增加吊杆。当吊杆长度大于5m时，应设置反支撑。当吊杆与设备相遇时，应调整吊杆距离并增设吊杆。

(3)四周墙面或柱面上，按吊顶高度要求弹出标高线，弹线清楚，位置正确，可采用水柱法弹水平线。

(4)将龙骨与吊杆(或镀锌钢丝)固定后，按标高线调整大龙骨标高，调整时一定要拉通线，大房间可根据设计要求起拱，拱度一般为1/200。

逐条调整龙骨的高低位置和线平直。调整方法可用方木按主龙骨间距钉圆钉，再将长方木条横放在主龙骨上，并用铁钉卡住主龙骨，使其按规定位置定位，临时固定。方木两端要顶到墙上或梁边，再按十字和对角线，拧动吊杆螺栓，升降调平。

(5)对于不上人吊顶，安装龙骨时，挂面不应挂放施工安装器具；对于大型上人吊顶，龙骨安装后，应为机电安装等人员铺设通道板，避免龙骨承受过大的不均匀荷载而产生不均匀变形。

2. 金属装饰板条板式吊顶，主龙骨间距大于51.2m

金属装饰板条施工中，若未正确设置顶棚标高线、未在墙上画出主龙骨分档位置线、吊杆未固定于主体结构上、吊杆弯曲、与主龙骨连接不牢固，都会造成主龙骨间距过大使吊顶局部变形而不平。因此，施工过程中应注意以下几点：

(1)沿墙四周弹顶棚标高水平线，其误差不能大于±5mm。如果跨度较大，还应在中间适当位置加设标高控制点。

(2)在墙上画出主龙骨分档位置线，分档距离不得大于1.2m。按主龙骨位置线定出吊杆位置线，纵横间距均不得大于1.2m，且分布均匀。

(3)吊杆应吊固于主体结构上，如果采用射钉、膨胀螺栓固定吊杆，应做好隐检记录，如射钉、膨胀螺栓的埋入深度等，关键部位还要做射钉、膨胀螺栓的拉拢试验。

(4)吊杆应顺直无弯曲，与主龙骨连接牢固无松动，节点符合设计要求。

2.3 铝合金龙骨安装工程

2.3.1 铝合金龙骨安装基本构造

铝合金龙骨吊顶是用表面经阳极氧化或氟碳喷涂处理后的 T 形铝型材龙骨和各种轻质材料组成的吊顶，框格尺寸一般为 600mm×600mm 或 600mm×1200mm，如图 2-11 所示。

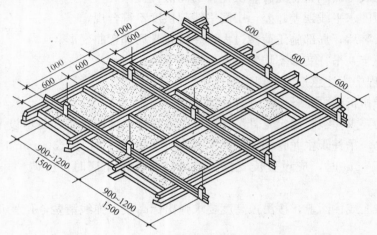

图 2-11 T 形铝合金龙骨吊顶示意图(单位:mm)

2.3.2 铝合金龙骨安装施工工艺

1. 施工工序

放线→钉沿墙龙骨→设置吊筋→安装主龙骨→安装铝合金龙骨→面板安装。

2. 施工要点

(1)放线。铝合金龙骨吊顶的放线操作与木龙骨吊顶相同。

(2)钉沿墙龙骨。铝合金龙骨吊顶的钉沿墙龙骨操作与木龙骨吊顶施工相同，但铝合金吊顶的沿墙龙骨一般为角铝，用钢钉固定于墙面或柱面上，钢钉的间距一般为 400~600mm。

(3)设置吊筋。铝合金龙骨吊顶的吊筋可采用不小于 10 号的铁丝或直径为 4mm 的钢筋，间距一般为 1500mm，可用膨胀螺栓与结构层固定，如图 2-12 所示。

(4)安装主龙骨。主龙骨一般采用 38 系列轻钢龙骨的主龙骨，通过吊件与吊筋连接，间距为 1500mm。

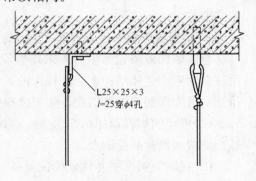

L25×25×3
l=25穿φ4孔

图 2-12 铝合金龙骨吊筋
固定方法(单位:mm)

(5)安装铝合金龙骨。铝合金龙骨的长龙骨通过专用的连接件与主龙骨连接，间距为饰面板的宽度；短龙骨插在主龙骨上，间距为饰面板的长度。

(6)面板安装。明龙骨吊顶一般采用搁置法安装，龙骨调平验收合格后将面板平放在龙骨的肢上，用龙骨的四条肢支撑住面板；暗龙骨吊顶时先将龙骨调平，验收合格后，将周边开槽的面板插到龙骨的肢上，靠肢将面板担住。

2.3.3 铝合金龙骨吊顶施工技巧

(1)当遇到突出饰面层的空调孔、喷淋头时，需预先对面板按图样设计要求在相应位置进行开孔，禁止乱碰硬撞，以免损坏成品设施或污染面板。

当遇到吊顶有管道、安装困难时，应取下重新从相近位置安装并平移到位，以免损坏面板。若遇有高低跨时，应先安装高距再安装低跨。

(2)铝合金龙骨的间距应根据面板尺寸确定。其中，心线间距一般可比面板尺寸大 2mm 左右，以便于面板的安装。非标准尺寸的龙骨应尽量放在吊顶的四周或不被人注意的次要部位。

(3)角铝必须按标高线固定，角铝的底面与标高线齐平，角铝可用水泥钉直接钉在墙、柱面或窗帘盒上，固定位置间距一般为 400～600mm。

(4)为便于调整，可采用伸缩式吊杆，如图 2-13 所示。用一个带孔的弹簧钢片将两根 8 号铁丝连接起来，用力压弹簧钢片，将弹簧钢片两端的孔中心重合，吊杆就可自由伸缩，当手松开后，孔中心错开，与吊杆产生剪力，将吊杆固定。

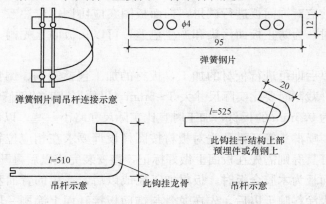

图 2-13 伸缩式吊杆示意图(单位:mm)

(5)安装龙骨时可先将各条主龙骨吊起，在稍高于标高线的位置上临时固定，如果面积较大，可分成几个部分吊装。

2.3.4 铝合金龙骨吊顶质量缺陷分析处理

1. 吊顶吊杆与设备吊杆共用

两杆合并为一的做法是不可取的，易造成吊杆受荷载过大而断裂，同时有些设备在运转中有振动，易引起吊顶面层裂缝、脱落等情况，从而影响使用功能和不能保证使用安全。实施过程中的具体防治措施如下：

(1)吊杆或预埋件规格尺寸、位置、间距应符合设计要求。

(2)吊顶吊杆和设备的吊杆必须分开，严禁共用。

(3)吊顶吊杆与管道、设备位置相碰时，应调整吊杆位置或增设吊杆。

(4)选择有代表性的房间，预先做样板经确认后，再大面积施工。

2. 吊顶工程用吊杆、龙骨等未进行处理

吊顶工程中没有对钢筋吊杆、型钢吊杆和预埋件进行防锈处理。顶棚内是封闭或半封闭空间，通风较差，不易干燥，若吊顶的钢筋吊杆，型钢吊杆和预埋件不进行防锈处理，极易发生锈蚀，影响使用寿命。故在施工中，吊顶工程的钢筋吊杆、型钢吊杆和预埋件应进行防锈处理。

2.4 吊顶饰面板安装工程

2.4.1 木龙骨骨架饰面板施工工艺

木龙骨骨架饰面板可分为木胶合板、纸面石膏板、水泥压力板、塑料扣板、金属板等。

1. 木龙骨骨架饰面板施工工艺

(1)施工工序

试拼→加工→安装→表面处理。

(2)施工要点

1)试拼。施工前应对饰面板进行试拼，饰面板图案应协调，应注意节约材料。用花色胶合板做清水饰面时，为防止板面污染和产生色差，可以在板面上先刷一遍清漆，然后再试拼。

2)加工。试拼以后即可进行板材的加工，板材的加工包括裁割、倒角、划孔等。当饰面板为木胶合板时，裁割时要比实际尺寸大 3~5mm，以便安装时的细修饰；当采用纸面石膏板时，宜用厚度为 9.5mm 的板材，加工时宜比实际尺寸略小一些，以便于安装。遇到突出饰面层的空调孔、喷淋头等还需预先对板材按图样设计要求在相应位置进行开孔，如遇到不突出饰面层的灯具等则需先在板面上做好标记，待安装完成以后再开孔。

3)安装。当饰面板为木胶合板时，板材加工完成以后，在板的背面和木龙骨上刷 2~3 遍防火涂料，待防火涂料晾干以后，先在龙骨与饰面板接触面上涂刷一层乳胶液，然后把加工好的饰面板黏贴上去，同时用无帽钉或直钉固定。固定时钉宜从板的中间向四周进行，钉距为 100~150mm，同时板的接缝必须在龙骨的中间。当饰面板为纸面石膏板时，饰面板的固定用 4mm×25mm 高强自攻螺钉，从中间向四周进行，钉距为 150~200mm，离开边缘的距离为 10~16mm，板与板之间及板与墙之间要留有 10mm 左右的缝隙。当饰面板为塑料扣板时，塑料扣板则用平头自攻螺钉直接固定于木龙骨上，施工前应先定出塑料扣板的走向，自攻螺钉一般钉在塑料扣板的凹槽内。

4)表面处理。饰面板安装完成以后必须对板面进行处理，如有钉帽突出板面的必须重新钉入，溢出板缝的乳胶液必须用湿毛巾擦干净，以免结硬后影响饰面涂层的施工，脱胶起皮部分必须重新加乳胶液予以固定，钉眼用油性腻子抹平，以防生锈。

2. 木龙骨骨架饰面施工技巧

(1)为防止板面被划伤，加工板材时应在其背面进行，以免裁割时划伤表面，影响装饰效果。

（2）当饰面板为木胶合板时，可在板的接缝四周用细刨刨出 45°倒角，倒角宽 2～3mm，以便使板的接缝严密。当面板为塑料扣板时，由于塑料扣板为脆性材料，施工时特别要注意保护成品，同时螺钉不能拧得太紧，以免引起板面的变形。

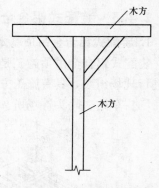

（3）面板施工时板的正面朝下，自攻螺钉钉帽要进入饰面板 2～3mm，并用防锈涂料涂刷，防止生锈。由于纸面石膏板单块重量较大，安装时可采取三角木架支撑进行临时固定，如图 2-14 所示。

（4）饰面板应在自然状态下固定，禁止在有应力状态下固定，以防止出现弯曲、凸鼓现象。

图 2-14　三角木架示意图

2.4.2　轻钢龙骨骨架饰面板施工

轻钢龙骨骨架饰面板主要是纸面石膏板和水泥压力板，轻钢龙骨骨架经验收合格后，即可进行饰面板施工。

1. 轻钢龙骨骨架饰面板施工工艺

（1）施工工序

加工饰面板→安装饰面板→表面处理。

（2）施工要点

1）加工饰面板。由于相邻板块之间不能形成通缝，所以第一排第一块板不能整块安装，可切割一半或 2/3，但必须符合次龙骨间距的模数要求。

2）安装饰面板。饰面板安装必须沿次龙骨方向进行，从一端开始错缝安装，逐块排列，与墙体间应留有 100mm 的缝隙。安装时必须用三角木支撑进行临时固定，自攻螺钉宜从板的中间向四周进行固定，钉距为 200mm，钉距边缘的距离不得小于 10mm，也不得大于 16mm。钉子就位后，钉头应埋入板内 2～3mm。遇到突出饰面层的空调孔、喷淋头等还需预先对板材按图样设计要求在相应位置进行开孔，如遇到不突出饰面层的灯具等则需先在板面上做好标记，待安装完成以后再开孔。

3）表面处理。面板完成以后必须对板面进行处理，如有钉帽突出板面必须重新拧入，钉眼必须用防锈涂料涂刷，板与板之间的缝隙用专用腻子抹平，并用穿孔带纸黏贴。

2. 轻钢龙骨骨架饰面板施工技巧

（1）为便于板的固定，可临时在板上次龙骨位置进行弹线，以防止出现固定不到位的现象。板的长边必须与次龙骨呈垂直交叉状态，使端部落在次龙骨中央部位。

（2）对于轻质隔墙则不必钉沿墙龙骨，顶棚与墙体不能连成一体，以免墙体的晃动引起顶棚的开裂。

（3）为防止板材出现断裂，板材搬运时应立面搬运，并防止碰撞。人工堆码与搬运时，板面之间要注意不能留有砂粒，以免堆放时压破纸面。

（4）安装双层石膏板时，饰面板与基层板的接缝应错开，禁止在同一根龙骨上接缝。

（5）遇到突出饰面层的空调孔、喷淋头等需预先对板材按图样设计要求在相应位置进行开孔，禁止乱碰硬撞，以免损坏成品设施。

2.4.3 装配式铝合金吊顶施工

1. 装配式铝合金吊顶基本构造

装配式铝合金吊顶施工是将经过生产厂家加工好的成品铝合金饰面材料及龙骨、配件等进行现场组装，具有施工方便、工效快、自重轻、防火性能好、吸声等优点，广泛地应用于商场、车站、码头等场所。其主要形式有条板、方板、格栅等，如图 2-15 所示。

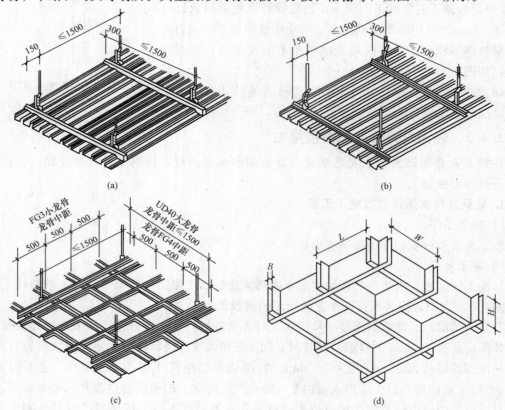

图 2-15 装配式吊顶示意图(单位:mm)

(a)开敞式条板吊顶；(b)封闭式条板吊顶；(c)方板吊顶；(d)格栅吊顶

2. 装配式铝合金吊顶施工工艺

(1)施工工序

放线→钉沿墙龙骨→安装吊筋→安装与调平龙骨→安装饰面板。

(2)施工要点

1)放线、钉沿墙龙骨、安装吊筋、安装与调平龙骨与铝合金龙骨施工做法相同。

2)安装饰面板。在龙骨调平的基础上，从一个方向依次安装饰面板，因为铝合金饰面板本身有弹性，扩张较为容易，只需轻轻地将条板压一下，便会卡到龙骨上，如图2-16～图2-18所示。由于饰面板较薄，安装时一定要注意

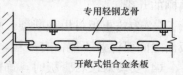

图 2-16 开敞式条板的安装方法

成品保护，做到轻拿轻放，板面有喷漆时还要戴手套施工，防止板面被污染。

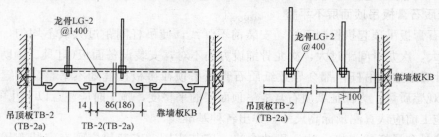

图 2-17　封闭式条板的安装方法

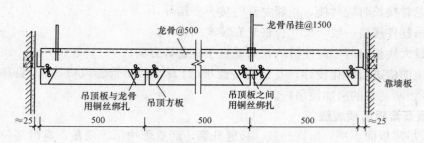

图 2-18　方板的安装方法（单位：mm）

3. 装配式铝合金吊顶施工技巧

（1）遇到突出饰面层的空调孔、喷淋头等需预先对板材按图样设计要求在相应位置进行开孔，禁止乱碰硬撞，以免损坏成品设施。

（2）龙骨与饰面板必须配套使用，禁止龙骨混合使用而造成饰面板安装困难。

（3）条板安装时一般不接长，当必须接长时，应注意做好下料工作。切割条板时，除了控制好切割角度，还要对切割边用锉刀进行修整处理，并用同颜色的胶黏剂将接口部位进行密合。安装方板时可采用自攻螺钉固定，固定时可先用手电钻钻出孔位后再上螺钉，当四周靠墙边缘部分不符合模数时，可改用条板或将方板进行加工后再安装。

（4）角铝、专用阴角线必须按标高线固定，角铝、专用阴角线的底面与标高线齐平，可用水泥钉直接钉在墙、柱面或窗帘盒上，固定位置间距一般为 400～600mm。

（5）由于铝合金面板重量轻，为防止大面积吊顶出现穿堂风引起面板剥落，可在吊顶龙骨上加一些木板或重物固定。

2.4.4　罩面板表面缺陷分析处理

1. 罩面板选材不当

罩面板选材不当，会造成接缝宽窄不一，接缝不平，容易产生翘曲、起鼓等弊病，影响观感质量和使用功能。因此，施工中应注意以下三项：

（1）罩面板应具有出厂合格证。

（2）严格选材，保证罩面板的质量。罩面板不应有气泡、起皮、裂纹、缺角、污垢和图案不完整等缺陷；表面应平整，边缘整齐，色泽一致。

（3）罩面板进场要严格进行验收，不合格的罩面板材不得使用，对长宽尺寸偏差太大、厚薄不一致或破损、缺棱掉角的应剔除不用。

2. 纸质石膏板吊顶面层不平整

纸质石膏板吊顶起拱控制不好，安装前不弹线，使吊杆间距过大或不均匀，龙骨与墙面距离过大，次龙骨间距过大，次龙骨铺设方向不对，安装设备面板(灯具、消防管、风口等)断龙骨后未加设吊杆，都会导致纸质石膏板吊顶在拼板接缝处不平整、接缝不严及错点，影响观感质量。为保证纸质石膏板吊顶面层的平整度，施工时应注意以下几项：

(1)施工前应认真测量标高尺寸，弹出各种基准线。

(2)龙骨和吊杆的规格一致、尺寸合格、安装牢固。安装前应画有安装布置图，合理布局。

(3)长龙骨接长时应对接，相邻龙骨的接头要错开。

(4)各吊挂件规格一致，尺寸合格、安装牢固。

(5)铺设大块板材时，应使板的长边垂直于次龙骨方向。

(6)施工前应进行深化设计，安装设备面板(灯具、消防管、风口等)，躲开龙骨位置，实在躲不开须断龙骨的应加设吊杆。

3. 纸质石膏板吊顶裂缝

石膏板吊顶板面不平，出现凸鼓，板缝开裂，严重影响吊顶质量，有的还得返工重做。究其主要原因是施工时材料湿度过大，嵌缝操作不佳，成品保护不好，如面板施工完毕，其他专业上顶施工，造成强烈的震动，引起板面开裂，施工面积大、过长的部位未设置温度缝或采取技术处理措施等。为防止纸质石膏板吊顶产生裂缝，正确做法如下：

(1)空气湿度对板材的胀缩影响较大，环境湿度过大，石膏板吸水膨胀、湿度下降时又会释水收缩，因此，安装前应注意材料的湿度。

(2)应选用优质的腻子，并用穿孔纸带等有效地黏糊住板缝。嵌填板缝应分层进行。

(3)安排好各专业的施工工序，先做顶内的专业管线，经扫管、穿线、保温、打压后再封面板，防止吊顶面板施工完成后上人作业，产生较大的震动。

(4)对施工面积大、过长的部位应提前进行深化设计，在适当部位留置温度缝。

4. 轻质板块吊顶面层变形

纤维板或胶合板在使用过程中吸收空气中的水分，特别是纤维板，因它不是均质材料，各部分吸湿程度不同，易产生凹凸变形。装钉板块时，板块接头未留空隙，吸湿膨胀后，没有伸胀余地，会使变形程度更为严重。对于较大板块，装钉时未能使板块与吊顶龙骨全部贴紧，就从四角或从四周向中心排钉装钉，板块内产生应力，致使板块凹凸变形。吊顶龙骨分格过大时，板块易产生挠度变形。这样，在安装胶合板、纤维板面层后即逐渐出现局部凹凸变形。正确做法如下：

(1)为确定吊顶质量，应选用优质板材。胶合板宜选用 5 层以上的椴木胶合板，纤维板宜选用硬质纤维板。

(2)为防止板块凹凸变形，装钉前应采取如下措施：

1)为使纤维板的含水率与大气中的相对含水率相平衡或接近，减少纤维板因吸湿而引起的凹凸曲变形，对纤维板宜进行浸水湿润处理。具体做法是：将纤维板放在水池中浸泡15～20min，一般硬质纤维板用冷水；掺有树脂胶的纤维板要由 45℃左右的热水中取出后毛面向上，堆放在一起，约 24h 打开垛，使整个板面处在室温为 10℃ 以上的大气中，与大气湿度相同，一般放置 5～7d 后就可使用。

2)经过浸水湿处理的纤维板，四边易产生毛口。因此，用于装钉纤维板明拼缝吊顶或钻孔纤维板吊顶，宜将加工后的小板块两面均涂刷一遍猪血来代替浸水，约经 24h 干燥后再涂刷一遍油漆，干后在室内平放成垛保管待用。

3)胶合板不得用水浸和受潮，装钉前应两面均涂刷一遍油漆，以提高抗吸湿变形的能力。

(3)轻质板块宜用小齿锯截成小块后装钉。装钉时必须由中间向两端排钉，以避免板块内产生应力而凹凸变形。板块接头拼缝留 3～6mm 的间隙，以适应板块膨胀变形要求。

(4)用纤维板、胶合板吊顶时，其吊顶龙骨的分格间距不宜超过 450mm。否则中间应加 1 个 25mm×40mm 的小龙骨，以防板块向下产生挠度而变形。

(5)合理安排施工工序，当室内湿度较大时，宜先装钉吊顶木骨架，然后进行室内抹灰，待抹灰干燥后再装钉吊顶面层。但施工时应注意周边的吊顶龙骨应离开墙面 20～30mm（即抹灰厚度），以便在墙面抹灰后装钉板块及压条（抹灰时应注意墙面平整，以防压条与墙面接触不严）。

2.4.5　罩面板操作缺陷分析处理

1. 用螺钉固定安装吊装石膏板时，螺钉排列不均匀，钉头外露

石膏板固定不牢固，从而易产生弯棱、凸鼓，钉头锈蚀，均影响外观装饰质量。其主要原因是石膏板材未在无应力状态下进行固定，纸面石膏板的长边未沿纵向次龙骨铺设，螺钉固定方法不正确，螺钉钉头未做处理。实际施工过程中，正确做法如下：

(1)石膏板材应在无应力状态下进行固定，固定顺序应从一块板的中间向板的四周固定，不得多点同时作业。

(2)纸面石膏板的长边应沿纵向次龙骨铺设。次龙骨的间距一般不应大于 600mm，南方潮湿地区，间距应适当减少，以 300mm 为宜。

(3)固定螺钉正确做法如下：

1)金属龙骨大多采用自攻螺钉，规格为 3.5mm×25mm。

2)钉距 150～170mm，钉与纸面石膏板边的距离；面纸包封的板边以 10～15mm 为宜；切割的板边以 15～20mm 为宜。弯曲、变形的螺钉应除去，并在相隔 50mm 的部位另钉螺钉。

3)木龙骨可用镀锌圆钉或木螺钉固定，钉子间距以 150～170mm 为宜，钉子距板边的距离不应小于 15mm。

(4)螺钉应与板面垂直，钉头埋置深度以螺钉头的表面略埋入板面，并不使纸面破坏为宜（装饰石膏板以嵌入板内 0.5～1mm 为宜），钉头应刷防锈涂料，并用石膏腻子抹平，再用与板面颜色相同的色浆涂刷。

2. 吊顶与设备衔接不当

设备工种与装饰工种配合不密切，施工顺序不合理。灯盘、灯槽、空调风口算子等设备在吊顶上的孔洞位置不准确，当孔洞较大时，其孔洞位置未先由设备工种确定准确。当孔洞较小时，未在顶部开洞。造成吊顶面不平，衔接吻合不好等现象，为防止吊顶与设备

衔接不当,正确做法如下:

(1)设备工种与装饰工种应相互配合,采取合理的施工顺序。

(2)如果孔洞较大,其孔洞位置应先由设备工种确定准确,再将吊顶在某部位断开。也可先安装设备,然后再吊顶封口。回风口等较大孔洞,一般均先将回风箅子固定,这样做既保证位置准确,也易收口。

(3)对于小面积孔洞,宜在顶部开洞,这样不仅便于吊顶施工,同时也能保证孔洞位置准确。如吊顶的嵌入式灯口,一般采用此法。开洞时先拉通长中心线,准确确定位置后,再用往复锯开洞。

(4)自动喷淋系统的水管预留长度应准确,在拉吊顶标高线时应检查消防设备安装尺寸。

(5)大开洞处的吊杆、龙骨应特殊处理,洞周围要加固。

3. 铝合金板吊顶接缝不平直,露白茬

安装铝合金条板时,如未拉通线调整吊顶水平位置和标高;龙骨、面板本身尺寸规格不一致;在切割处处理不好等,都会造成接缝处接口不平,露白茬,影响观感质量。其正确做法如下:

(1)安装时应拉通线,按线布板,排列整齐。

(2)安装时注意龙骨、面板的规整性,尺寸应一致。材料进场前应进行严格的检查验收,对尺寸、规格不合格的要求其退场。

(3)做好下料工作。切割板条时,控制好切割角度。切口部位应用锉刀将其修平,将毛边及不平处修整好。

(4)用相近色彩的黏结剂(如硅胶)对接口部位进行修补,使接缝密合,并对切口白边进行遮掩。

4. 胶合板、纤维板吊顶,拼缝装钉不直,分格不均匀,不方正

在同一直线上的板块明拼缝或木压条,其边棱不在一条直线上,有错牙、弯曲等现象,板块明拼缝或纵横木压条分格不均匀、不方正,影响观感质量。主要原因是安装吊顶龙骨时,龙骨间距分得不均匀,不规方,且与板块尺寸不符;安装板块或木压条时,没有按先弹线后按线安装的顺序操作,板块明拼缝时,板块裁割不方、不直或尺寸不准。

胶合板、纤维板吊顶前应按设计要求吊顶标高在四周墙面或柱面弹线找平,然后在水平线上按计算出的板块拼缝间距(一般为 6~10mm)或压条分格间距,准确分出吊顶龙骨位置,板块应按吊顶龙骨间距尺寸减去明拼缝宽度进行裁割,要求裁得方正、尺寸准确,不得损坏棱角,四边修去毛边;装钉板块前,在每条纵横吊顶龙骨上按所分位置线弹出拼缝中心线,必要时还应弹出拼缝边线,然后按线装钉;若装钉时发现超线,应用刨修整,确保缝口齐直、均匀,木压条应选用优质软材制作,加工规格必须一致,表面平整光滑;装钉时先在板块上拉线弹出分格墨水,然后沿线装钉,接头应严密。

5. 吸声板吊顶的孔距排列不均

若吸声板板块未装匣钻孔,板块拼缝不直,分格不均匀、不方正,未检查板块是否方正;板块拼装后孔距不等,孔眼横、竖、斜看不成直线,有弯曲、错位等现象,均会导致孔距排列不均。

施工过程中，为确保孔距排列规整，板块应装匣钻孔(图 2-19)。即将吸音板按计划尺寸分成板块，板边应刨直、刨光，装入铁匣内，每次放 12～15 块，用 5mm 厚钢板做成样板，放在被钻板块上面，用夹具螺栓拧紧。钻孔时，钻头必须垂直于板面。第一匣板块钻孔后，应在吊顶龙骨上试拼，经检查无误后再继续钻孔。

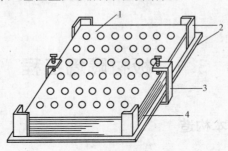

图 2-19　板块装匣示意图
1—钢样板；2—铁匣；3—夹具；4—轻质板块

板材应按分格尺寸截成板块。板块尺寸按吊顶龙骨间距尺寸减去明拼缝宽度(8～10mm)。板块要截得方正、准确，不得损坏棱角，四周要修去毛边，使板边挺直光滑。板块装钉前，在每条纵横吊顶龙骨上按所分位置拉线弹出拼缝中心线，必要时应弹出拼缝边线，然后沿墨线装钉板块；装钉时，若发现超线，应用刨修整，以确保缝口齐直、均匀。

另外，安装前应检查板块是否方正。吸音板吊板的孔距排列不均，不易修理，应一次装钉合格。

6. 搁置式玻璃棉装饰吸声板未设置压卡装置

搁置式玻璃棉装饰吸声板未设置压卡装置时，遇大风或吊顶上下气流变化，罩面板就会浮动移位，甚至脱落。其主要原因是施工设计时，未考虑到刮风时会将罩面板掀起的情况，板材安装缝过大，施工使用环境不当。

当采用玻璃棉装饰吸声板时，设计应考虑到刮风时会将罩面板掀起的情况，应在图纸上注明设置压卡装置的部位，特别在空调口附近更应注意设置。压卡装置一般采用小木条压一压，也可用钢卡子夹住，或用竹竿在板的四周卡住。控制板材安装缝，每边缝隙均不大于 1mm，安装后不得有漏、透、翘角、下垂等现象。当房间湿度大或通道处不宜采用玻璃棉装饰吸声板作吊顶罩面板。

第3章 轻质隔墙工程

3.1 板材隔墙工程

3.1.1 板材隔墙基本构造

1. 灰板条隔墙构造

灰板条隔墙即木隔墙，其构造如图 3-1 所示。

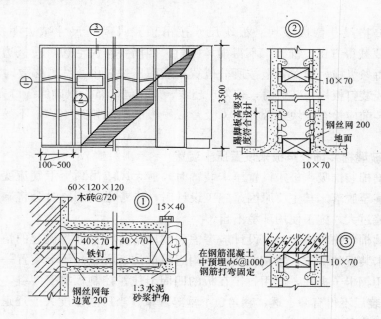

图 3-1 灰板条隔墙构造（单位：mm）

2. 纤维板隔墙构造

木质纤维板隔断墙有两种做法：一是先立墙筋，间距根据纤维板大小而定，钉成立框，然后在墙筋的一面或两面钉木质纤维板，板接缝用木压条盖住；二是把木质纤维板镶到木筋中间（木筋四面刨光），四周用木压条夹牢，一层板即可保持两面美观。纤维板隔断墙构造如图 3-2 所示。

3. 胶合板隔墙构造

胶合板隔墙构造如图 3-3 所示。

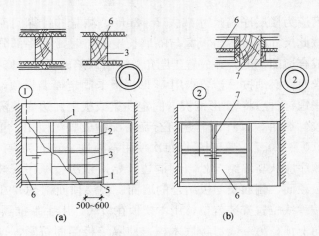

图 3-2　纤维板隔断墙构造(单位:mm)

(a)贴板法；(b)镶板法

1—上槛；2—横撑；3—墙筋；4—下槛；5—砖砌踢脚板；6—木质纤维板；7—木筋

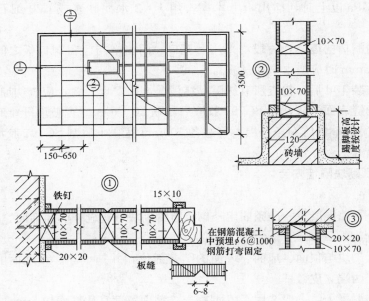

图 3-3　胶合板隔墙构造(单位:mm)

3.1.2　板材隔墙施工工艺

1. 石膏空心板隔墙安装

(1)施工工序

弹线→清理找平→配板→固定 U 形钢板卡→安装隔墙板→缝隙处理。

(2)施工要点

1)安装前，在室内墙面弹出＋500mm 标高线。按图纸要求的隔墙位置，分别在地面、墙面、顶面弹好隔墙边线和门窗洞口边线，并按板宽分档。

2)清理石膏空心板与顶面、地面、墙面的结合部位，剔除凸出墙面的砂浆。混凝土块等清扫干净，用水泥砂浆找平。

3)隔墙板的长度应为楼层净高尺寸减去 2~3mm。测量并计算门窗洞口上部和窗口下部隔墙板尺寸，并按此尺寸配板。当板宽与隔墙长度不符时，可将部分隔墙板预先拼接加宽或锯窄，使其变成合适的宽度，并放置于阴角处。有缺陷的板应经修补合格后方可使用。

4)当有抗震要求时，必须按设计要求用 U 形钢板卡固定隔墙板顶端。在两块板顶端拼缝之间用射钉或膨胀螺钉(栓)将 U 形钢板卡固定在梁或板上。边安装隔墙板边固定 U 形钢板卡。一般来说，胶黏剂用 SG791 胶与建筑石膏粉配制成胶泥使用。重量配合比为：石膏粉：SG791 胶＝1：(0.6~0.7)。配制量以每次使用不超过 20min 为宜。

5)隔墙板安装顺序应从与墙结合处或门洞边开始，依次按顺序安装。安装时，先清扫隔板表面浮灰，在板顶面、侧面及与板结合的墙面、楼层顶面刷 SG791 胶液一道，再满刮SG791 石膏胶泥，按弹线位置安装就位，用木楔顶在板底，用手平推隔墙板，使板缝冒浆；一人用撬棍在板底向上顶，另一人钉板底木楔，使隔墙板侧面挤紧、顶面顶实；用腻子刀将挤出的胶黏剂刮平。每装完一块隔墙板，应用靠尺及垂直检测尺检查墙面的平整度和垂直度。墙板固定后，应在板下填塞 1：2 水泥砂浆或 C20 干硬性细石混凝土。当砂浆或混凝土强度达到 10MPa 以上时，撤出板上木楔，用 1：2 水泥砂浆或 C20 细石混凝土堵严木楔孔。

6)对有门窗洞口的墙体，一般均采用后塞口。门窗框与门窗洞口板之间的缝隙不宜超过 3mm，超过 3mm 时应加木垫片过渡。

7)隔墙板安装 10d 后，检查所有缝隙黏结情况，如发现裂缝，应查明原因后进行修补。清理板缝、阴角缝表面浮灰，刷 SG791 胶液后黏贴 50~60mm 宽玻璃纤维布条，隔墙砖角处黏贴 200mm 宽玻璃纤维布条一层，每边各 100mm 宽，干后刮 SG791 胶泥。隔声双层板墙板缝应相互错开。

2. 轻质石膏砌块隔墙安装

(1)施工工序

墙体弹线→导墙混凝土→凸条固定→砌筑石膏砌块→嵌缝→墙面饰面。

(2)施工要点

1)清理石膏砌块与顶面、地面、墙面的结合部位，并扫干净。在地面上弹出墙面和门洞位置线，隔墙两端立皮数杆。

2)浇筑导墙混凝土，一般选用 C15 混凝土，截面宽度宜比墙面短 5mm，且要求平整。

3)固定凸条，截面呈梯形，其尺寸与砌块凹槽相吻合，表面进行防腐处理。用预埋木砖圆钉(或射钉枪)钉固于导墙面和隔墙两端的墙(或柱)上，要求固定牢固、平直。

4)砌块砌筑前先拉线。砌筑应错缝搭接，搭砌长度不得短于砌块高度的 1/3，并不得小于 15cm。铺胶泥时，先在砌块缝内刷一遍羧甲基纤维素液，边刷边铺胶泥，然后放上砌块砌筑，灰缝厚度控制在 8~10mm，胶泥铺设长度以一块砌块长为限，铺胶泥一块，砌筑一块，校正一块。每班可砌筑高度为 3 皮(1.5m 高)。施工停歇时，必须一皮收头并嵌缝完毕，不允许留设垂直施工缝。砌筑到离楼板(或梁)底 20mm 左右时，用木楔楔紧，最后用砌筑胶泥填塞缝隙，如隔墙不到顶，则应加设压顶。

5)每完成一皮砌块后，随即嵌缝，要求密实并与墙面齐平。

6)墙面饰面一般用羧甲基纤维腻子批嵌平整光滑后，涂内墙涂料或贴墙纸。

3. 泰柏板隔墙安装

（1）施工工序

清理→钻孔→墙板安装→墙板加固→管线铺设→墙面粉刷。

（2）施工要点

1）在楼地面、墙体及吊顶面上弹出泰柏板墙双面边线，边线间距为 80mm（板厚），用线坠吊垂直，以保证对应的上下线在同一个垂直平面内。

2）用手电钻或电锤在吊顶、楼面及墙体已弹双边线上钻孔，深 50mm，孔径为 $\phi6$，单边孔距 300mm，双边线上孔眼应错开设置。

3）安装泰柏板，与楼面连接，可用铁锤在单面四边已钻孔内打入 $\phi6.5$ 钢筋码，楔紧。将泰柏板紧靠上下钢筋码，用扎丝穿入钢丝网格与钢筋码绑紧。墙板排布完后，在另一面上下孔内打入钢筋码，用扎丝将其与板内钢丝绑紧。

4）泰柏板安装板与板连接，一般板与板之间连接处加盖有厂家供货钢丝网片之字条，外压 $\phi6.5$ 钢筋压条，用扎丝绑紧，其做法如图 3-4 所示。

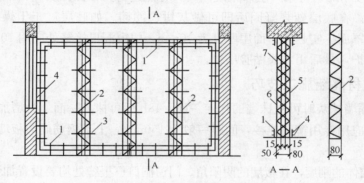

图 3-4　泰柏板安装示意图（单位：mm）

1—钢筋码；2—之字条；3—钢筋压条；4—$\phi4$ 冷拔钢丝；5—点焊钢丝网格；6—泡沫塑料；7—管线

5）带有门窗洞的隔墙安装，可用钢丝钳剪断洞口处钢丝网格，锯除洞口泡沫塑料。洞口周边绑扎比洞口尺寸每边长 500mm 的 $\phi6.5$ 钢筋，靠洞口楼板面处的钢筋应插入孔内。木门框安装方法如图 3-5 所示。

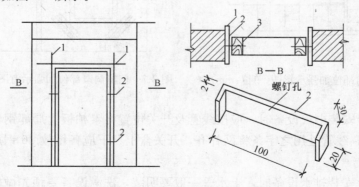

图 3-5　木门框安装方法（单位：mm）

1—洞口加钢筋；2—门框固定铁件；3—螺丝

6)墙板加固是沿四周钢筋码设置 $\phi4$ 冷拔钢丝两道，用扎丝绑紧，使其形成一面牢固的整体隔板墙。当墙任意一面抹灰时，另一面不需要支撑固定。

7)当隔墙内铺设管线，暗铺管线(统包电线)可横向或竖向布设，管径不宜超过 25mm。管线和电开关盒在确定位置后，用钢丝钳剪断板面钢丝网格埋入即可。管线外加盖钢线网片，以便于抹灰。

8)泰柏板隔墙抹灰，应在板、电线配管、开关盒预埋件等安装完毕，经检查验收合格后再进行。泰柏板双面抹灰完毕，截面墙厚120mm。每面抹灰一般分以下三道工序进行：

①基层处理。用清水冲洗板与四周接头处杂物及浮土，并用108胶水泥浆嵌实板四周接头处缝隙。

②打底。如图3-4A—A剖面所示，泰柏板厚度为80mm，其中，泡沫塑料厚50mm，每边尚有15mm空隙。每边打底砂浆层厚应有25mm，方能遮盖板中钢丝网格及钢筋码。打底用1：3水泥砂浆，分两层进行。第一层盖住钢丝网格，厚约15mm，第二层盖住钢筋码及加固钢筋，厚约10mm。待第一层砂浆凝固后，方能进行另一面抹灰。

③抹罩面灰。在底层砂浆凝固后即可做灰饼、冲筋。如底层过于干燥，应喷水湿润，然后按设计要求罩面压实赶光，面层厚度为10mm，门窗洞口接缝处应用108胶水泥浆嵌填密实，并喷水养护，最后用木线贴脸压缝。

3.1.3　板材隔墙施工技巧

(1)泰柏板隔墙抹灰时可先抹墙的任何一面，48h后再抹另一面。为增加墙体的整体性，板墙与板墙之间应用专用箍码连接，间距一般为150mm，上下钢筋码与板墙应用22号铁丝绑扎牢固。

(2)为增加墙体的刚度，在板墙的阴阳角、门窗洞口、板缝处均要设置加强网，如图3-6、图3-7所示。

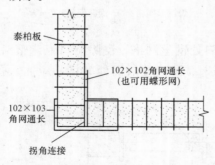
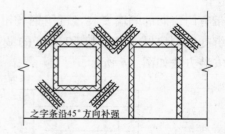

图3-6　阴阳角部位加强示意图(单位:mm)　　图3-7　门窗洞口部位加强示意图(单位:mm)

(3)在板墙上安装电气设备时，应按线管及开关位置将泰柏板上局部钢丝剪断，将线管及开关埋入墙内，线管处用之字条将网补齐，开关盒上、下应各增放 $\phi6$ 钢筋与网固定，如图3-8所示。

(4)在板墙上安装排水设备时，上水管一般要明装，洗漱设备要预先做好支架，端头套螺纹，再将板墙打通将铁件穿过，一侧用钢板固定，另一侧垫钢板用螺母固定，如图3-9所示。

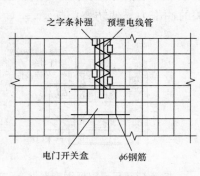

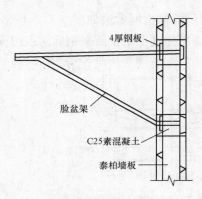

图 3-8 开关盒安装示意图　　图 3-9 脸盆架安装示意图

(5)为便于板的安装,应使用定位木架和临时方木。临时方木分上方木和下方木,上方木可直接压线顶在上部结构的底面,下方木可离楼地面 100mm 左右,上下方木之间每隔 1.5m 左右立支撑方木,并用木楔将下方木与支撑方木之间楔紧。

(6)为增强板与结构的连接,板与结构间的黏接砂浆宜采用 108 胶水泥砂浆,砂浆的稠度要适当。

(7)为保证板墙的稳固,板定位后在板下要填塞 1∶2(体积比)水泥砂浆或细石混凝土。若采用经防腐处理的木楔,则板下木楔可不撤除;若采用未经防腐处理的木楔,则待堵塞的砂浆或细石混凝土达到一定强度后,将木楔撤除,再用 1∶2(体积比)水泥砂浆或细石混凝土堵实木楔孔。

(8)为保证板墙的安装质量,每块板材安装后应及时用靠尺检查墙面的垂直和平整情况。当采用水泥砂浆踢脚板时,应先用稀释的 108 胶刷一层,再用 108 胶水泥浆刷至踢脚板部位,待初凝后用水泥砂浆抹实压光。当采用木制踢脚线时应用胶黏结。

(9)板与板间的缝隙要满铺黏结砂浆,拼缝时要以挤出砂浆为宜,缝宽不得大于 5mm,挤出的砂浆应及时清理干净,墙板与地面的施工顺序没有统一规定,当先立墙板后做地面时,板的下部因地面嵌固而较为牢固,但做地面时需要对墙板进行保护。

3.1.4 轻质隔墙板钢抱框改进施工方法

1. 传统的钢抱框施工方法

(1)单层门框钢抱框做法详图,如图 3-10 所示。因钢抱框重量大,施工中不易操作,会造成部分材料浪费。

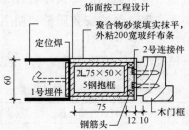

图 3-10 单层门框钢抱框做法详图(单位:mm)

（2）双层门框钢抱框做法如图 3-11、图 3-12 所示。因为钢质防盗门仅靠板内预埋件固定，轻质隔墙板强度不足，所以钢质防盗门开关的冲击力易使防盗门松动。

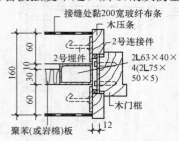

图 3-11　双层门框钢抱框做法（一）
（单位:mm）

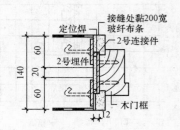

图 3-12　双层门框钢抱框做法（二）
（单位:mm）

2. 改进后的施工方法

固定钢抱框时，按门口位置线在门的两边线外侧的顶棚及楼板处打膨胀螺栓，槽钢长度为楼层净高－10mm，将槽钢平面向外，与上下门洞口线对齐后，再与已固定好的膨胀螺栓焊接，槽钢立于墙中（图 3-13）。

固定门上板时，将 130mm 长的∟ 30mm×3mm 角钢按洞口上边线焊接在槽钢上，角钢表面刷防锈漆，用来支撑门上板（图 3-14）。

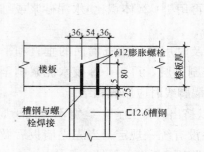

图 3-13　钢抱框的固定做法（单位:mm）

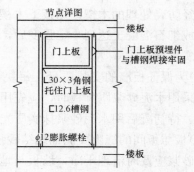

图 3-14　门上板的固定做法（单位:mm）

3.1.5　板材隔墙工程质量缺陷分析处理

1. 石膏或水泥、陶粒等隔墙条板安装前未认真进行选板

隔墙板材的品种、规格、性能、颜色或图案等未按设计要求选用，未认真进行配板，均会造成墙面不直、翘曲、变形、不平等，影响安装质量和使用功能。在实际施工过程中，正确做法如下：

（1）常用隔墙板材的品种、规格、性能、颜色或图案等应按设计要求选用，其性能见表 3-1。

表 3-1　隔墙条板主要技术性能

项　　目	加气混凝土板	石膏隔墙条板	水泥隔墙条板	陶粒隔墙条板
抗压强度/MPa	3.5	≥7	≥10	≥7.5
干密度/(kg·m^{-3})	500，700	≤1150	≤1350	≥1110

续表

项　目	加气混凝土板	石膏隔墙条板	水泥隔墙条板	陶粒隔墙条板
板重/(kg·m^{-2})		60mm 厚≤55， 90mm 厚≤65	60mm 厚≤60， 90mm 厚≤70	60mm 厚≤70， 90mm 厚≤80
抗弯荷载		≥1.8G	≥2G	≥2G
抗冲击 (30kg 砂袋、落差 500mm)	3 次板背面不裂			
软化系数		≥0.5	≥0.8	≥0.8
收缩率/%		≤0.08	≤0.08	≤0.08
隔声量/dB	30～40	≥30	≥30	≥30
含水率/%		≤3.5	≤15	≤15
吊挂力/N	≥800	≥800	≥800	≥800

注：G 为一块条板自重。

（2）进场时要检查产品合格证书并做好验收记录。

（3）配板时应重点注意下列事项：

1）长度选用。条板用于隔墙时一般均应垂直安装，因此其长度选择一般与以下几个因素有关：

①建筑物层高。

②建筑物的结构类型和构配件厚度。

③与节点构造有关。

④与施工顺序有关。

2）厚度选用。一般应考虑便于安装门窗，其最小厚度不应小于 75mm。板材隔墙厚度还应考虑隔声要求，分户墙厚度原则上应选用双层墙板。

3）计算并测量门窗洞口上部及窗口下部的隔板尺寸，并按此尺寸配板。当配板的宽度与隔墙的长度不相适应时，应将部分隔墙板预先拼接加宽或锯窄成合适的宽度，并放置在阴角处。

（4）安装时应进行选板。破损及厚度不同的板应剔出，视情况重新处理；严重断裂或严重缺棱掉角的板不能使用；有缺陷的板应经修补后再使用。

2. 石膏空气板隔墙墙面不平整

板材厚度不一致或翘曲变形以及安装方法不当，都会使板面不平整，不垂直，从而影响装饰观感质量。

施工时应合理选配板材，将厚度误差大或因受潮变形的条板挑出，在门口上或窗下起短板作用。

安装时应采用简易支架，如图 3-15 所示。即按放线位置在墙的一侧（最好在主要使用房间墙的一面）支一简单木排架，其两根横杠应在一垂直平面内，作为立墙板的靠架，以保证墙体的平整度，也可防止墙板倾倒。

隔墙安装后应进行检查验收，检查不合格的应立即

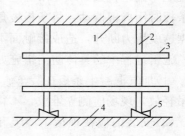

图 3-15　简易墙板靠放靠

1—墙板；2—50mm×100mm 方木立柱；

3—横杠；4—楼地面；5—木楔

返工或返修。

3. 石膏空心条板隔墙板缝开裂

勾缝材料选用不当时，如使用混合砂浆勾缝，因两种材料收缩性不同，易出现发丝裂缝。往往在相邻两块板的接缝处出现发丝裂缝，影响观感质量。一般来说，石膏空心板安装拼接的黏结材料用 1 号石膏型胶黏剂，见表 3-2，也可用 108 胶水泥浆，其配合比为 108 胶水∶水泥∶砂＝1∶1∶3 或 1∶2∶4。

表 3-2　石膏型胶黏剂及腻子技术性能与配合比

项　目	指　标		
	1 号石膏型胶黏剂	2 号石膏型胶黏剂	石膏腻子
抗剪强度/MPa	≥1.5	≥2.0	
抗压强度/MPa			≥2.5
抗折强度/MPa			≥1.0
黏结强度/MPa	≥1.0	≥2.0	≥0.2
凝结时间/h	(初凝)0.5～1.0	(初凝)0.5～1.0	(终凝)3.0
配合比	KF80-1 胶∶石膏粉＝1∶1.5～1.7	水∶KF80-2 粉＝1∶1.5～1.7	石膏粉∶珍珠岩＝1∶1 用 108 胶溶液(15%～20%)拌和成糊状
用　途	用于条板与条板拼缝，条板顶端与主体结构的黏结	用于条板上预留吊挂件，构配件黏结和条板预埋作补平	用于条板墙面修补和找平

勾缝材料必须与板材本身成分相同。以珍珠岩石膏板为例，其勾缝材料是石膏与珍珠岩按 1∶0.85(体积比)比例拌和均匀，用稀释 108 胶(15%～20%)溶液搅拌成浆状，抹在板缝之间，勾缝材料石膏腻子可略高出板面，待石膏凝固后立即用刨刀刮平。此外，阴阳转角和门窗框边缝处用 2 号石膏胶黏剂黏结 200mm 宽玻纤布，然后用石膏腻子分两遍刮平，总厚度控制在 3mm 以内。

4. 加气混凝土条板隔墙表面不平整

板材缺棱掉角，接缝有错台，表面凹凸不平超出允许偏差值，其主要原因是板材制作不规矩，偏差较大，或在吊运过程中吊具使用不当，损坏了板面和棱角；在安装加气混凝土条板时用撬棍撬动，将条板棱角磕碰损坏；在安装时条板不跟线；另外，切割板材时没有锯透就用力断开，造成接触面不平。

施工过程中的具体防治措施如下：

(1)加气混凝土条板在装车、卸车和现场存放时，应采用专用吊具或用套胶管的钢丝绳轻吊轻放，现场应侧立堆放，不得平放。

(2)安装前应在顶板、墙上和地面上弹好墙板位置线，安装时以线为准，接缝要求顺平，不得有错台。

(3)条板切割应平整垂直，特别是门窗口边侧必须保持平直。

(4)安装前要进行选板，如有缺棱掉角的，应用与加气混凝土材质相近的材料进行修补，未经修补的坏板或表面酥松的板不得使用。

3.1.6　板材隔墙工程操作缺陷分析处理

1. 石膏空气板隔墙门框固定不牢

门框安装后不久即出现松动或灰缝脱落。其主要原因是板端凹槽杂物未清除干净，板槽内黏结材料下坠，采取后塞口时预留门洞口过大，水泥砂浆勾缝不实。

安装门框前，一般应将槽内杂物、浮砂清除干净，刷 108 胶稀释溶液 1～2 道。槽内放小木条(可间断)，以防止黏结材料下坠。安装门口后，沿门框高度钉 2～3 个钉子，以防外力碰撞门口发生错位，如图 3-16 所示。

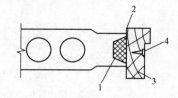

图 3-16　门框的固定
1—木板条；2—黏结剂；3—门口；
4—钉子或木螺钉

如果将后塞口做法改为随立板随立口工艺，即板材按顺序安装至门口位置时，应将门框立好、挤压，缝宽 3～4mm，然后再按顺序安装门框另一侧条板。

2. 加气混凝土条板隔墙板与结构之间连接不牢

墙板与主体结构接缝砂浆不饱满，有干缝，加外力后易松动摇晃，将存在不安全因素和质量隐患。其主要原因如下：

(1)黏结砂浆原材料质地不好，配合比不当；或一次搅拌过多，使用时间超过 2h，降低了黏结强度。

(2)黏结面有浮尘杂物，黏结砂浆涂抹不均匀、不饱满。

(3)加气混凝土条板本身干燥，吸水率大，造成黏结砂浆失水。

(4)操作时未按工艺要求去施工。

加气混凝土条板上端安装前应用钢丝刷对黏结面进行清刷，将油垢和浮尘、碎渣清理干净，用毛刷蘸水稍加湿润，把黏结砂浆涂抹在黏结面上，厚度 3mm，然后将板按线立于预定位置上，用撬棍将板撬起，使板顶与顶板底面黏紧挤严，黏结应严密平整，并将挤出的黏结砂浆刮平、刮净，并严格控制黏结砂浆的材质及配合比。黏结砂浆要做到随用随配，2h 内用完。

加气混凝土条板上部与结构连接时，有的靠顺板面预留角铁，用射钉钉入顶板连接，有的靠黏结砂浆与结构面连接；板的下端先用木楔顶紧，然后再填入坍落度不大于 20mm 的细石混凝土，木楔进行过防腐处理的可不必撤除，但应注意木楔不应宽于板面厚度；未进行防腐处理的木楔待板下端填塞的细石混凝土凝固具有一定强度时(一般掌握在 48h 左右)可撤除，再用细石混凝土填实木楔孔。

板与板之间，在离板缝上、下各 1/3 处按 30°角打入铁销或铁钉，以加强其整体性和刚度。

刚安装好的加气混凝土条板要防止碰撞，做好成品保护工作。

3. 水泥陶粒混凝土条板隔墙门框固定不平

由于隔墙板上预留木砖干缩松动，门口预留洞口尺寸余量过大，勾缝砂浆与陶粒混凝土黏结不好，或砂浆强度等级低，均会使门框两边缝隙过大，勾缝砂浆断裂、脱落，影响门框牢固固定及可靠性，故在施工过程中应改进门框固定方法。在水泥陶粒隔墙板门洞的上、中、下三处预埋 ∟ 30mm×4mm，l=100mm 铁件，木门框的相应位置用螺钉固定一 5mm×

90mm×100mm 扁钢（扁钢卧进门框内，与门框外表平齐），安装门框后，将隔墙预埋件与门框上扁钢焊牢，如图 3-17 所示。

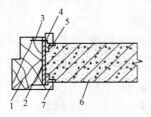

图 3-17　门框固定方法

1—门框；2—扁钢—5mm×90mm×100mm；3—螺钉；4—电焊；
5—预埋件∟30mm×4mm，l=100mm；6—水泥陶粒隔墙板；7—铁件

在门框塞灰和抹黏结砂浆后，要尽量减少墙体振动，待达到强度后才可进行下一道工序，门框应采取后塞口，四周余量不超过 10mm。

4. 泰柏板隔墙施工前未认真配置钢丝网架夹心板及配套件

若泰柏板未按设计要求及工程实际情况配置钢丝网架夹心板和配套件及数量，或用泰柏板施工时，钢丝网架夹心板与主体结构的连接固定、夹心板的拼接缝处，阴阳角、门窗洞口、水电设备安装点处等均未设有各种配套件进行加强，均会使泰柏板安装尺寸不合格，不牢固，影响安装质量。

泰柏板隔墙施工前应严格按设计要求及工程实际情况配置钢丝网架夹心板和配套件及数量。常用配件见表 3-3。

表 3-3　常用泰柏板安装配件表

名　称	简　图	用　途
之字条		用于泰柏板横向及竖向拼接缝处，还可连接成蝴蝶网或Ⅱ型桁条，做阴角加固或木门窗框安装之用
204mm 宽平连接网		14 号钢丝网，网格为 50.8mm×50.8mm，用于泰柏板横向及竖向拼接缝处，用方格网卷材现场剪制
102mm×204mm 角网		材料与平连接网相同，做成 L 形，边长分别为 102mm 和 204mm，用于泰柏板阳角补强，用方格网卷材现场剪制
U 码		与膨胀螺栓一起使用。用于泰柏板与地面、顶板、梁、金属门框以及其他结构等的连接
箍码		用于将平连接网、角网、U 码、之字条与泰柏板连接，以及泰柏板间拼接

续表

名　　　称	简　图	用　　途
压片 3mm×48mm×64mm 或 3mm×40mm×80mm		用于 U 码与楼地面等的连接
蝴蝶网		两条之字条组合而成，主要用于板墙结合之阴角补强
Ⅱ型桁条		三条之字条组合而成，主要用于木质门窗框的安装，以及洞口的四周补强

当隔墙高度小于 3m 时，宜整板上墙，隔墙高度或长度超过 3m 或隔墙上门窗宽度超过 1.2m 时，应按设计要求增设加强柱。在墙的转角处和门窗洞口处应用整板，要裁剪的配板应放在与结构墙、柱接合处，所剪裁板的边缘宜为一根整钢丝，以便拼缝处用连接网和 22 号铁丝绑扎牢固。

3.2　骨架隔墙工程施工

3.2.1　骨架隔墙基本构造

作为分户隔断，在装饰工程中多采用 75 型轻钢龙骨石膏板隔断、木龙骨夹板隔断、铝合金或不锈钢玻璃隔断及金属板隔断等。其中木龙骨夹板类隔断由于不防火，因此，在采用这类板材时必须按消防规范涂刷防火涂料，并在室内配备消防警报系统。

1. 轻钢龙骨隔墙构造

一般隔墙龙骨的排列方式有 LL 隔墙龙骨排列、QL 隔墙龙骨排列、QC 隔墙龙骨排列。

(1)LL 隔墙龙骨排列如图 3-18 所示。

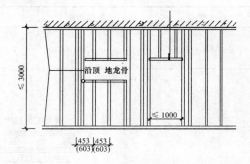

图 3-18　LL 隔墙龙骨排列(单位:mm)

（2）QL 隔墙龙骨排列如图 3-19 所示。

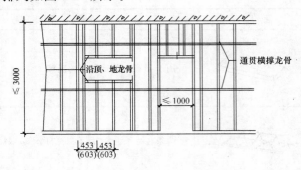

图 3-19 QL 隔墙龙骨排列（单位：mm）

（3）QC 隔墙龙骨排列如图 3-20 所示。

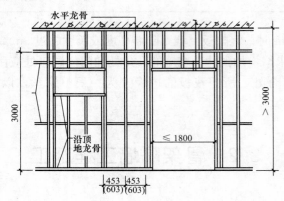

图 3-20 QC 隔墙龙骨排列（单位：mm）

2. 石膏龙骨隔墙构造

石膏龙骨一般用于现装石膏板隔墙。当采用 900mm 宽石膏板时，龙骨间距为 453mm；当采用 1200mm 宽石膏板时，龙骨间距为 603mm；隔声墙的龙骨间距一律为 453mm，并错位排列（表 3-4）。

表 3-4 石膏板宽与龙骨间距 （单位：mm）

		板 宽	龙骨间距	构 造
非隔声墙		900	453	453 453
		1200	603	603 603
隔声墙	900	453		面层板宽1200
	1200			453 453

根据墙体高度的要求确定墙体的厚度，并相应选择龙骨类型和确定是否要加设横撑，具体构造见表 3-5 及图 3-21 所示。

表 3-5 不同高度墙体的龙骨和横撑设备　　　　　　　　（单位：mm）

	墙 高	墙 厚	龙 骨	横撑设置
非隔声墙	≤3.5	120	工字龙骨(1)	≤3m 不设，>3～3.5m 设一道
	>3.5～4.0	150	工字龙骨(2)	在墙高 1/3 和 2/3 处各设一道
隔声墙	≤3.5	120	工字龙骨(1)	不　设
	>3.5～4.0	250	工字龙骨(2)	在墙高 1/3 和 2/3 处各设一道

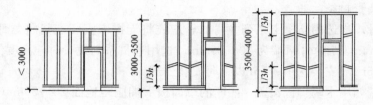

图 3-21　不同高度墙体的龙骨和横撑布置（单位：mm）

3.2.2　骨架隔墙施工工艺

1. 木龙骨安装

（1）施工工序

弹线→打孔→固定木龙骨。

（2）施工要点

1）弹线。在需要固定木隔断墙的地面和建筑墙面，弹出隔断墙的宽度线和中心线。同时，画出固定点的位置，通常按 300～400mm 的间距在地面和墙面，用 ϕ7.8 或 ϕ10.8 的钻头在中心线上打孔，孔深 45mm 左右，向孔内放入 M6 或 M8 的膨胀螺栓。注意打孔的位置应与骨架竖向木方错开位。

2）打孔。如果用木楔铁钉固定，就需打出 ϕ20 左右的孔，孔深 50mm 左右，再向孔内打入木楔。

3）固定木龙骨。固定木龙骨的方式有几种，但在室内装饰工程中，通常遵循不破坏原建筑结构的原则处理龙骨固定工作。

①固定木龙骨的位置通常是在沿墙、沿地和沿顶面处。

②固定木龙骨前，应按对应地面的墙面其顶面固定点的位置，在木骨架上画线，标出固定点位置。

③如用膨胀螺栓固定，就应在标出的固定点位置打孔。打孔的直径略大于膨胀螺栓的直径。

④对于半高矮隔断墙来说，主要靠地面固定和端头的建筑墙面固定。如果矮隔断墙的端头处无法与墙面固定，常用铁件来加固端头处，加固部分主要是地面与竖向木方之间。

⑤对于各种木隔墙的门框竖向木方，均应采用铁件加固法，否则，木隔墙将会因门的

开闭振动而出现较大颤动，进而使门框松动，木隔墙松动。

2. 轻钢隔断龙骨安装

（1）施工工序

弹线→固定沿顶和沿地龙骨→安装龙骨。

（2）施工要点

1）弹线。在基体上弹出水平线和竖向垂直线，以控制隔断龙骨安装的位置、龙骨的平直度和固定点。

2）固定沿顶和沿地龙骨。沿弹线位置固定沿顶和沿地龙骨，各自交接后的龙骨，应保持平直，固定点间距不应大于 1000mm，龙骨的端部必须固定牢固。边框龙骨与基体之间应按设计要求安装密封条。

3）安装龙骨。当选用支撑卡系列龙骨时，应先将支撑卡安装在竖向龙骨的开口上，卡距为 400～600mm，距龙骨两端为 20～25mm。选用通贯系列龙骨时，高度低于 3m 的隔墙安装一道；3～5m 时安装两道；5m 以上时安装三道。

隔断的下端如用木踢脚板覆盖，隔断的罩面板下端应距地面 20～30mm；如用大理石、水磨石踢脚时，罩面板下端应与踢脚板上口齐平，接缝要严密。门窗或特殊节点处，应使用附加龙骨加强，其安装方法应符合设计要求。

3. 墙面板安装

（1）纸面石膏板安装

1）在安装石膏板前，应对预埋隔断中的管道和有关附墙设备采取局部加强措施。

2）石膏板宜竖向铺设，长边接缝宜落在竖龙骨上。但隔断为防火墙时，石膏板应竖向铺设，当为曲面墙时，石膏板宜横向铺设。

3）用自攻螺钉固定石膏板，中间钉距不应大于 300mm，沿石膏板周边螺钉间距不应大于 200mm，螺钉与板边缘的距离应为 10～16mm。

4）安装石膏板时，应从板的中间向板的四边固定。钉头略埋入板内，以不损坏纸面为宜。钉眼应用石膏腻子抹平。石膏板宜使用整板。如需接缝时，应靠紧，但不得强压就位。

5）石膏板的接缝，应按设计要求进行板缝的防裂处理，隔墙端部的石膏板与周围墙或柱应留有 3mm 的槽口。施工时，先在槽口处加注嵌缝膏，然后铺板，挤压嵌缝膏使其和邻近表层紧密接触。

6）石膏板隔墙以丁字或十字形相接时，阴角处应用腻子嵌满，贴上接缝带。阳角处应做护角。

（2）胶合板和纤维板安装

1）施工工序

浸水→基层处理→固定。

2）施工要点

①浸水。硬质纤维板施工前应用水浸透，自然阴干后再安装。这是由于硬质纤维板有湿胀、干缩的性质，如果放入水中浸泡 24h 后，可伸胀 0.5％左右；如果事先没浸泡，安装后吸收空气中水分会产生膨胀，但因四周已有钉子固定无法伸胀，而造成起鼓，翘曲等问题。

②基层处理。安装胶合板的基体表面，用油毡、油纸防潮时，应铺设平整，搭接严密，不得有皱褶、裂缝和透孔等。

③固定。胶合板如用钉子固定，钉距为 80～150mm，钉帽打扁并进入板面 0.5～1mm，钉眼用油性腻子抹平；纤维板如用钉子固定，钉距为 80～120mm，钉长为 20～30mm，钉帽宜进入板面 0.5mm，钉眼用油性腻子抹平。胶合板、纤维板用木压条固定时，钉距不应大于 200mm，钉帽应打扁，并进入木压条内 0.5～1mm，钉眼用油性腻子抹平。墙面用胶合板、纤维板装饰，在阳角处宜作护角。

（3）塑料板罩面安装

1）黏结法。聚氯乙烯塑料装饰板用胶黏剂黏结，常用胶黏剂为聚氯乙烯胶黏剂（601 胶）或聚酯酸乙烯胶。用刮板或毛刷同时在墙面和塑料板背面涂刷，不得有漏刷。涂胶后见胶液流动性显著消失，用手接触胶层感到黏性较大时，即可黏结。黏结后应采用临时固定措施，同时将挤压在板缝中多余的胶液刮除、将板面擦净。

2）钉接法。安装塑料贴面板复合板应预先钻孔，再用木螺丝加垫圈紧固，也可用金属压条固定。木螺丝的钉距一般为 400～500mm，排列应一致整齐。

加金属压条时，应拉横竖通线且拉直，并应先用钉子将塑料贴面复合板临时固定，然后加盖金属压条，用垫圈找平固定。

需要隔声、保温、防火的应根据设计要求在龙骨一侧安装好塑料贴面复合板，进行隔声、保温、防火等材料的填充；一般采用玻璃丝绵或 30～100mm 岩棉板进行隔声、防火处理；采用 50～100mm 苯板进行保温处理，再封闭另一侧的罩面板。

（4）铝合金装饰条板安装

用铝合金条板装饰墙面时，可用螺钉直接固定在结构层上，也可用锚固件悬挂或嵌卡的方法，将板固定在轻钢龙骨上，或将板固定在墙筋上。

3.2.3　骨架隔墙施工技巧

1. 木龙骨骨架隔墙施工技巧

（1）为便于龙骨的安装，弹线不仅要弹出墙体的中心轴线，还要弹出墙体的龙骨边线，为防止安装时龙骨覆盖住已钉好的木楔，可在地面、墙面及顶棚上用铅笔标出木楔的位置。

（2）龙骨加工时宜比实际尺寸略长一些，以防由于量测偏差造成损失。竖龙骨的间距最好符合饰面板的尺寸模数，一般以 300～400mm 为宜，龙骨间距过大容易引起饰面板表面的变形。

（3）对于尺寸比较方正的隔断，龙骨可先在地面加工好，再进行拼装。遇到有门洞口时，因地龙骨在门洞口处要被断开，其两侧应采用通长立筋，下脚伸入楼板内嵌实，并应加大其端面尺寸或两根并用，同时门窗框架上部可加钉人字撑。

（4）为便于饰面板安装，饰面板的长度可比隔墙的实际高度略短，对于两侧需要切割的面板，宽度应比实际尺寸略小一些，切割一边应放置在与墙连接处。

（5）安装胶合板的基体表面，用油毡、油纸防潮时，应铺设平整，搭接严密，不得有褶皱、裂缝和透孔等。横撑可向隔墙一侧倾斜一些，以便于调节其松紧和钉钉子，其长度可比立筋净空长 10～15mm，两端头按相反方向锯成斜面，使之有利于与立筋连接紧密。

（6）为避免阳角损坏，墙面用胶合板、纤维板装饰，在阳角处可做护角。纤维板如用钉子固定，钉距为 80～120mm，钉长为 20～30mm，钉帽宜进入板面 0.5mm，钉眼用油性腻子抹平；硬质纤维板应用水浸透，自然阴干后安装；胶合板、纤维板用木压条固定时，钉距不应大于 200mm，钉帽应打扁，并进入木压条内 0.5~1mm，钉眼用油性腻子抹平。

2. 轻钢龙骨骨架隔墙施工技巧

(1)为便于安装，加工时龙骨宜比实际尺寸略短一些。为防止竖龙骨的滑移，可将天、地龙骨和竖龙骨用铆钉固定。

(2)石膏板与周围基体应松散地接合；留有不小于 5mm 的槽口，石膏板可以横向或纵向铺设；有防水要求的墙体必须纵向铺设，石膏板对接应错开，隔墙两面的板横向接缝也应错开，墙两面的接缝不能落在同一根龙骨上。

(3)竖龙骨应按要求长度预先进行切割，切割口应留在上端，且上下方向、冲孔位置不能颠倒，并要在同一水平面上，以利于横撑龙骨的安装。当饰面板接缝不在天、地龙骨上时，应在接缝处加横龙骨。水泥压力板的板缝应适当增大，与两侧墙体的连接应加贴加强网，以防开裂。

(4)石膏板宜使用整板，如需对接时，应靠紧，但不得强压就位。石膏板隔断以丁字或十字形相接时，阴角处应用腻子嵌满，贴上接缝带；阳角处应做护角。

(5)安装石膏板前，应对预埋隔断中的管道和有关附墙设备采取局部加强措施，对于墙面开关、插座处，饰面板安装后不宜马上开孔，可先在相应位置做好标记，待安装开关插座时再开孔，以免开孔位置出现偏差而影响美观。如图 3-22 所示。

(6)龙骨与墙体的固定可以采用射钉，当墙体为混凝土时射钉射入墙体的深度为 20~30mm；当墙体为砖墙时射钉射入墙体的深度为 30~50mm，同时射钉位置应避开已铺设的暗管部位。安装防火墙石膏板时，石膏板不得固定在天、地龙骨上；石膏板应搭接严密，不得有褶皱、裂缝和透孔等。

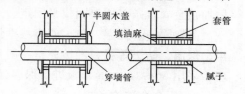

图 3-22　横管穿墙局部加强措施

3.2.4　骨架隔墙表面缺陷分析处理

1. 轻钢龙骨石膏板隔墙板有裂缝

隔墙板与结构主体的墙(柱)、顶板、地面连接处易出现裂缝。其主要原因如下：

(1)轻钢龙骨有的出现变形，有的通贯横撑龙骨，支撑卡装得不够，致使整片隔墙骨架没有足够的刚度和强度，受外力碰撞而出现裂缝。

(2)技术交底不到位，施工的节点构造不合理。刚度不足，嵌缝施工方法不当。

(3)隔墙与侧面墙体及顶板相接处没有黏结 50mm 宽玻璃纤维带，只用接缝腻子找平。

施工中正确做法如下：

(1)根据设计要求放出隔墙位置线，并引测到主体结构侧面墙体及顶板上。

(2)将边框龙骨即沿地龙骨、沿顶龙骨、沿墙(柱)龙骨与主体结构固定，固定前先铺垫一层橡胶条或沥青泡沫塑料条。边框龙骨与墙、顶、地固定的方法如图 3-23 所示。边框龙骨与主体结构连接采用射钉或电钻打眼安膨胀螺栓。间距：水平方向不大于 80cm，垂直方向不大于 1m。

(3)根据设置要求，在沿顶、沿地龙骨上分档画线，按分档位置安装竖龙骨，竖龙骨上端、下端插入沿顶和沿地龙骨的凹槽内，翼缘朝向拟安装罩面板的方向。调整垂直度，定位后用铆钉或射钉固定。竖龙骨与沿地龙骨的固定方法,如图 3-24 所示。

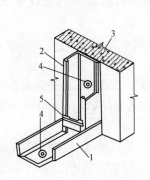 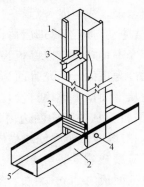

图 3-23 边框龙骨与墙、顶、地连接固定 　　图 3-24 竖向龙骨与沿地龙骨连接固定

1—沿地龙骨;2—竖向龙骨; 　　　　　　　1—竖向龙骨;2—沿地龙骨;

3—墙;4—射钉;5—支撑卡 　　　　　　3—支撑卡;4—铆孔;5—橡胶条

(4)安装门窗洞口的加强龙骨后,再安装通贯横撑龙骨和支撑卡。通贯横撑龙骨必须与竖向龙骨的冲孔保持同一水平,并卡紧牢固,不得松动,这样可将竖向龙骨撑牢,使整片隔墙骨架有足够的刚度和强度。

(5)石膏板的安装,两侧面的石膏板应错缝排列,石膏板与龙骨采用十字头自攻螺钉固定,螺钉长度一层石膏板用 25mm,两层石膏板用 35mm。

(6)与墙体、顶板接缝处黏结 50mm 宽玻璃纤维带再分层刮腻子,以避免出现裂缝,如图 3-25 所示。

(7)隔墙下端的石膏板不应直接与地面接触,应留有 10～15mm 的缝隙,用密封膏嵌严,要严格按照施工工艺进行操作,才能确保隔墙的施工质量。

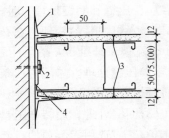

图 3-25 轻钢龙骨石膏板隔墙与主体结构墙体连接做法(单位:mm)

1—黏贴 50mm 宽玻纤带;

2—射钉固定中距 90mm

3—25 长自攻螺钉;4—结构面或抹灰面

2. 木龙骨木板隔墙墙面粗糙,接头不平、不严

龙骨装钉板的一面未刨光找平,板材厚薄不一或受潮后松软变形,边棱翘起,造成表面凹凸不平,接头不严实。其主要原因如下:

(1)龙骨骨料含水率过大,干燥后易变形。室内抹灰时龙骨受潮变形或被撞击后未经修理就钉面板。

(2)工序颠倒,先钉面板再进行室内抹灰,使面板受潮,出现边棱翘起、脱层等毛病。

(3)选面板时没有考虑防潮防水,表面粗糙又未加工,板材薄厚不一,没有采取补救措施。

(4)钉板顺序不当,先上后下,压力小,拼接不严或组装不规格,造成表面不平。

(5)铁冲子过粗,钉眼太大,面板钉子过稀,造成表面凹凸不平。

为使隔墙墙面平整,其正确做法如下:

(1)选料要严格。龙骨骨料一般应用红白松,含水率不大于 15%,并应做好防腐处理。板材应根据使用部位选择相应的面板,纤维板需做等湿处理,表面过粗时,应用细刨子净一遍。

(2)所有龙骨钉板的一面均应刨光,龙骨应严格按线组装,尺寸一致,找方找直,交接处要平整。

（3）工序要合理，先钉龙骨后再进行室内抹灰，最后钉板材。钉板材前，应认真检查，如龙骨变形或被撞动，应经修理后再钉面板。

（4）面板薄厚不均时，应以厚板为准，薄的背面垫起，但必须垫实、垫平、垫牢，面板正面应刮直（朝外为正面，靠龙骨面为反面）。

（5）面板应从下面角上逐块钉设，并以竖向装钉为好，板与板的接头宜作成坡棱，如为留缝做法时，面板应从中间向两边由下而上铺钉，接头缝隙以5～8mm为宜，板材分块大小按设计要求，拼缝应位于立筋或横撑上。

（6）铁冲子应磨成扁头，与钉帽一般大小，钉帽要预先砸扁（钉纤维板时钉帽不必砸扁），顺木纹钉入面板内1mm左右，钉子长度应为面板厚度的3倍。钉子间距：纤维板为100mm，其他板材为150mm，钉木丝板时钉帽下应加镀锌垫圈。

3. 纸面石膏板，板与板的接缝开裂

纸面石膏板，当板缝选用不当会引起板缝开裂，可能由板缝节点构造不合理，板胀缩变形，刚度不足，嵌缝材料选择不当，或施工操作及工序安排不合理造成。

为了防止施工水分引起石膏板变形裂缝，墙面应尽量采用贴墙纸或刷涂料的做法。同时应考虑选择合理的节点构造。轻钢龙骨纸面石膏板隔墙板与板接缝的做法，一般有无缝（暗缝）、压缝和明缝处理三种，如图3-26所示。

（1）无缝（暗缝）处理。在石膏板拼缝处用专用胶液调配的石膏腻子填嵌刮平，同时黏贴60mm宽玻璃纤维带，然后用石膏腻子刮平。应选用有倒角的石膏板，如图3-26(a)所示。

（2）压缝处理。采用木压条、金属压条或塑料压条压在板与板的缝隙处。应选用无倒角的石膏板，如图3-26(b)所示。

（3）明缝处理。用特殊工具（针锉和针锯）将板缝勾在明缝处，然后压进金属压条（或塑料压条）。应选用无倒角的石膏板，如图3-26(c)所示。板可以自由胀缩、滑动，对板缝处的开裂可起到掩饰作用，但明缝较难做得挺拔，缝内嵌压条后装饰效果较好。

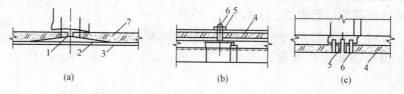

图3-26　板缝处理

(a)无缝（暗缝）处理；(b)压缝处理；(c)明缝处理

1—石膏腻子填缝；2—接缝玻璃纤维带；3—石膏腻子；4—矩形棱角石膏；

5—铝合金压条；6—平圆头自攻螺钉；7—倒角棱边石膏板

3.2.5　骨架隔墙操作缺陷分析处理

1. 木龙骨木板隔墙与结构或骨架固定不牢

隔墙与结构或骨架固定不牢，门框易活动脱开，隔墙松动倾斜，严重者影响使用功能。其主要原因如下：

（1）上下槛和主体结构固定不牢靠，立筋横撑没有与上下槛形成整体。

（2）龙骨骨料尺寸过小或材质太差。

（3）安装时，先安装了竖向龙骨，并将上下槛断开。

（4）门口处下槛被断开，两侧立筋的断面尺寸未加大，门窗框上部未加钉人字撑。

故在施工时，应注意以下防治方法：

（1）上下槛与主体结构连接牢固。两端为砖墙，上下槛插入砖墙内应不少于12cm，伸入部分应做防腐处理；两端若为混凝土墙柱，应预留木砖，并应加强上下槛和顶板、底板的连接，可采取预留钢丝、螺栓或后打胀管螺栓等方法，使隔墙与结构紧密连接，形成一个整体。

（2）选材要严格。龙骨料一般应用红白松，含水率不大于15％，并应做好防腐处理。板材应根据使用部位选择相应的面板，纤维板需做等湿处理，表面过粗时，应用细刨子净一遍。

（3）龙骨固定顺序应先下槛，然后上槛，再立筋，最后钉水平横撑。立筋间距一般在40～60cm 之间，要求垂直，两端顶紧上下槛，用钉斜向钉牢。靠墙立筋与预留木砖的空隙应用木垫垫实并钉牢，以加强隔墙的整体性。

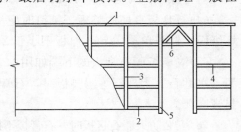

图 3-27 板材隔墙构造图

1—上槛；2—下槛；3—立筋；4—横撑；
5—通天立筋；6—人字撑

（4）遇有门口时，因下槛在门口处被断开，其两侧应用通天立筋，下脚卧入楼板内嵌实，并应加大其断面尺寸至 80mm×70mm（或两根并用）。门窗框上宜加人字撑，如图3-27所示。

2. 石膏龙骨石膏板隔墙板与结构连接不牢

龙骨涂抹胶黏剂时未涂满，另外，有的龙骨受潮或堆放不适而产生变形或龙骨及板面黏结后未终凝前碰撞，造成墙板与结构连接不牢，都会引起龙骨变形，墙板与结构连接松动。故施工前应在楼地面放出墙位线，并将线引测至侧墙（柱）和顶板上。踢脚如果采用湿作业，隔墙下端可做砖砌墙垫或混凝土墙垫。

龙骨及石膏板露天堆放时应搭设平台，平台距地面大于 30cm，其上应满铺一层油毡，堆放材料上面应加苫布覆盖。室内堆放应垫木方使其与地面隔离，垫木间距不大于 60cm，端头在 20～30cm 之间，使龙骨及石膏板不受潮。

此外，沿墙身四框黏贴的石膏板条辅助龙骨要均匀涂抹胶黏剂，与基层黏贴牢固，并要找直，多余胶黏剂应及时刮净。安装龙骨时要先立两端龙骨，并吊垂直后拉线 1 道或 2 道，再按顺序立中间龙骨，并与线找齐。石膏板的黏贴必须在安装龙骨胶黏剂终凝后（不早于 4h）进行。石膏板面黏贴时应先将胶黏剂均匀涂抹在石膏龙骨上，然后贴石膏板；也可在石膏板背面四周 3cm 宽范围及中间龙骨位置均匀涂抹胶黏剂，然后与龙骨黏贴。胶黏剂涂抹厚度应为 3～5mm。石膏板黏贴时要推压挤紧，用橡皮锤锤打，使龙骨与石膏板结合紧密。石膏板两侧应错缝黏贴，以加强墙体的整体性。

3. 安装纸面石膏板时固定方法不规范

当遇以下情况时，石膏板易产生变形、折裂、损伤等缺陷，影响隔墙工程质量。

（1）纸面石膏板未在无应力状态下安装，强行就位。

（2）纸面石膏板未竖向铺设，长边接缝未落在竖向龙骨上。

（3）未使用配套自攻螺钉固定。

（4）纸面石膏板未使用整板。

（5）隔离、纸面石膏板的下端固定不当。

（6）安装防火石膏板时，石膏板固定在沿顶、沿地龙骨上。

实施过程中，应注意以下防治措施：

（1）纸面石膏板应在无应力状态下安装，不得强压就位。板与周围墙或柱应松散地接合，应留有不大于 3mm 的槽口，先将 6mm 左右的嵌缝膏加注好，然后铺板挤压嵌缝膏使其与邻近表层紧密接触，阴角处用腻子嵌满，贴上玻璃纤维带，阳角处应做护角。

（2）纸面石膏板一般竖向铺设，长边接缝必须落在竖向龙骨上。龙骨两侧石膏板及内外两层石膏板均应错缝，接缝不应在同一根龙骨上。

（3）必须使用配套自攻螺钉固定。螺钉长度单层板不小于 25mm，双层板不小于 35mm；螺钉与边缘距离应为 10~16mm。

（4）石膏板宜使用整板。铺钉时应从板的中部向四周固定，钉头略埋入板内，但不得破坏纸面。钉长单层 12mm 厚板不小于 25mm，双层 12mm 厚板不小于 35mm。

（5）隔离纸面石膏板的下端如用木或塑料踢脚板时，石膏板应离地面 10~15mm；用水泥、水磨石、大理石等踢脚板时，石膏板下端应与踢脚板上口齐平。缝隙均应用 YJ4 型密封膏嵌严。

（6）安装防火墙石膏板时，石膏板不得固定在沿顶、沿地龙骨上，应加设横撑龙骨加以固定。

4. 胶合板、纤维板隔墙细部节点做法不规范

面板与墙、顶交接处不直不顺，与门框不交圈，接头不严、不直，接缝翘起，踢脚板出墙不一致等，都属于细部节点做法不规范，其主要原因是：

（1）设计图纸交代不清或现场技术人员向操作工人交底不清。

（2）未在板材四周接缝处加钉盖口条。

（3）门口处的构造未根据墙厚而定。

（4）面板在阳角处未做护角。

施工前应进行图纸会审，对细部节点构造必须交代清楚，必要时绘制节点构造详图。为防止潮气由边部浸入墙内引起边沿翘起，应在板材四周接缝处加钉盖口条，将缝盖严，如图 3-28 所示。

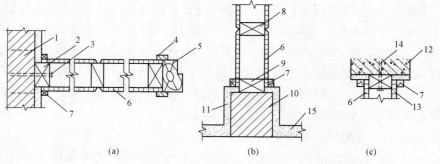

图 3-28 板材隔墙节点构造详图

(a)板材隔墙与墙、柱及门窗框连接节点；(b)板材隔墙与地面节点；(c)板材与平顶或梁底节点

1—防腐木砖；2—靠墙立筋 40mm×70mm；3—铁钉；4—木贴脸板 15mm×40mm；

5—门窗框；6—板材；7—木角线；8—横撑木 40mm×70mm；9—下槛 40mm×70mm；

10—120 厚砖墙；11—踢脚板；12—平顶或梁底；13—上槛 40mm×70mm；

14—预埋 $\phi6$@1000 钢筋打弯固定；15—地面

其门口处的构造应根据墙厚而定，墙厚等于门框厚度时，可加贴脸，小于门框厚度时，应加压条，面板在阳角处应做护角，以防使用中损坏墙角。

3.3 玻璃隔墙工程施工

3.3.1 玻璃隔墙施工工艺

1. 木基架与玻璃板安装

(1)玻璃与基架木框的结合不能太紧密，玻璃放入木框后，在木框的上部和侧边应留有 3mm 左右的缝隙，该缝隙是为玻璃热胀冷缩用的。对大面积玻璃板来说，留缝尤为重要，否则在受热变化时将会开裂。

(2)安装玻璃前，要检查玻璃的角是否方正，检查木框的尺寸是否正确，是否有走形现象。在校正好的木框内侧，定出玻璃安装的位置线，并固定好玻璃板靠位线条，如图 3-29 所示。

(3)把玻璃装入木框内，其两侧距木框的缝隙应相等，并在缝隙中注入玻璃胶，然后钉上固定压条，固定压条最好用钉枪钉。

对于面积较大的玻璃板，安装时应用玻璃吸盘器吸住玻璃，再用手握住吸盘器将玻璃提起来安装，如图 3-30 所示。

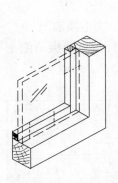 

图 3-29 木框内玻璃安装方式　　图 3-30 大面积玻璃板用吸盘器安装

(4)木压条的安装形式有多种，常见的四种安装形式如图 3-31 所示。

图 3-31 木压条固定玻璃板常见的安装形式

2. 玻璃与金属方框架安装

(1)安装玻璃与金属方框架时，先要安装玻璃靠住线条，靠住线条可以是金属角线，也可以是金属槽线。固定靠住线条通常是用自攻螺丝。

(2)根据金属框架的尺寸裁割玻璃，玻璃与框架的结合不能太紧密，应该按小于框架3～5mm的尺寸裁割玻璃。

(3)安装玻璃前，应在框架下部的玻璃放置面上涂一层厚2mm的玻璃胶。玻璃安装后，玻璃的底边就压在玻璃胶层上。或者放置一层橡胶垫，玻璃安装后，底边压在橡胶垫上。

(4)把玻璃放入框内，并靠在靠位线条上。如果玻璃面积较大，应用玻璃吸盘器安装。玻璃板距金属框两侧的缝隙相等，并在缝隙中注入玻璃胶，然后安装封边压条。

如果封边压条是金属槽条，而且为了表面美观不得直接用自攻螺丝固定时，可采用先在金属框上固定木条，然后在木条上涂环氧树脂胶(万能胶)，把不锈钢槽条或铝合金槽条卡在木条上，以达到装饰目的。如果没有特殊要求，可用自攻螺丝直接将压条槽固定在框架上。常用的自攻螺丝为 M4 或 M5。安装时：

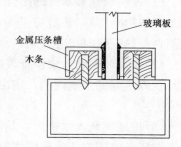

图 3-32　金属框架上的玻璃安装

1)先在槽条上打孔，然后通过此孔在框架上打孔，这样安装就不会走位。

2)打孔钻头要小于自攻螺丝直径 0.8mm。

3)在全部槽条的安装孔位都打好后，再进行玻璃的安装。玻璃的安装方式如图 3-32 所示。

3. 玻璃板与不锈钢圆柱框安装

目前采用不锈钢圆柱框的较多，玻璃板与其安装形式主要有两种：一种是玻璃板四周是不锈钢槽，其两边为圆柱，如图 3-33(a)所示；另一种是玻璃板两侧是不锈钢槽与柱，上下是不锈钢管，且玻璃底边由不锈钢管托住，如图 3-33(b)所示。

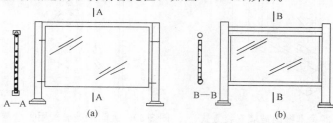

图 3-33　玻璃板与不锈钢圆柱的安装形式
(a)两边为圆柱；(b)两侧为不锈钢槽与柱

玻璃板四周不锈钢槽固定的操作方法为：

(1)先在内径宽度略大于玻璃厚度的不锈钢槽上画线，并在角位处开出对角口，对角口用专用剪刀剪出，并用什锦锉修边，使对角口合缝严密。

(2)在对好角位的不锈钢槽框两侧，相隔 200～300mm 的间距钻孔。钻头要小于所用自攻螺丝 0.8mm。在不锈钢柱上面画出定位线和孔位线，并用同一钻孔头在不锈钢柱上的孔位处钻孔。再用平头自攻螺丝把不锈钢槽框固定在不锈钢柱上。

4. 玻璃木隔墙施工

玻璃木隔墙有底部带挡板、带窗台及落地等几种。

玻璃可以选用压花玻璃、磨砂玻璃、普通玻璃。玻璃分块尺寸边长在 1m 以内时，厚度选用 3mm；在 1m 及以上时，厚度选用 5mm。玻璃木隔墙挡板表面可以采用塑料贴面板或胶合板，顶部墙体应下木砖，中距 500mm，用膨胀螺栓进行固定。

带窗台的玻璃木隔墙，窗台高 900mm。可以用砖砌窗台或和内墙做法相一致。窗台可以采用水泥砂浆抹面、木窗台板和预制水磨石窗台板。落地的玻璃木隔墙，底部留踢脚板，高度通常取 150～200mm。

5. 玻璃砖隔墙施工

玻璃砖墙的砌筑施工工序为：选砖、排砖→做基础底脚→镶嵌条→扎筋→砌砖→做饰边→清洁。

(1)选砖、排砖，做基础底脚。玻璃砖应挑选棱角整齐，规格相同，砖的对角线基本一致，表面无裂痕、无磕碰的砖。根据弹好的玻璃砖墙位置线排砖样，调整砖缝和砖墙两端的槽钢(或木框)厚度，致使其符合砖的模数。水平灰缝和竖向灰缝厚度一般为 5～10mm，各缝应保持一致。根据玻璃砖的排列方式做出基础底脚，底脚厚度通常为 40～70mm，即略小于玻璃砖厚度。

(2)镶嵌条。镶嵌条铺在基底或外框周围，放置好弹簧片，按上、下层对缝的方式，自下而上砌筑。

(3)扎筋砌砖。玻璃砖砌筑用砂浆按白水泥：细砂＝1∶1(质量比)的比例调制。白水泥浆要有一定稠度，以不流淌为好。皮与皮之间应放置 $\phi6$ 双排钢筋网，钢筋搭接位置选在玻璃砖墙中央。玻璃砖墙砌筑完成后，即进行表面勾缝或抹缝并将墙面清扫干净。

(4)做饰边，清洁。如玻璃砖墙没有外框，则须做饰边。饰边通常有木饰边和不锈钢饰边。木饰边可根据设计要求做成各种线型。玻璃砖墙木饰边常见形式如图 3-34 所示。不锈钢饰边常用的有单柱饰边、双柱饰边、不锈钢板槽饰边等(图 3-35)。

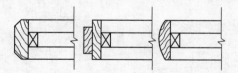
图 3-34 玻璃砖墙木饰边常见形式

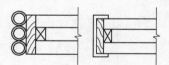
图 3-35 不锈钢饰边常见形式

3.3.2 玻璃隔墙施工技巧

(1)为便于安装，下料时木骨架宜比实际尺寸适当长些，金属骨架下料长度宜比实际尺寸适当短些。骨架可在地面加工后再组装，与墙面的连接要牢固，裁割玻璃时，玻璃尺寸可比实际尺寸略小 2～3mm。

(2)为防止结构变形、损坏玻璃，安装玻璃隔断时，隔断上框的顶面应留有适量缝隙。可在玻璃表面用水性涂料作出明显的标志。

(3)玻璃砖隔墙施工时，基础底脚砌筑时应略小于玻璃砖的厚度。用玻璃砖砌筑时，白水泥砂浆应有一定的稠度，以不流淌为好。

（4）为保证玻璃砖的平整和砌筑方便，在砌筑每层玻璃砖之前，应在玻璃砖上放置木垫块，每块玻璃砖上放两块，卡在玻璃砖的凹槽内，如图 3-36 所示。每砌完一层后，应立即进行表面勾缝，勾缝时应先勾水平缝，后勾竖缝；缝的深度要一致。

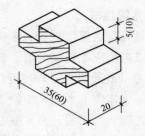

图 3-36　砌筑玻璃砖时用的木垫块（单位：mm）

（5）为保证玻璃砖隔墙砌筑的牢固，水平砂浆要铺得稍厚一些，慢慢挤揉，立缝灌浆一定要捣实，勾缝时要勾严，以保证砂浆饱满。砌筑时，将上层玻璃砖压在下层玻璃砖上，同时使玻璃砖的中间槽卡在木垫块上，两层玻璃砖的间距为 5～8mm，如图 3-37 所示。

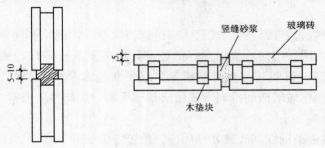

图 3-37　玻璃砖上下层的安装位置（单位：mm）

（6）为保证新砌玻璃砖隔墙的安全，玻璃砖隔墙砌筑完后，应在距玻璃砖隔墙两侧各约 100～200mm 处搭设木架。安装时宜以 1.5m 高为一个施工段，待下部施工段胶结材料达到设计强度后再进行上部施工。

第4章 饰面板(砖)工程

4.1 室外贴面砖施工

4.1.1 室外贴面砖施工工艺

1. 施工工序

基层处理→吊垂直、套方、找规矩→贴灰饼→抹底层砂浆→弹线分格→排砖→浸砖→镶贴面砖→面砖勾缝及擦缝。

2. 施工要点

(1)基体为混凝土墙面

1)基层处理。将凸出墙面的混凝土剔平,对大规模施工的混凝土墙面应凿毛,并用钢丝刷满刷一遍,清除干净,然后浇水湿润;对于基体混凝土表面很光滑的,可采取"毛化处理"办法,即先将表面尘土、污垢清扫干净,用10%火碱水将板面的油污刷掉,随之用净水将碱液冲净、晾干,然后用水泥砂浆内掺水重20%的界面剂胶,用扫帚将砂浆甩到墙上,其甩点要均匀,终凝后浇水养护,直至水泥浆疙瘩全部黏到混凝土光面上,并有较高的强度(用手掰不动)为止。

2)吊垂直、套方、找规矩。高层建筑物应在四大角和门窗口边用经纬仪打垂直线找直;多层建筑物可从顶层开始用特制的大线坠绷低碳钢丝吊垂直,然后根据面砖的规格尺寸分层设点、做灰饼,间距1.6m。横向水平线以楼层为水平基准线交圈控制,竖向垂直线以四周大角和通天柱或墙垛子为基准线控制,应全部是整砖。阳角处要双面排直。每层打底时,应以此灰饼作为基准点进行冲筋,使其底层灰做到横平竖直。同时要注意找好突出檐口、腰线、窗台、雨篷等饰面的流水坡度和滴水线(槽)。

3)抹底层砂浆。先刷一道掺水重10%的界面剂胶水泥素浆,打底应分层分遍抹底层砂浆(常温时采用配合比为1:3水泥砂浆),第一遍厚度宜为5mm,抹后用木抹子搓平、扫毛,待第一遍六七成干时,即可抹第二遍,厚度为8~12mm,随即用木杠刮平、木抹子搓毛,终凝后洒水养护。砂浆总厚度不得超过20mm,否则应做加强处理。

4)弹线分格。待基层灰六七成干时,即可按图纸要求进行分段分格弹线,同时不可进行面层贴标准点的工作,以控制面层出墙尺寸及垂直平整度。

5)排砖。根据大样图及墙面尺寸进行横竖向排砖,以保证面砖缝隙均匀,符合设计图纸要求,注意大墙面、通天柱子和垛子要排整砖,以及在同一墙面上的横竖排列,均不得有一行以上的非整砖。非整砖行应排在次要部位,如窗间墙或阴角处等。但亦要注意一致和对称。如遇有突出的卡件,应用整砖套割吻合,不得用非整砖随意拼凑镶贴。面砖接缝的宽度不应小于5mm,不得采用密缝。

6)选砖、浸砖。釉面砖和外墙面砖镶贴前，应挑选颜色、规格一致的砖；浸泡砖时，将面砖清扫干净，放入净水中浸泡 2h 以上，取出待表面晾干或擦干净后方可使用。

7)黏贴面砖。黏贴应自上而下进行。高层建筑采取相关保护措施后可分段进行。在每一分段或分块内的面砖，均为自上而下镶贴。从最下一层砖下皮的位置线先稳好靠尺，以此托住第一皮面砖。在面砖背面宜采用 1∶0.2∶2＝水泥∶白灰膏∶砂的混合砂浆镶贴，砂浆厚度为 6～10mm，贴上后用灰铲柄轻轻敲打，使之附线，再用钢片开刀调整竖缝，并用小杠通过标准点调整平面和垂直度。

8)面砖勾缝与擦缝。面砖铺贴拉缝时，用 1∶1 水泥砂浆勾缝或采用勾缝胶，先勾水平缝再勾竖缝，勾好后要求凹进面砖外表面 2～3mm。若横竖缝为干挤缝，或小于 3mm 者，应用白水泥配颜料进行擦缝处理。面砖缝子勾完后，用布或绵丝蘸稀盐酸擦洗干净。

（2）基体为砖墙

1)基层处理。抹灰前，墙面必须清扫干净，浇水湿润。

2)吊垂直、套方、找规矩。大墙面和四角、门窗口边弹线找规矩，必须由顶层到底层一次进行，弹出垂直线，并决定面砖出墙尺寸，分层设点、做灰饼（间距为 1.6m）。横线则以楼层为水平基线交圈控制，竖向线则以四周大角和通天垛、柱子为基准线控制。每层打底时则以此灰饼作为基准点进行冲筋，使其底层灰做到横平竖直。同时要注意找好突出檐口、腰线、窗台、雨篷等饰面的流水坡度。

3)抹底层砂浆。先把墙面浇水湿润，然后用 1∶3 水泥砂浆刮一道 5～6mm 厚的水泥砂浆，紧跟着用同强度等级的灰与所冲的筋抹平，随即用木杠刮平，用木抹搓毛，隔天浇水养护。

4)～8)同基体为混凝土墙面做法。

4.1.2　室外贴面砖施工技巧

（1）外墙底子灰抹完后，一般要养护 1～2d 方可进行面层施工。外墙面砖施工前要隔夜浸泡，然后取出阴干备用，阴干时间一般为 0.5d 左右，以表面无水膜又有潮湿感为准。

（2）外墙施工时应先上后下，同一操作层内施工时应先下后上，墙面分格弹线时如整块分格遇到困难，可采取调整砖缝隙大小的方法予以解决，缝隙一般控制在 8～10mm 之间。

（3）为提高墙面的防水能力，可在找平层上刷涂一层具有防渗性能的结合层，使找平层具有独立的防水能力。为防止砖缝渗水，应进行二次勾缝，第一次勾缝砂浆收水后、终凝前，再进行第二次勾缝，并对其进行喷水养护 3d 以上。

（4）外墙面砖的接缝应采用水泥浆或水泥砂浆勾缝，以防墙面渗水。为确保黏结质量，可以采用经检验合格的专用商品聚合物水泥干粉砂浆，以提高砂浆的黏结能力。

4.1.3　室外贴面砖改进做法

传统的镶贴方法即在抹灰基层上弹分格线容易被黏贴砂浆遮盖掉从而影响镶贴质量，改进后面砖竖缝的宽度、垂直度及接缝的高低由传统的目测控制变为有依据控制，提高了实测优良率。新法贴面砖每工日可贴 10m²（不含找零、擦缝），加快了施工进度，节约用工。有利于技术工人、普通工人的优化组合和操作水平的普遍提高。具体做法如下：

（1）在镶贴每一块墙面前，用刻有面砖实际长度、宽度、排缝宽度的木刻度尺在墙面的周边分好格。

(2)然后镶贴上一排面砖,要求这排面砖的平整度、垂直度等都要符合规范要求,依此作标志块。

(3)墙面较高、较宽时,可在中间横、竖方向再增加一排或多排标志块。

(4)随后在竖直方向的每块面砖的左边缘处拉上细尼龙线或蜡线,水平方向拉两根线,并轮番向下移动,即可依此进行面砖镶贴。

4.1.4　外墙饰面砖表面缺陷分析处理

1. 外墙饰面砖砖面不平整,有色差、墙面不洁净

外墙饰面砖黏贴完成后,面砖表面不平整、有色差,将会影响镶贴质量,墙面色差和墙面脏,影响建筑物的美观效果。其主要原因如下:

(1)饰面砖镶贴前未认真挑选,面砖色差大,几何尺寸不一致。

(2)找平层的垂直、平整度超出允许偏差范围。

(3)未排砖、弹线和挂线。

(4)未及时调缝和检查。

(5)勾缝后未及时擦洗砂浆及其他污物。

为使外墙饰面砖砖面符合质量要求,具体的防治措施如下:

(1)运输堆放时,注意防止损坏面砖,镶贴前要注意挑选。对色差大、规格尺寸不一致的要予以剔换或用在不显眼处。

(2)做找平层时,必须用靠尺检查垂直度、平整度,其数值应在允许偏差范围内。

(3)排砖模数,要求横缝与窗台平,竖向与阳角、窗口平,并用整砖,墙面弹线,大墙面应先铺平,窗框、窗台、腰线应分缝准确,在找平层上从上至下作水平与垂直控制线。

(4)操作时应保证面砖上口平直,贴完一皮砖后,垂直缝应以底子灰弹线和所挂立线为准,在黏贴灰浆初凝前调缝,用靠尺检查。

(5)面砖勾缝后应及时擦洗干净。宽缝一般在 8mm 以上,用 1:1 水泥砂浆勾缝,先勾水平缝再勾竖缝,勾好后要求凹进面砖外表面 2~3mm。若横竖缝为干挤缝,或小于 3mm 者,应用白水泥配颜料进行擦缝处理。面砖缝子勾完后用布或绵丝蘸稀盐酸擦洗干净即可。

2. 外墙面砖空鼓、脱落

由于面砖空鼓、脱落,雨水会浸入墙体,造成室内返潮,影响使用功能,同时还会造成相邻面砖空裂、脱落等连锁反应,严重影响到建筑物美观和人身安全。其主要原因是:

饰面砖自重大,找平层与基层有较大切应力,黏结层与找平层间也有切应力,基层面不平整,找平层过厚使各层黏结不良,加气混凝土基面未作处理,不同结构的接合处未作处理,饰面砖未晾干就上墙,砖块背面残存水迹,与黏结层砂浆之间隔着一道水膜;或黏结砂浆水胶比过大或使用矿渣水泥拌制砂浆,其泌水性较大,泌水会积聚在砖块背面,形成水膜。砂浆配合比不准,稠度控制不好,砂子含泥量过大,在同一施工面上采用几种不同的配合比砂浆,因而产生不同的干缩。故其正确做法如下:

(1)找平层施工后,应按普通抹灰质量等级要求进行一次验收,凡平整度、垂直度及阴阳角方正超过允许偏差且空鼓开裂的,应予以修补处理至达到合格为止。面砖黏贴前,基层必须将残留的砂浆、尘土和油污等清理干净,隔天浇水湿润,黏贴时无水迹,表干里湿,含水率宜为 15%～25%。基层过于光滑时要进行毛化处理。

(2)加气块不得泡水，抹灰前湿水后满刷水泥浆一道，采用 1:1:4 水泥石灰砂浆找底层，厚 4～5mm；中层用 1:0.3:3 水泥石灰砂浆抹 8～10mm 厚；结合层采用聚缩砂浆。不同结构结合部铺钉金属网绷紧钉牢，金属网与基层搭接宽度不少于 100mm，再做找平层。

(3)在黏贴外墙面砖和釉面瓷砖前应先将其清扫干净，放入清水中浸泡。外墙面砖要隔夜浸泡，然后取出阴干备用，阴干时间视气温而定，一般 0.5d 左右，以砖的表面无水膜又有潮湿感为准；釉面瓷砖要浸泡到不冒泡为止，且不少于 2h。

(4)砂浆中，水泥必须合格；砂过筛，宜用中砂、含泥量不大于 3%，砂浆配合比计量配料，搅拌均匀。在同一墙面不换配合比，或在砂浆中掺入水泥质量 5% 的 108 胶，以改善砂浆的和易性，提高黏结度。

(5)冬季室外黏贴面砖时，应保证温度在 5℃以上才可施工，尽量不在冬季施工，当必须在冬季施工时，应有保证质量的可靠措施；夏季施工应防止暴晒，当温度在 35℃以上施工时要采取遮阳措施。

(6)面砖泡水后必须阴干，背面刮满砂浆，采用挤浆法铺贴，认真勾缝分次成活，勾凹缝，凹入砖内 3mm，形成嵌固效果。

3. 外墙饰面砖接缝宽窄不均，填嵌不密实

外墙饰面砖接缝宽窄不均，影响饰面砖墙面观感质量。接缝填嵌不密实，容易向砖缝内渗水，不仅会造成污染，还会影响美观。其主要原因是黏贴饰面砖前，未按照图样尺寸核对结构施工时的实际情况，未选用具有抗渗性能和收缩率小的材料勾缝。故在饰面砖黏贴前，要进行认真选砖，有条件时应进行套方检查，将超出偏差的面砖挑出来用在非重要部位，并应认真按照图样尺寸，核对结构施工时的实际情况，如有不符合，应及时修整，并分段分块弹控制线和黏贴线，认真挑砖。黏贴时，应吊垂直、套方、找规矩，使接缝横平竖直，接缝符合要求，缝隙均匀。

黏贴饰面砖时，应选用具有抗渗性能和收缩率小的材料勾缝，如采用商品水泥基料（内掺粉细砂及聚合物添加剂）的外墙砖专用勾缝材料，其稠度小于 50mm 或再干一些，将砖缝填饱压实，待砂浆泌水"收水"后才进行勾缝，缝深不宜大于 3mm，也可采用平缝。为使勾缝砂浆表面达到连续、平直、光滑、填嵌密、无空鼓、无裂纹的要求，应进行二次勾缝，即砂浆嵌缝后先勾缝一次，待勾缝砂浆"收水"后终凝前，再勾缝一次。为防止勾缝砂浆失水，墙面应喷水养护不少于 3d，并防止暴晒。

4.1.5 外墙饰面砖操作缺陷分析处理

1. 外墙饰面砖黏贴前，未认真对其外形尺寸、表面质量、吸水率、抗冻性等质量进行检验

外墙饰面砖进场后应认真对其质量进行检验，因其中极有可能混有不合格产品，将不合格产品用于工程上，容易造成砖缝大小不一、色泽不匀、砖面爆裂等质量问题。其主要原因是饰面砖未具有生产厂商的出厂检验报告及产品合格证，外饰面砖的品种、规格、图案、颜色和性能未符合设计要求。饰面砖进场后未按规定项目进行复验。

因此，外墙饰面砖进场后应按表 4-1 所列项目进行复验。复验抽样应按现行国家标准《陶瓷砖试验方法》(GB/T 3810.1—2006)进行。

表 4-1　外墙饰面砖复验项目

气候区域	饰面砖种类		
	陶瓷砖(外墙砖、面砖)	陶瓷饰砖	玻璃马赛克
Ⅰ	(1)、(2)、(3)、(4)	(1)、(2)、(3)、(4)	(1)、(2)
Ⅱ	(1)、(2)、(3)、(4)	(1)、(2)、(3)、(4)	(1)、(2)
Ⅲ	(1)、(2)、(3)	(1)、(2)、(3)	(1)、(2)
Ⅳ	(1)、(2)、(3)	(1)、(2)、(3)	(1)、(2)
Ⅴ	(1)、(2)、(3)	(1)、(2)、(3)	(1)、(2)
Ⅵ	(1)、(2)、(3)、(4)	(1)、(2)、(3)、(4)	(1)、(2)
Ⅶ	(1)、(2)、(3)、(4)	(1)、(2)、(3)、(4)	(1)、(2)

注：1. 表中(1)尺寸；(2)表面质量；(3)吸水率；(4)抗冻性。

　　2. 建筑气候区划指标参见现行规范《外墙饰面砖工程施工及验收规程》(JGJ 126—2000)附录 A。

2. 外墙面砖施工时，面砖黏贴与散水、台阶的施工不协调

在施工散水、台阶混凝土时，水泥浆极易污染墙面；或在已黏贴面砖的墙表面预先刷一层白灰膏，待散水坡施工完毕再清洗墙根，虽有一定效果，但是白灰膏对无釉面砖、无釉锦砖以及玻璃锦砖等表面还是有侵入，仍会留有微小痕迹，影响观感质量。其主要原因是外墙面砖施工前，未先将散水、台阶等结构施工完成。散水与墙根之间的变形缝宽度未加上饰面层的厚度。填嵌水坡变形缝时，未在墙根部位面砖上黏贴不干胶纸带。

外墙面砖(锦砖)施工前，最好先将散水、台阶等结构施工完成，以利面砖能一次完成。如散水、台阶等结构由于其他原因不能预先完成时，则其饰面可留下墙根部位约 1.5m 高的面砖(锦砖)待散水坡、台阶施工完毕后再行黏贴。散水坡与墙根之间的变形缝宽度应加上饰面层的厚度(为预防吊脚，饰面可少许伸入散水坡)。填嵌散水坡变形缝时，应在墙根部位面砖上黏贴上不干胶纸带，预防嵌缝料(多用改性沥青类材料)对墙面污染。

4.2　室内贴面砖施工工程

4.2.1　室内贴面砖施工工艺

1. 施工工序

基层处理→吊垂直、套方、找规矩→贴灰饼→抹底层砂浆→弹线分格→排砖→浸砖→镶贴面砖→面砖勾缝与擦缝。

2. 施工要点

(1)基层处理

1)基体为混凝土墙面时，将凸出墙面的混凝土剔平，对于基体混凝土表面很光滑的要凿毛，或用可掺界面剂胶的水泥细砂浆做小拉毛墙，也可刷界面剂、并浇水湿润基层。

2)基体为砖墙面时，抹灰前，墙面必须清扫干净，浇水湿润。

(2)吊垂直、套方、找规矩。垫底尺，计算准确最下一皮砖下口标高，底尺上皮一般比地面低 1cm 左右，以此为依据放好底尺，要水平、安稳。

（3）贴灰饼。用废釉面砖贴标准点，用做灰饼的混合砂浆贴在墙面上，用以控制贴釉面砖的表面平整度。

（4）抹底层砂浆

1）基体为混凝土墙面时，10mm 厚 1：3 水泥砂浆打底，应分层分遍抹砂浆，随抹随刮平抹实，用木抹搓毛。

2）基体为砖墙面时，12mm 厚 1：3 水泥砂浆打底，打底要分层涂抹，每层厚度宜 5～7mm，随即抹平搓毛。

（5）弹线分格、排砖。待底层灰六七成干时，按图纸要求，釉面砖规格及结合实际条件进行排砖、弹线。根据大样图及墙面尺寸进行横竖向排砖，以保证面砖缝隙均匀，符合设计图纸要求。注意大墙面、柱子和垛子要排整砖，以及在同一墙面上的横竖排列，均不得有小于 1/4 砖的非整砖。非整砖行应排在次要部位，如窗间墙或阴角处等。但也应注意一致和对称。如遇有突出的卡件，应用整砖套割吻合，不得用非整砖随意拼凑镶贴。

（6）浸砖。镶贴面砖前，应挑选颜色、规格一致的砖，浸泡砖时，将面砖清扫干净，放入净水中浸泡 2h 以上，取出待表面晾干或擦干净后方可使用。

（7）镶贴面砖。黏贴应自下而上进行。抹 8mm 厚 1：0.1：2.5 水泥石灰膏砂浆结合层，要刮平，边抹边自上而下黏贴面砖。要求砂浆饱满。亏灰时，取下重贴，并随时用靠尺检查平整度，保证缝隙宽度一致。

（8）面砖勾缝与擦缝。贴完经自检无空鼓、不平、不直后，用绵丝擦干净，用勾缝胶、白水泥或拍干白水泥擦缝，用布将缝的素浆擦匀，砖面擦净。

4.2.2 室内贴面砖施工技巧

（1）钉木杠的作用主要是在铺贴第一排面砖时，防止面砖因自重而向下滑移，确保其横平竖直。木杠的位置应根据面砖规格和室内地面的情况而定。一般来说，要保证室内地面最低处（如地漏处）为整砖。如室内有浴缸、洗手台等设施时，应保证浴缸、洗手台上口面砖的美观。

（2）铺贴时应先贴大面，后贴阴阳角、凹槽等费工多、难度大的部位。当铺贴到最上一行时，如没有吊顶，上口要求成一直线或加压条；上口如有吊顶则面砖要延伸到吊顶以上 30～50mm。

（3）铺贴前进行放线和预排，非整砖应放在次要部位或墙的阴角处，每面墙不应有一行（或一列）以上的非整砖，非整砖的宽度不应小于整砖的 1/3。

（4）铺贴时为了改善砂浆的和易性以便于操作，在砂浆中可适量掺入石灰膏。如砂浆太稀而从缝中溢出，应及时撒干水泥吸水，避免引起面砖的滑动。

（5）铺贴时如遇到面砖的规格尺寸或几何形状不等时，应在铺贴时随时调整，便缝隙宽窄一致。阳角砖应压向正确，做成 45°角对接。

（6）对于墙面留设的孔洞，应在面砖背面按孔洞尺寸与位置用铅笔划好，然后用云材切割机从背面进行切割或采用打眼器打眼。当遇到门窗洞口侧壁尺寸有限，无法避免出现非整砖时，可将非整砖的切割边藏进门窗框里 10～20mm，以掩盖切割边的缺陷。

（7）内墙面砖晾干时应光面对光面并相互错开摆放，以便于面砖干燥和取拿方便。

(8)镶边条的铺贴顺序一般是先贴阴阳角条再贴墙面。制作非整砖时，可用合金钢錾手工切割或用云材切割机切割，折断后在磨石上进行磨边处理。

4.2.3　室内贴面砖改进做法

为了使内墙瓷砖镶贴一次性贴直、贴平，应改用废瓷砖抹上混合砂浆灰饼，以靠尺检验其平整度采用此法贴的内墙砖，吃灰厚度易掌握，平整度好，速度快，效果好。具体做法如下：

(1)在已打底的墙面上再找好"规矩"，先用水平尺找平，再用粉线或墨斗弹出水平线(50 线)，各角用托线板挂直画线。从顶向下进行排砖，排至距地面 1～2 块瓷砖为首排镶贴瓷砖位置。从 50 线向下返水平基线。

(2)用水泥钉靠各角垂直线处上下钉牢(图 4-1)，距墙底面留出 12～15mm，在水泥钉上沿垂直画线，把钢丝缠牢在钉子上，作为墙面垂直立线。

(3)用厚 25mm、宽 50mm 的木制垫尺板靠水平基线用水泥钉钉牢，用墨斗靠两边钢丝垂直立线处拉水平墨线，弹在垫尺板上表面上，画下平灰口厚度线。用细线绳将其

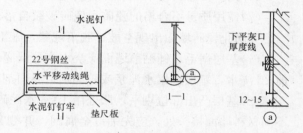

图 4-1　用钢丝作立线立面示意图(单位:mm)

拉紧拴于两钢丝立线上，上下可移动，既可作为水平移动线，又可作为灰厚控制线。

(4)把水平移动线移至所贴第一排瓷砖的高度，下口以垫尺板上的弹线为准，上口以水平移动线为准，用 1∶1 水泥砂浆黏贴第一排砖，避免了用传统方法铺贴时上下口吃灰厚度不易掌握的情况。

(5)贴好第一排砖后，向上移动水平线到第二皮砖处，依次向上镶贴。待地面工程完工后，补贴下面的瓷砖。

4.2.4　室内贴面砖表面缺陷分析处理

室内饰面砖墙凹凸不平，接缝错位明显，砖缝横竖线条不顺直，缝宽不均匀，直接影响装饰效果。其主要原因是施工前未对面砖进行挑选，基层面不平整，挂线、贴灰饼、排砖不规矩，水平尺板不水平。

材料进场后应对面砖进行挑选，挑出翘曲、变形、裂纹等有缺陷的面砖。同时，对面砖尺寸用模具进行挑选，按不同的尺寸分别堆放并分别用于不同的房间。黏贴前做好规矩，用水平尺找平，校核墙面的方正，根据饰面砖的排版图在墙面弹最下一皮砖的水平控制线，以废面砖贴灰饼，画出标准，灰饼间距以靠尺板长度以内为准，一般 1.5m 左右。阳角处要两面挂直。根据弹好的水平线，稳放平尺板，作为黏贴第一行的依据，由下向上逐行黏贴，每行砖应拉水平线控制砖上口的平直，每贴好一行面砖，应及时用靠尺板横竖靠直，及时校正横竖缝的平直。

一般来说，采用疏缝法黏贴，将接缝宽度放宽至 2mm 左右，这样可以较好地解决选砖、接缝防水、接缝宽窄、接缝横平竖直等问题。

4.2.5 瓷砖墙面空鼓、脱落

由于陶瓷砖空鼓、脱落，雨水会浸入墙体，同时造成相邻瓷砖空鼓、脱落，直接影响到建筑物的美观。其主要原因是：

(1)基层表面光滑，铺贴前基层没有湿水或湿水不透，水分被基层吸掉而影响黏结力。

(2)基层偏差大，铺贴时抹灰一次过厚，干缩过大。

(3)瓷砖未用水浸透，或铺贴前瓷砖未阴干。

(4)砂浆配合比不当，砂浆过干或过稀，黏贴不密实。

(5)黏贴灰浆初凝后拨动了瓷砖。

(6)门窗框边封堵不严，开启引起木砖松动，产生瓷砖空鼓。

(7)使用质量不合格的瓷砖，瓷砖破裂自落。

为防止瓷砖墙面出现空鼓、脱落现象，施工中应注意以下事项：

(1)基层凿毛，铺贴前墙面应浇水充分湿润，水应渗入基层 8~10mm，混凝土墙面应提前 2d 浇水，基层刷素水泥浆或胶黏剂、界面剂。

(2)基层凸出部位剔平，凹处用 1:3 水泥砂浆补平，脚手眼、管线穿墙处用砂浆填严。不同材料墙面接头处，应先铺钉金属网，并绷紧牢固，金属网与各基体的搭接宽度不小于 10mm，然后用水泥砂浆抹平，再铺贴瓷砖。

(3)瓷砖使用前浸泡时间不小于 2h，使用前需阴干，不见表面水时方可黏贴。

(4)砂浆应具有良好的和易性与稠度，操作中用力要均，嵌缝应密实。

(5)瓷砖铺贴应随时纠偏，黏贴砂浆初凝后严禁拨动瓷砖。

(6)门窗边应用水泥砂浆封严。

(7)严把瓷砖、水泥、砂子等原材料质量关，杜绝在施工中使用不合格材料。

4.3 大理石、磨光花岗岩饰面施工

4.3.1 大理石、磨光花岗岩饰面施工工艺

1. 施工工序

(1)对于薄型小规格块材(边长小于 40cm)，施工工序如下：

基层处理→吊垂直、套方、找规矩、贴灰饼→抹底层砂浆→弹线→分格→石材刷防护剂→排块材→镶贴块材→表面勾缝与擦缝。

(2)对于普通型大规格块材(边长大于 40cm)，施工工序如下：

施工准备(钻孔、剔槽)→穿铜丝或镀锌铅丝与块材固定→绑扎、固定钢丝网→吊垂直、找规矩、弹线→石材刷防护剂→安装石材→分层灌浆→擦缝。

2. 施工要点

(1)对于薄型小规格块材，可采用黏贴方法。

1)进行基层处理和吊垂直、套方、找规矩，其他工序可参见"镶贴面砖施工要点"有关部分。要注意同一墙面不得有一排以上的非整材，并应将其镶贴在较隐蔽的部位。

2)在基层湿润的情况下，先刷胶界面剂素水泥浆一道，随刷随打底，底灰采用1：3水泥砂浆，厚度约12mm，分两遍操作，第一遍约5mm，第二遍约7mm，待底灰压实刮平后，将底子灰表面划毛。

3)石材表面处理：石材表面充分干燥(含水率应小于8%)后，用石材防护剂进行石材六面体防护处理。此工序必须在无污染的环境下进行，将石材平放于木枋上，用羊毛刷蘸上防护剂，均匀涂刷于石材表面。涂刷必须到位，第一遍涂刷完间隔24h后用同样的方法涂刷第二遍石材防护剂，如采用水泥或胶黏剂固定，间隔48h后对石材黏结面用专用胶泥进行拉毛处理，拉毛胶泥凝固硬化后方可使用。

4)待底子灰凝固后便可进行分块弹线，随即将已湿润的块材抹上厚度为2～3mm的素水泥浆，内掺水重20%的界面剂进行镶贴，用木锤轻敲，用靠尺找平找直。

(2)对于普通型大规格块材，可采用如下安装方法：

1)施工准备(钻孔、剔槽)。安装前先将饰面板按照设计要求用台钻打眼，事先应钉木架使钻头直对板材上端面，在每块板的上、下两个面打眼，孔位打在距板宽的两端各1/4处，每个面各打两个眼，孔径为5mm，深度为12mm，孔位距石板背面以8mm为宜。如大理石、磨光花岗岩，板材宽度较大时，可以增加孔数。钻孔后用云石机轻轻剔一道槽，深5mm左右，连同孔眼形成象鼻眼，以备埋卧铜丝之用。

2)穿钢丝或镀锌铅丝与板块固定。把备好的铜丝或镀锌铅丝剪成长20cm左右，一端用木楔黏环氧树脂将铜丝或镀锌铅丝进孔内固定牢固，另一端将铜丝或镀锌铅丝顺孔槽弯曲并卧入槽内，使大理石或磨光花岗石板上、下端面没有铜丝或镀锌铅丝突出，以便和相邻石板接缝严密。

3)绑扎、固定钢丝网。首先剔出墙上的预埋筋，把墙面镶贴大理石的部位清扫干净。先绑扎一道竖向 $\phi6$ 钢筋，并把绑好的竖筋用预埋筋弯压于墙面。横向钢筋为绑扎大理石或磨光花岗石板材所用，如板材高度为60cm时，第一道横筋在地面以上10cm处与主筋绑牢，用作绑扎第一层板材的下口固定铜丝或镀锌铅丝。第二道横筋绑在50cm水平线上7～8cm且比石板上口低2～3cm处，用于绑扎第一层石板上口固定铜丝或镀锌铅丝，再往上每60cm绑扎一道横筋即可。

4)吊垂直、找规矩弹线。首先将要贴大理石或磨光花岗石的墙面、柱面和门窗套用大线坠从上至下找出垂直。应考虑大理石或磨光花岗石板材厚度、灌注砂浆的空隙和钢筋网所占尺寸，一般大理石、磨光花岗石外皮距结构面的厚度应以5～7cm为宜。找出垂直后，在地面上顺墙弹出大理石或磨光花岗石等外廓尺寸线。此线即为第一层大理石或花岗岩等的安装基准线。编好号的大理石或花岗岩板等在弹好的基准线上画出就位线，每块留1mm缝隙(如设计要求拉开缝，则按设计规定留出缝隙)。

5)石材刷防护剂。石材表面充分干燥(含水率应小于8%)后，用石材防护剂进行石材六面体防护处理，此工序必须在无污染的环境下进行。将石材平放于木方上，用羊毛刷蘸防护剂，均匀涂刷于石材表面，涂刷必须到位，第一遍涂刷完间隔24h后用同样的方法涂刷第二遍石材防护剂。如采用水泥或胶黏剂固定，间隔48h后对石材黏结面用专用胶泥进行拉毛处理，拉毛胶泥凝固硬化后方可使用。

6)基层准备。清理预做饰面石材的结构表面，同时进行吊直、套方、找规矩，弹出垂直线水平线。并根据设计图纸和实际需要弹出安装石材的位置线和分块线。

7)安装大理石或磨光花岗石。按部位取石板并拉直铜丝或镀锌铅丝，将石板就位，石板上口外仰，右手伸入石板背面，把石板下口铜丝或镀锌铅丝绑扎在横筋上。绑扎时不要太紧，可留余量，只要把铜丝或镀锌铅丝和横筋拴牢即可，把石板竖起，便可绑扎大理石或磨光花岗石板上口铜丝或镀锌铅丝，并用木楔子垫稳。块材与基层间的缝隙一般为30～50mm。用靠尺板检查调整木楔位置，再拴紧铜丝或镀锌铅丝，依次向另一方进行。柱面可按顺时针方向安装，一般先从正面开始。第一层安装完毕再用靠尺板找垂直，水平尺找平整，方尺找阴阳角方正。在安装石板时如发现石板规格不准确或石板之间的空隙不符，应用铅皮垫牢，使石板之间缝隙均匀一致，并保持第一层石板上口的平直。找完垂直、平直、方正后，用碗调制熟石膏，把调成粥状的石膏贴在大理石或磨光花岗石板上下层之间，使这两层石板成为一个整体，木楔处亦可黏贴石膏，再用靠尺检查有无变形，等石膏硬化后方可灌浆（如设计有嵌缝塑料软管者，应在灌浆前塞放好）。

8)分层灌浆。把配合比为1：2.5水泥砂浆放入半截大桶加水调成粥状，用铁簸箕舀浆徐徐倒入，注意不要碰大理石，边灌边用橡皮槌轻轻敲击石板面使灌入砂浆排气。第一层浇灌高度为15cm，不能超过石板高度的1/3。第一层灌浆很重要，因为既要锚固石板的下口铜丝又要固定饰面板，所以要轻轻操作，防止碰撞和猛灌。如发生石板外移错位，应立即拆除重新安装。

9)擦缝。全部石板安装完毕后，清除所有石膏和余浆痕迹，用麻布擦洗干净，并按石板颜色调制色浆嵌缝，边嵌边擦干净，使缝隙密实、均匀、干净、颜色一致。

（3）柱子贴面。安装柱面大理石或磨光花岗石，其弹线、钻孔、绑钢筋和安装等工序与镶贴墙面方法相同。要注意灌浆前用木方子钉成槽形木卡子双面卡住大理石板，以防止灌浆时大理石或磨光花岗石板往外胀破。

4.3.2 大理石、花岗石施工技巧

（1）板材灌浆时为了保证砂浆的密实，可以用细钢筋捣实。由于板材和墙体间的间缝只有30～50mm，因此，灌浆用水泥砂浆的稠度应适当增大，一般为80～120mm。

（2）为防止板缝污水，影响使用和美观，如无设计要求，板缝宽度应符合表4-2规定，同时为防止雨、雪水从板缝浸入，墙面板材必须安装平整，墙顶水平压顶板必须压住墙面竖向板材。

表4-2　饰面板板缝宽度

项　　次	饰面板种类	板缝宽度/mm
1	光面、镜面	1
2	粗磨面、麻面、条纹面	5
3	天然面	10

（3）安装光面和镜面饰面板时，室内接缝应干接，接缝处用与饰面板颜色相同的水泥浆填抹。室外接缝可干接或在水平缝中垫铅条。垫铅条时，应将压出部分铲至与饰面板表面平齐。干接缝应用干性油脂腻子填抹。

若出现接缝不顺直的现象,可沿缝拉通线(大面积墙面宜用水平仪、经纬仪)找直,采用适当加大板缝宽度的办法,用粉线沿缝弹出加大板缝后的板缝边线,沿线贴上分色胶带纸,再涂浅色防水密封胶。

(4)为便于安装,可以采用专用不锈钢 U 形钉(图 4-2)或直径为 3～4mm 的硬铜丝代替细铜丝或不锈钢丝,将板材固定于基体预埋钢筋或膨胀螺栓上,如图 4-3 所示。

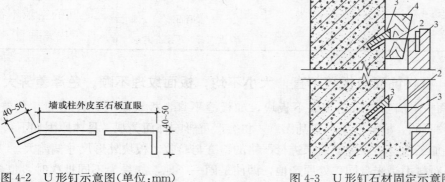

图 4-2　U 形钉示意图(单位:mm)　　　　图 4-3　U 形钉石材固定示意图

1—基体;2—U 形钉;3—硬木小楔或钢钉;4—锥形木楔

(5)为防止板材表面出现大小不一、颜色较深的暗影(俗称水斑),可在镶贴用的水泥砂浆中掺入减水剂,以减少析出至砂浆表面的氢氧化钙量。

此外,对于外形变化较复杂的墙面,特别是需要异形板材镶贴的部位,可先用薄铁皮或三夹板进行实际放样,以便于正确确定板材的排列分块尺寸。

4.3.3　石材饰面安装尺寸不符合要求

在安装饰面板时容易出现偏差过大,造成板与板之间接缝宽度不符合要求,影响饰面装饰效果。其主要原因是未根据建筑设计图纸要求认真核实饰面板安装部位的实际尺寸,柱面未先测出柱的实际高度和柱子中心线,以及柱与柱之间的距离,对于外形变化较复杂的墙面,未用黑铁皮或三夹板进行实际尺寸放样,未根据墙、柱校核实测的规格尺寸。

为避免出现上述现象,具体防治措施如下:

(1)根据建筑设计图纸要求,认真核实饰面板安装部位的结构实际尺寸及偏差情况,检查墙面基体的垂直度、平整度,偏差较大的应剔凿或用细石混凝土或水泥砂浆修补,要在修正图上标明所增减的尺寸。

(2)对于柱面,应先测出柱的实际高度和柱子中心线,以及柱与柱之间的距离,柱子上部、中部、下部拉水平线后的结构尺寸,以确定出柱饰面板看板边线,并依此计算出饰面板排列分块尺寸。

(3)对于外形变化较复杂的墙面应用黑铁皮或三夹板进行实际足尺放样,以便确定其实际的规格尺寸。

(4)根据墙、柱校核实测的规格尺寸,如设计无规定时,按表 4-3 中所列数据计算饰面板拼缝宽度,计算出板块的排列样式,并按安装顺序编号,绘制分块大样图以及节点大样图，将其作为饰面板加工订货和各种零配件以及安装施工的依据。

表 4-3　饰面板拼缝宽度

项　次	饰面板类别		接缝宽度/mm
1		光面、镜面	1
2	天然石材	粗磨面、麻面、条纹面	5
3		天然石	10
4		水磨石、人造石	2
5	人造石材	水刷石	10
6		大理石、花岗石	1

4.3.4　石材饰面板板缝不直，大小不均，板面纹理不顺，色泽差异大

石材饰面板上墙安装后出现以下板块，如板缝不直，板块之间色泽不匀，色差明显，有花纹，花纹不顺，横竖突变，杂乱无章，将会严重影响饰面美观。具体原因如下：

(1)材料加工不合格，进场前未进行严格的检查与验收，板块外形尺寸偏差大。

(2)板块石材不是来自同一处原产地，即使是同一产地，如果为不同批次时，也会产生纹理、颜色等差异。

(3)未按设计尺寸进行试拼。

(4)预拼编号时，未对各镶贴部位石材从严挑选。

(5)施工操作不当。

为避免出现上述质量问题，其正确做法如下：

(1)严格选择加工厂家，进场后应对板块进行检查验收，将有缺棱掉角、翘曲板挑出，各块板材做套方、尺寸检查。

(2)饰面板材拆开包装后，挑选出品种、规格、颜色一致，无缺棱掉角的板料。剩下的一律另行堆放，对有缺陷的板块进行修补等再使用，或安排在不显眼部位。

(3)按设计尺寸进行试拼，套方磨边，进行边角垂直测量、平整度检验、裂缝检验和缺棱掉角检验，使尺寸大小符合要求，以便控制安装后的实际尺寸，保证宽高尺寸一致。

(4)预拼编号时，对各镶贴部位石材应从严挑选，而且要把颜色、纹理好的板材用于主要部位，以提高建筑装饰美。预拼好的板材应编号，然后分类竖向堆放待用。

(5)施工时铜丝绑扎应牢固，依施工程序做固定灌浆。每次灌注不宜过高，否则易造成石板外移或板面错动。

4.3.5　大理石墙面出现空鼓、脱落现象

饰面板块镶贴之后，板块出现空鼓。空鼓范围可能会随着时间的推移而逐渐发展扩大，甚至松动脱落，伤害人和物。其主要原因是安装饰面板前，基层和板块背面未清理干净，砂浆灌缝不当，板块黏贴安装方法不当，石板固定方法不当。

故安装饰面板前，基层和板块背面必须清理干净，用水充分湿润，阴干至表面无水迹。严禁控制砂浆稠度，黏贴法砂浆稠度宜为 60～80mm；灌缝法砂浆稠度宜为 80～120mm，并应分层灌实，每层灌注高度为 150～200mm，且不得高于板块高的 1/3。

对于板块边长小于 400mm 的，可用黏贴法安装；板块边长大于 400mm 的，应用灌缝法安装，其板块均应绑扎牢固，不能单靠砂浆黏结。系固饰面板用的钢筋网，应与锚固件连接牢固。每块板的上、下边打眼数量均不得少于两个，并用铜丝或不锈钢丝穿入孔内系固，禁止使用铁丝或镀铁丝穿孔绑扎。

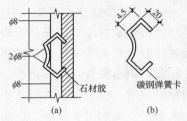

图 4-4　金属夹安装示意图
(单位:mm)

目前，现场用手电钻打"牛鼻子孔"的传统方法，准确性较差，如不慎，还会钻伤板块边缘。较准确可靠的方法是板材先直立固定于木架上，再钻孔、剔凿，使用专门的不锈钢 U 形钉或经防锈处理的碳钢弹簧卡将板材固定在基体预埋钢筋网(或胀锚螺栓)上，如图 4-3、图 4-4 所示。

4.4　墙面干挂石材施工

4.4.1　墙面干挂石材施工工艺

1. 施工工序

石材表面处理→基层准备→挂线→支底层饰面板托架→在围护结构上打孔，钉膨胀螺栓→上连铁件及安装→石板上孔抹胶及插连接钢针→调整固定→贴防污条嵌缝→刷罩面剂。

2. 施工要点

(1)石材表面处理。石材表面经充分干燥(含水率应小于 8%)后，用石材护理剂进行石材六面体防护处理。此道工序必须在无污染的环境下进行：将石材平放于木方上，用羊毛刷蘸上防护剂，均匀涂刷于石材表面。涂刷必须到位，第一遍涂刷完间隔 24h 后用同样方法涂刷第二遍石材防护剂，间隔 48h 后方可使用。

(2)基层准备。清理预做饰面石材的结构表面，同时进行吊直、套方、找规矩，弹出垂直线水平线，并根据设计图纸和实际需要弹出安装石材的位置线和分块线。

(3)挂线。按设计图纸要求，石材安装前要事先用经纬仪打出大角两个面的竖向控制线，最好弹在离大角 20cm 的位置上，以便随时检查垂直挂线的准确性，保证顺利安装。竖向挂线宜用 $\phi1.0\sim\phi1.2$ 的钢丝为好，下边沉铁随高度而定，一般 40m 以下高度沉铁重量为 8~10kg，上端挂在专用的挂线角钢架上，角钢架用膨胀螺栓固定在建筑大角的顶端，一定要挂在牢固、准确、不易碰到的地方，并要注意保护和经常检查。并在控制线的上、下作出标记。

(4)支底层饰面板托架。把预先加工好的支托按上平线支在将要安装的底层石板上面。支托要支撑牢固，相互之间要连接好，也可和架子接在一起。支架安好后，顺支托方向铺通长为 50mm 的厚木板，木板上口要在同一水平面上，以保证石材上下面处在同一水平面上。

(5)在围护结构上打孔，钉膨胀螺栓。在结构表面弹好水平线，按设计图纸及石材料钻孔位置，在围护结构墙上准确弹线并做好标记，然后按点打孔。打孔可使用冲击钻，上 $\phi12.5$ 的冲击钻头。打孔时先用尖錾子在预先弹好的点上凿一个点，然后用钻打孔，孔深为 60~80mm，若遇结构内部有钢筋时，可以将孔位在水平方向移动或往上抬高，要连接铁件时利用可调余量调回。成孔要求与结构表面垂直，成孔后把孔内的灰粉用小钩勺掏出，安放膨胀螺栓，宜将本层所需的膨胀螺栓全部安装到位。

（6）上连接铁件及安装。用设计规定的不锈钢螺栓固定角钢和平钢板。调整平钢板的位置，使平钢板的小孔正好与石板的插入孔对正，固定平钢板，用里矩扳子拧紧。侧面的连接铁件安好后，便可把底层面板靠角上的一块就位。方法是用夹具暂时固定，先将石材侧孔抹胶，调整铁件，插固定钢针，调整面板固定。依次按顺序安装底层面板，待底层面板全部就位后，检查一下各板水平是否在一条线上，如有高低不平的要进行调整，低的可用木楔垫平，高的可轻轻适当退出点木楔，退出至面板上口在一条水平线上为止；先调整好面板的水平与垂直度，再检查板缝，板缝宽应按设计要求，板缝均匀，将板缝嵌紧被衬条，嵌缝高度要高于25cm。其后用1∶2.5的白水泥砂浆灌于底层面板内20cm高，砂浆表面上设排水管。

（7）石板上孔抹胶及插连接钢针。把1∶1.5的白水泥环氧树脂倒入固化剂、促进剂，用小棒将配好的胶抹入孔中，再把长40mm的φ4连接钢针通过平板上的小孔插入直至面板孔，上钢针前检查其有无伤痕，长度是否满足要求，钢针安装要保证垂直。

（8）调整固定。面板暂时固定后，调整水平度，如板面上口不平，可在板底的一端下口连接平钢板上垫一相应的双股铜丝垫，若铜丝粗，可用小锤砸扁，若高，可把另一端下口用以上方法垫一下。调整垂直度，并调整面板上口不锈钢连接件的距墙空隙，直至面板垂直。顶部最后一层面板除了一般石材安装要求外，安装调整后，在结构与石板缝隙里吊一通长为20mm的厚木条，木条上平为石板上口下去250mm，吊点可设在连接铁件上，可采用铅丝吊木条，木条吊好后，即在石板与墙面之间的空隙里塞放聚苯板，聚苯板条要略宽于空隙，以便填塞严实，防止灌浆时漏浆等。

（9）贴防污条嵌缝。沿面板边缘贴防污条，应选用4cm左右的纸带型不干胶带，边沿要贴齐、贴严，在大理石板间缝隙处嵌弹性泡沫填充（棒）条，填充（棒）条也可用8mm厚的高连发泡片剪成10mm宽的条，填充（棒）条嵌好后离装修面5mm，最后在填充（棒）条外用嵌缝枪把中性硅胶打入缝内，打胶时用力要均，走枪要稳而慢。如胶面不太平顺，可用不锈钢小勺刮平，小勺要边用边擦干净，嵌底层石板缝时，要注意不要堵塞流水管。根据石板颜色可在胶中加适量矿物质颜料。

（10）刷罩面剂。清理大理石、花岗石表面的防污条，若有胶或其他黏结牢固的杂物，可用开刀轻轻铲除，用绵丝蘸丙酮擦至干净。在刷罩面剂前，应掌握和了解天气趋势，阴、雨天和4级以上风天不得施工，防止污染漆膜；冬、雨季可在避风条件好的室内操作，将其刷在板块面上。罩面剂按配合比在刷前0.5h对好，注意区别底漆和面漆，最好分阶段操作。配制罩面剂要搅匀，防止成膜时不均；涂刷要用3in羊毛刷，蘸漆不宜过多，防止流挂，尽量少回刷，以免有刷痕，要求无气泡、不漏刷，刷得平整、有光泽。

4.4.2 墙面干挂石材施工技巧

（1）为方便安装，挂件上的孔最好打成椭圆形，以便于左右调整挂件。为保证墙面的平整，用花岗石钻孔或开槽时应保证每块板材的槽口或孔与外侧距离一致。

（2）为保证挂件有足够的强度，石材幕墙的铝合金挂件厚度不应小于4.0mm，不锈钢挂件厚度不小于3.0mm。当采用通槽式连接时，不锈钢支撑板厚度不宜小于3.0mm，铝合金支撑板厚度不宜小于 4.0mm。当采用钢销式连接时,孔的深度宜为 23~33mm,孔的直径宜为 7mm 或 8mm,钢销直径宜为 5mm 或 6mm,钢销长度宜为 20~30mm。

(3)当在转角处安装石材时可采用不锈钢支撑件或铝合金型材专用件组装。不锈钢挂件临时固定时,螺栓螺母不要拧得太紧,以便于后续调整。当石材的平整度、垂直度调整准确后,再将螺栓螺母全部拧紧。

(4)为防止挂件因受力而下滑,每块板经检验合格后,可将挂件与骨架连接处点焊或加双螺母固定。挂板时要先试挂,并用靠尺板找平后再正式挂板,将环氧树脂黏接剂注入孔或槽内,同时不得污染板面。当挂板遇到结构较复杂、凹陷过多、超出挂件可调范围时,可采用垫片调整,如还不能解决,可采用型钢加固处理,同时垫片和型钢必须进行防腐处理。

(5)安装板材遇到窗洞口时,应先完成窗洞口四周的板材安装,再安装其他部位的板材。当安装到每一楼层标高时,要及时注意调整垂直误差,以免误差累积,影响质量。板材安装好以后,对于易磕碰的棱角处要做好成品保护工作,拆改架子和上料时不要碰撞板材。

(6)板材经切割或开槽等加工后均应用水将槽或孔内的石屑冲洗干净。已加工好的板材应立放于通风良好的仓库内,其角度不应小于 85°,以免倾倒损坏板材。用于干挂花岗石的硅酮结构密封胶应有证明无污染的试验报告。

4.4.3　墙面干挂石材改进做法

在石材工程施工中,干挂法比湿贴作业有更大优势:它能缩短工期,减轻建筑物的自重,提高防震性;更重要的是它能有效地防止灌浆中的泛碱变色对石材的渗透污染,提高装饰效果。

金属挂件干挂法专业性强,施工难度大,改进后的胶黏性相对简单,但胶黏效果受胶的影响大,在控制进度和质量方面不易保证;由于胶黏点隐蔽,一旦黏结缺陷未被发现,将造成安全隐患。下面介绍一种新的干挂工艺——胶挂法施工,其优点如下:

(1)工程造价相对较低。

(2)操作方便,用常用的手提切割机即能操作,避免了金属连接件打孔难和对石材切槽标准要求高的缺点。

(3)板材固定调整方法简易。胶黏法要用快干胶固定,而快干胶的硬化速度不易掌握,一旦失败,可能会损坏石材而得重新施工。而胶挂法靠连接件的进出控制平整和垂直度,就会避免上述失误。连接件用的干挂胶固结时间长,能随时调整。

(4)对石材的施工质量起到了双重保险作用,一旦其中一项失效,仍有另外一种连接固定,安全放心。

4.4.4　墙面干挂石材板块开裂

石材板开裂,出现裂缝主要是由于板块有暗伤,进场检验不严,现场加工时造成损伤,建筑主体结构产生沉降或地基不均匀下降,板材受挤压而开裂,饰面板安装时灌浆不严,板缝填嵌不密封,侵蚀气体、雨水或潮湿空气透入板缝,使钢筋网锈蚀膨胀。

施工过程中,选料加工时应剔除色纹、暗缝、隐伤等缺陷,加工开洞、开槽应细致操作。新建建筑结构沉降稳定后,再进行饰面板安装作业。在墙、柱顶部和底部安装板材时,应留有不少于 5mm 空隙,嵌填柔性密封胶;板缝用水泥砂浆勾缝的墙面,室外宜 5~6m

(室内 10～12m)设一道宽为 10～15mm 的变形缝，以防止因结构出现微小变形而导致板材开裂。磨光石材板块接缝缝隙不大于 1mm，灌浆应饱满，嵌缝应严密，避免腐蚀性气体渗入锈蚀挂网损坏板面。

4.4.5　石材墙面碰损，污染，表面出现水印或泛白

石材表面不平整，几何尺寸偏差大，有色差，将会影响镶贴质量；勾缝后没有及时擦洗砂浆以及被其他工种所污染，都会导致墙面出现色差和墙面脏；墙面表面出现水印或泛白，将会影响建筑物的美观效果。其主要原因是搬运堆放方法不妥当，板块包装采用了草绳、有色纸箱等，遇潮湿天气，有色液体浸渍板块，石材的抗渗性能不佳，又未做防碱处理，接缝处理方法不当，成品保护不良。因此，为避免出现此类质量问题，施工时具体的防治措施如下：

(1)运输堆放时，注意防止损坏饰面板，镶贴前要注意挑选。对色差大、规格尺寸不一致的要予以剔换或用在不显眼处。

(2)尽量选用含碱量低的水泥和不含可溶性盐的集料，尽量不使用碱金属氧化物含量高的外加剂。

(3)在石材背面和侧面涂刷防护剂，以堵塞石材内部的毛细孔。

(4)做好嵌缝处理，嵌缝需用胶黏剂或防水密封材料，防止水渗入板缝，并进入板内。

(5)采用干挂法施工。

(6)对于新泛白的墙面，用清水冲洗。对于较长时间的泛白，用 3％的溴酸和盐酸溶液清洗，再用清水冲洗。

4.4.6　石材干挂安装缺陷分析处理

若每块石材的上、下边打眼数量少于两个，就大大削弱了板的安装牢度，严重时会造成板块脱落，造成质量和安全事故。其主要原因是饰面板安装前未向操作工人进行技术交底；饰面板上、下边打眼的数量和位置不正确；在施工中未加强检查。

为避免出现上述质量问题，实施过程中正确做法如下：

(1)安装饰面板前应向操作工人进行技术交底，说明各种不同规格的板块的上、下边打眼的数量和要求。

(2)当饰面板长（宽度）大于 40mm 时，采用在其上、下边打眼的方法进行安装。当板宽大于 400mm 小于 700mm 时，应在其板上、下边各打两个眼；当板宽大于 700mm 时，应在其板上、下边各打 3 个眼。

(3)打眼的位置应与基层上的钢筋网的横向钢筋位置相适应。一般在板材的截面上由背面算起 2/3 处，用手电钻钻孔，使竖孔、横孔相连通，钻孔直径以能满足穿线即可，严禁过大，一般为 5mm，如图 4-5 所示。

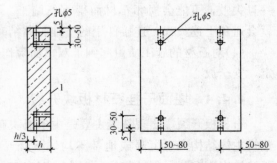

图 4-5　板材钻孔及凿槽示意图(单位：mm)

(4)施工中应加强检查，以确保打眼数量和位置正确。

4.5 陶瓷锦砖镶贴施工

4.5.1 陶瓷锦砖镶贴施工工艺

1. 施工工序

基层处理→吊垂直、套方、找规矩→贴灰饼→抹底子灰→弹控制线→贴陶瓷锦砖→揭纸、调缝→擦缝。

2. 施工要点

(1)基层处理

1)基层为混凝土墙面时,首先将凸出墙面的混凝土剔平,对大钢模施工的混凝土墙面应凿毛,并用钢丝刷满刷一遍,再浇水湿润,并用水泥:砂:界面剂=1:0.5:0.5的水泥砂浆对混凝土墙面进行拉毛处理。

2)基层为砖墙墙面时,抹灰前墙面必须清理干净,检查窗台窗套和腰线等处是否合乎要求,对损坏和松动的部分要处理好,然后浇水湿润墙面。

(2)吊垂直、套方、找规矩,贴灰饼。根据墙面结构平整度找出贴陶瓷锦砖的规矩,如果是高层建筑物,在外墙全部贴陶瓷锦砖时,应在四周大角和门窗口边用经纬仪打垂直线找直;如果是多层建筑时,可从顶层开始用特制的大线坠绷低碳钢丝吊垂直,然后根据陶瓷锦砖的规格、尺寸分层设点、做灰饼。横线则以楼层为水平基线交圈控制,竖向线则以四周大角和层间贯通柱、垛子为基线控制。每层打底时则以此灰饼为基准点进行冲筋,使其底层灰做到横平竖直、方正。同时要注意找好突出檐口、腰线、窗台、雨篷等饰面的流水坡度和滴水线,坡度应小于3%,其深宽不小于10mm,并整齐一致,而且必须是整砖。

(3)抹底子灰

1)基层为混凝土墙面时,底子灰一般分两次操作:第一次抹水泥砂浆,其配方比为1:2.5或1:3,并掺20%水泥重的界面剂胶,薄薄地抹一层,用抹子压实;第二次用相同配方比的砂浆按冲筋抹平,用短杠刮平,低凹处事先填平补齐,最后用木抹子搓出麻面。底子灰抹完后,隔天浇水养护。找平层厚度不应大于20mm,若超过此值,必须采取加强措施。

2)基层为砖墙墙面时,底子灰一般分两次操作:第一次抹薄薄的一层,用抹子压实,水泥砂浆的配方比为1:3,并掺水泥重20%的界面剂胶;第二次用相同配方比的砂浆按充筋线抹平,用短杠刮平,低凹处事先填平补齐,最后用木抹子搓处麻面。底子灰抹完后,隔天浇水养护。

(4)弹控制线。贴陶瓷锦砖前应放出施工大样,根据具体高度弹出若干条水平控制线,在弹水平线时,应计算陶瓷锦砖的块数,使两线之间保持整砖数。如分格,需按总高度均分,可根据设计要求及陶瓷锦砖的品种、规格定出缝子宽度,再加工分格条。但要注意同一墙面不得有一排以上的非整砖,并应将其镶贴在较隐蔽的部位。

(5)贴陶瓷锦砖。镶贴应自上而下进行。高层建筑采取措施后,可分段进行。在每一分段或分块内的陶瓷锦砖,均为自下向上镶贴。贴陶瓷锦砖时底灰要浇水润湿,并在弹好水平线的下口上，支上一把垫尺，一般三人为一组进行操作。一人浇水润湿墙面，先刷上一道素水泥浆，再抹 2～3mm 厚的混合灰黏结层，其配方比为纸筋：石灰膏：水泥＝1：1：2；也可采用1：0.3水泥纸筋灰，用靠尺板刮平，再用抹子抹平；另一人将陶瓷锦砖铺在木托板上，缝内灌上1：1水泥细砂子灰，用软毛刷子刷净麻面，再抹上薄薄一层灰浆，然后一张一张递给另一人。将四边灰刮掉，两手执住陶瓷锦砖上面，在已支好的垫尺上由下往上贴，缝隙对齐，要注意按弹好的横竖线贴。如分格贴完一组，将米厘条放在上口线继续贴第二组。镶贴的高度应根据当时气温条件而定。

6）揭纸、调缝。贴完陶瓷锦砖的墙面，要一手拿拍板，靠在贴好的墙面上，另一手拿锤子对拍板满敲一遍，然后将陶瓷锦砖上的纸用刷子刷上水，等 20～30min 便可开始揭纸。揭开纸后检查缝缝大小是否均匀，如出现歪斜处，应按顺序拨正贴实，先横后竖，直到拨正拨直为止。

（7）擦缝。黏贴后 48h，先用抹子把近似陶瓷锦砖颜色的擦缝水泥浆摊放在需擦缝的陶瓷锦砖上，然后用刮板将水泥浆往缝子里刮满、刮实、刮严。再用麻丝和擦布将表面擦净。遗留在缝子里的浮砂可用潮湿干净的软毛刷轻轻带出；如需清洗饰面时，应待勾缝材料硬化后方可进行。起出米厘条的缝子要用1：1水泥砂浆勾严勾平，再用擦布擦净。外墙应选用具有抗渗性能的勾缝材料。

4.5.2　陶瓷锦砖镶贴施工技巧

（1）施工时通常两人协同操作，一人在前洒水润湿墙面，刮素水泥浆，另一人将陶瓷锦砖铺在木垫板上，纸面朝下，背面朝上，将素水泥浆刮至陶瓷锦砖的缝隙中，然后再将陶瓷锦砖一张张黏贴在墙上，如图 4-6 所示。黏贴时一般从阴阳角开始，由下往上进行，按弹好的横线黏贴。

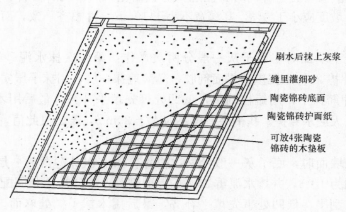

刷水后抹上灰浆
缝里灌细砂
陶瓷锦砖底面
陶瓷锦砖护面纸
可放4张陶瓷锦砖的木垫板

图 4-6　陶瓷锦砖黏贴法

（2）黏结层厚度不宜过薄，以免黏接不牢而使陶瓷锦砖面层产生脱落，遇到窗洞口有贴脸或门窗套时，应留有 3～5mm 的缝隙。门窗洞口边贴陶瓷锦砖，应采用大面压小面的做法。窗口的上侧必须设滴水线，可采取挖取一条条砖的做法，里边线必须比外边线高 2～3mm；窗台口也应设流水线，当设计无要求时，则里边线比外边线高 3～5mm。

（3）为避免陶瓷锦砖联与联之间发生错缝，黏贴时每联之间的接缝宽度必须相同，黏结层的平整度必须达到高级抹灰的要求。顺直调缝时应先横后竖；对于缺胶的小块，应补胶后拍实，拍平。

(4)为防止陶瓷锦砖表面出现色差，施工时除深色陶瓷锦砖可用普通水泥砂浆黏贴外，其他颜色或彩色陶瓷锦砖，应用白色水泥或白水泥浆黏贴。

(5)擦缝时应仔细在板缝部位涂刮，不能在表面满涂满刮，以玻璃锦砖颗粒不出现移位、灰缝不出现凹陷、表面不出现条纹为最佳擦缝。擦缝时要沿陶瓷锦砖对角方向(即 45°角)来回揉搓，才能保证灰缝平直饱满，不出现凹缝和布纹。

4.5.3　锦砖饰面不平整，缝格不均匀，不顺直

现场黏贴锦砖时，饰面不平整，联与联之间出现砖缝大小不均匀，不顺直现象。主要原因是锦砖的几何尺寸偏差不符合规定要求；施工前未按照用纸尺寸核实结构实际偏差情况；抹找平层后，未根据大样图在找平层上弹出锦砖的水平与垂直控制线，黏贴时，未根据已弹好的水平线摆稳定尺板，黏贴刷素水泥浆结合层后，未用拍板靠放上后用小锤敲击拍板，满敲均匀。

锦砖进场后，其几何尺寸偏差必须符合《陶瓷马赛克》(JC/T 456—2005)、《玻璃马赛克》(GB/T 7697—1996)的规定。施工前应对照设计图纸尺寸，核实结构实际偏差情况，根据排砖模数和分格要求，绘制出施工大样图。按照大样图，对各窗心墙、砖垛等处先测好中心线、水平线和阴阳角垂直线，贴好灰饼，对不符合要求、偏差较大的部位，要预先剔凿修补，防止发生分格缝留不均匀或阳角处不够整砖情况。

抹找平层后，应根据大样图在找平层上从上到下弹出每一联锦砖的水平和垂直控制线，联与联之间的接缝宽度应与"线路"宽度相等。黏贴时，根据已弹好的水平线摆好定尺板，刷素水泥浆结合层一遍，随即抹 2～3mm 厚黏贴砂浆，同时将锦砖铺放在特制木板上，缝里灌 1：2 水泥干砂面，刷去表面涂砂后，薄薄涂上一层黏结砂浆，然后拿起按平尺板上口，由下往上往墙上黏贴，每张之间缝要对齐。

黏贴后，用拍板靠上后用小锤敲击拍板，满敲均匀，使面层黏结牢固和平整，然后刷水揭去护纸，检查砖缝平直、大小情况，将弯矩的缝用开刀拨正调直，再用拍板拍平一遍，以达到表面平整为度。

第5章 幕墙工程

5.1 玻璃幕墙工程

5.1.1 玻璃幕墙基本构造

1. 全隐框玻璃幕墙

全隐框玻璃幕墙是在铝合金构件组成的框格上固定玻璃框,玻璃框的上框挂在铝合金整个框格体系的横梁上,其余三边分别用不同方法固定在立柱及横梁上(图5-1)。

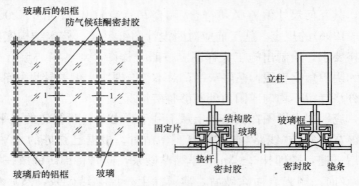

图 5-1 全隐框玻璃幕墙

2. 半隐框玻璃幕墙

(1)竖隐横不隐玻璃幕墙。这种玻璃幕墙只有立柱隐在玻璃后面,玻璃安放在横梁的玻璃镶嵌槽内,镶嵌槽外加盖铝合金压板,盖在玻璃外面(图5-2)。

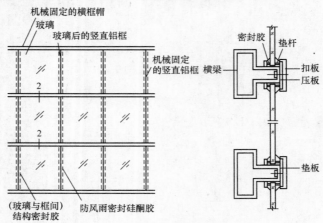

图 5-2 竖隐横不隐幕墙构造

（2）横隐竖不隐玻璃幕墙。这种玻璃幕墙竖边用铝合金压板固定在立柱的玻璃镶嵌槽内，从上到下整片玻璃由立柱压板分隔成长条形，画面如图 5-3 所示。

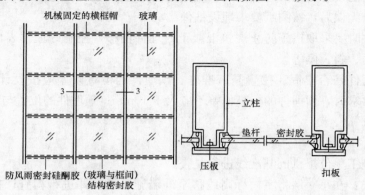

图 5-3　横隐竖不隐幕墙构造

3. 挂架式玻璃幕墙

挂架式玻璃幕墙构造如图 5-4 所示。

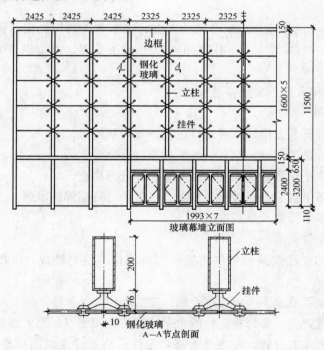

图 5-4　挂架式玻璃幕墙构造（单位：mm）

5.1.2　玻璃幕墙施工工艺

1. 施工工序

复检基础尺寸→安装预埋件→放线→检查设线精度→安装连接铁件→安装龙骨→安装防火材料→安装玻璃→密封→清扫。

2. 施工要点

（1）预埋件安装

1)按照土建进度，从下向上逐层安装预埋件。

2)按照幕墙的设计分格尺寸用经纬仪或其他测量仪器进行分格定位。

3)检查定位无误后，按图纸要求埋设铁件。

4)安装埋件时要采取措施防止浇筑混凝土时埋件位移，控制好埋件表面的水平或垂直度，防止出现歪、斜、倾等。

5)检查预埋件是否牢固、位置是否准确。预埋件的位置误差应按设计要求进行复查。当设计无明确要求时，预埋件的标高偏差不应大于 10mm；预埋件的位置与设计位置偏差不应大于 20mm。

（2）放线

1)对土建施工单位提供的基准线进行复查。

2)放标准线：在每一层将室内标高线移至外墙施工面，并进行检查；在放线前，应首先对建筑物外形尺寸进行偏差测量，根据测量结果，确定基准线。

3)以标准线为基准，按照图纸要求将分格线放在墙上，并做好标记。

4)分格线放完后，应检查预埋件的位置是否与设计相符，否则应进行调整或对预埋件补救处理。

5)用 $\phi0.5\sim\phi1.0$ 的钢丝在单幅幕墙的垂直、水平方向各拉两根，作为安装的控制线，水平钢丝应每层拉一根（宽度过宽，应每间隔 20m 设 1 支点，以防钢丝下垂），垂直钢丝应每间隔 20m 拉一根。

（3）隐框、半隐框及明框玻璃幕墙安装

1)过渡件焊接。

①经检查，埋件安装合格后，可进行过渡件的焊接施工。

②焊接时，过渡件的位置一定要与墨线对准。

③应先将一同水平位置两侧的过渡件点焊，并进行检查。

④再将中间的各个过渡件点焊上，检查合格后，进行满焊或段焊。

⑤控制重点：水平位置及垂直度。

2)玻璃幕墙铝龙骨安装。

①将加工完成的立柱按编号分层次搬运到各部位，临时堆放。堆放时应用木块垫好，防止碰伤表面。

②将立柱从上至下或从下至上逐层上墙，安装就位。

③根据水平钢丝走向，将每根立柱的水平标高位置调整好，稍紧固连接件螺栓。

④再调整进出、左右位置，检查是否符合设计分格尺寸及进出位置，如有偏差，应及时调整，不能让偏差集中在某一个点上。经检查合格后，拧紧螺帽。

⑤当调整完毕、整体检查合格后，将连接铁件与过渡件、螺帽与垫片间均采用段焊、点焊焊接，及时消除焊渣，做好防锈处理。

⑥安装横龙骨时水平方向应拉线，并保证竖龙骨与横龙骨接口处的平整，连接不能有松动，横梁和立柱之间垫片或间隙应符合设计要求。

3)防火材料安装。

①龙骨安装完毕，可进行防火材料的安装。

②安装时应按图纸要求，先将防火镀锌钢板固定(用螺丝或射钉)，要求牢固可靠，并注意板的接口平整。

③然后铺防火棉，安装时注意防火棉的厚度和均匀度，保证与龙骨料接口处填塞饱满，且不能挤压，以免影响面材。

④最后进行顶部封口处理，即安装封口板。

⑤安装过程中要注意对玻璃、铝板、铝材等成品，以及内装饰的保护。

4)玻璃安装。

①安装前应将铁件或钢架、立柱、避雷设施、保温设施、防锈设施全部检查一遍，合格后再将相应规格的面材搬入就位，然后自上而下进行安装。

②安装过程中用拉线控制相邻玻璃面的平整度和板缝的水平、垂直度，用木板模块控制缝的宽度。

③安装时，应先就位，临时固定，然后拉线调整。

④安装过程中，如缝宽有误差，应均分在每条胶缝中，防止误差积累在某一条缝中或某一块面材上。

(4)点支承式玻璃幕墙安装

1)钢结构安装。

①安装前，应根据甲方提供的基础验收资料复核各项数据，并标注在检测资料上。预埋件、支座面和地脚螺栓的位置、标高尺寸偏差应符合相关技术规定及验收规范，钢柱脚下的支撑预埋件应符合设计要求，需填垫钢板时，每叠不得多于三块。

②钢结构的复核定位应使用轴线控制控制点和测量的标高基准点，保证幕墙主要竖向构件及主要横向构件的尺寸允许偏差符合有关规范及行业标准。

③安装构件时，对容易变形的构件应作强度和稳定性验算，必要时采取加固措施，安装后，构件应具有足够的强度和刚度。

④确定几何位置的主要构件，如柱、桁架等应吊装在设计位置上，在松开吊挂设备后应做初步校正，构件的连接接头必须经过检查合格后，方可紧固和焊接。

⑤对焊缝要进行打磨，消除棱角和夹角，以便光滑过渡。钢结构表面应根据设计要求喷涂防锈、防火漆，或加以其他表面处理。

⑥对于拉杆及拉索结构体系，应保证支撑杆位置的准确，一般允许偏差为±1mm，紧固拉杆(索)或调整尺寸偏差时，宜采用先左后右、由上至下的顺序，逐步固定支撑杆位置，以单元控制的方法调整校核，消除尺寸偏差，避免误差积累。

⑦支承钢爪安装：支承钢爪安装时，要保证安装位置公差在±1mm内，支承钢爪在玻璃重量作用下，支承钢系统会有位移。

2)拉索及支撑杆安装。

①拉索和支撑杆的安装过程中要掌握好施工顺序，安装必须按"先上后下，先竖后横"的原则进行安装。

②支撑杆的定位、调整：在支撑杆的安装过程中必须对杆件的安装定位几何尺寸进行校核，前后索长度尺寸严格按图纸尺寸调整，保证支撑连接杆与玻璃平面的垂直度。调整以按单元控制点为基准对每一个支撑杆的中心位置进行核准。确保每个支撑杆的前端与玻

璃平面保持一致，整个平面度的误差应控制在不大于 5mm/3M。在调整支撑杆时要采用"定位头"来保证支撑杆与玻璃的距离和中心定位准确。

③拉索的预应力设定与检测：在安装和调整用于固定支撑杆的横向和竖向拉索过程中必须提前设置合理的内应力值，才能保证在安装后的玻璃受自重荷载作用下其结构变形在允许范围内。

④配重检测：由于幕墙玻璃的自重荷载和所受力的其他荷载都是通过支撑杆传递到支承结构上的，为确保安装玻璃时拉杆系统的变形在允许范围内，必须对支撑杆进行配重检测。

3）玻璃安装。

①安装前应检查校对钢结构的垂直度、标高、横梁的高度和水平度等是否符合设计要求，特别要注意安装孔位的复查。

②安装前必须用钢刷局部清洁钢槽表面及槽底泥土、灰尘等杂物，点支承玻璃底部 U 型槽应装入氯丁橡胶垫块，对应于玻璃支承面宽度边缘左右 1/4 处各放置垫块。

③安装前，应清洁玻璃及吸盘上的灰尘，根据玻璃重量及吸盘规格确定吸盘个数。

④安装前，应检查支承钢爪的安装位置是否准确，确保无误后，方可安装玻璃。

⑤现场安装玻璃时，应先将支承头与玻璃在安装平台上装配好，然后再与支承钢爪进行组装。为确保支承处的气密性和水密性，必须使用扭矩扳手。应根据支承系统的具体规格尺寸来确定扭矩大小，按标准安装玻璃时，应始终将玻璃悬挂在上部的两个支承头上。

⑥现场组装后，应调整上下、左右的位置，保证玻璃水平偏差在允许范围内。

⑦玻璃全部调整好后，应进行整体平整度的检查，确认无误后，才能进行打胶密封。

（5）吊挂式大玻璃幕墙安装

1）安装固定主支承器。根据设计要求和图纸位置用螺栓连接或焊接的方式将主支承器固定在预埋件上。检查各螺丝钉的位置及焊接口，涂刷防锈油漆。

2）安装玻璃底槽。

①安装固定角码。

②临时固定钢槽，根据水平和标高控制线调整好钢槽的水平高低精度。

③检查合格后进行焊接固定。

3）安装玻璃吊夹。根据设计要求和图纸位置用螺栓将玻璃吊夹与预埋件或上部钢架连接。检查吊夹与玻璃底槽的中心位置是否对应，吊夹是否调整，合格后方能进行玻璃安装。

4）安装面玻璃。将相应规格的面玻璃搬入就位，调整玻璃的水平及垂直位置，定位校准后夹紧固定，并检查接触铜块与玻璃的摩擦黏结度。

5）安装肋玻璃。将相应规格的肋玻璃搬入就位，同样对其水平及垂直位置进行调整，并校准与面玻璃之间的间距，定位校准后夹紧固定。

6）检查所有吊夹的紧固度、垂直度、牢固性是否达到要求，否则进行调整。

（6）密封

1）密封部位的清扫和干燥。采用甲苯对密封面进行清扫，清扫时应特别注意不要让溶液散发到接缝以外的场所；清扫用纱布脏污后应常更换，以保证清扫效果；最后用干燥清洁的纱布将溶剂蒸发后的痕迹拭去，保持密封面干燥。

2) 贴防护纸胶带。为防止使用密封材料时污染装饰面，同时为使密封胶缝与面材交界线平直，应贴好纸胶带，要注意纸胶带本身的平直。

3) 注胶。注胶应均匀、密实、饱满，同时注意施胶方法，避免浪费。

4) 胶缝修整。注胶后，应将胶缝用小铲沿注胶方向用力施压，将多余的胶刮掉，并将胶缝刮成设计形状，使胶缝光滑、流畅。

5) 清除纸胶带。胶缝修整好后，应及时去掉保护胶带，并注意撕下的胶带不要污染玻璃面或铝板面；及时清理黏在施工表面上的胶痕。

(7) 清扫

1) 清扫时先用浸泡过的中性溶剂(5%水溶液)湿纱布将污物等擦去，然后用干纱布擦干净。

2) 清扫灰浆、胶带残留物时，可使用竹铲、合成树脂铲等仔细刮去。

3) 禁止使用金属清扫工具，更不得使用黏有砂子、金属屑的工具。

4) 禁止使用酸性或碱性洗剂。

5.1.3　玻璃幕墙施工技巧

(1) 玻璃幕墙分格轴线的测量应与主体结构测量相配合，其误差应及时调整，不得积累。对高层建筑的测量应在风力不大于 4 级情况下进行，每天应定时对玻璃幕墙的垂直及立柱位置进行校核。

(2) 应先将立柱与连接件连接，然后连接件再与主体预埋件连接，并进行调整和固定，立柱安装标高偏差不应大于 3mm。轴线前后偏差不应大于 2mm，左右偏差不应大于 3mm。相邻两根立柱安装标高偏差不应大于 3mm，同层立柱的最大标高偏差不应大于 5mm；相邻两根立柱的距离偏差不应大于 2mm。

(3) 可将横梁两端的连接件及弹性橡胶垫安装在立柱的预定位置加以连接，并应安装牢固，其接缝应严密。也可在其端部留出 1mm 孔隙，注入密封胶。相邻两根横梁水平标高偏差不应大于 1mm。同层标高偏差：当一幅幕墙宽度小于或等于 35m 时，其偏差不应大于 5mm；当一幅幕墙宽度大于或等于 35m 时，其偏差不应大于 7mm。

(4) 固定防火保温材料应锚钉牢固，防火保温层应平整，拼接处不应留缝隙。有热工要求的幕墙，保温部分从内向外安装；当采用内衬板时，四周应套装弹性橡胶密封条，内衬板与构件接缝应严密；内衬板就位后，应进行密封处理。

(5) 安装玻璃前应将玻璃表面尘土和污物擦拭干净。安装热反射玻璃时应将镀膜面朝向室内，非镀膜面朝向室外。除不锈钢外，不同金属的接触面应采用垫片做隔离处理。

(6) 玻璃幕墙立柱安装就位、调整后应及时紧固。玻璃幕墙安装的临时螺栓等在构成件安装就位、调整、紧固后应及时拆除。现场焊接或高强螺栓紧固的构件固定后，应及时进行防锈处理。玻璃幕墙中与铝合金接触的螺栓及金属配件应采用不锈钢或轻金属制品。

(7) 玻璃四周橡胶条应按规定型号选用，镶嵌应平整，橡胶条长度应为预定的设计角度，并用黏结剂黏牢固后嵌入槽内。玻璃幕墙四周与主体之间的间隙，应采用防火保温材料填塞，内外表面应采用密封胶连续封闭，接缝应严密不漏水。

(8) 玻璃与构件不准直接接触，玻璃四周与构件凹槽底应保证留有一定空隙，每块玻璃下部应设不少于两块弹性定位垫块；垫块的宽与槽口宽度相同，长度不应小于 100mm；玻璃两边嵌入量及空隙应符合设计要求。

5.1.4 玻璃幕墙安装操作缺陷分析处理

1. 幕墙玻璃进场后，未认真进行检查验收

玻璃进场后，未检查出厂合格证及性能测试报告，玻璃的品种、规格、颜色、光学性能不符合设计要求，镀膜玻璃未采用真空磁控阴极溅射镀膜玻璃，或在线喷涂镀膜玻璃，中空玻璃边沿未采用双道密封，玻璃边过厚时未磨边倒棱，运输、贮存玻璃没有采取降雨防潮措施等，都会影响幕墙的观感质量和人身安全。故实施过程中应按以下事项操作：

(1)玻璃进场后应检查出厂合格、性能测试报告，核对玻璃加工地点和厂家，必须符合设计要求和现行国家标准要求，不符合安全玻璃要求的坚决予以退货更换。

(2)玻璃的品种、规格、颜色、光学性能应符合设计要求，其厚度不应小于6.0mm，全玻璃幕墙肋玻璃的厚度不应小于12mm。

(3)镀膜玻璃应采用真空磁控阴极溅射镀膜或在线喷涂镀膜玻璃，其尺寸允许偏差及外观质量应符合《玻璃幕墙工程技术规范》(JGJ 102—2003)的要求，具体要求见表5-1、表5-2。

表 5-1　热反射镀膜玻璃尺寸的允许偏差　　　　　　　(单位：mm)

玻璃厚度	玻璃尺寸及允许偏差	
	≤2000×2000	≥2400×3300
4、5、6	±3	±4
8、10、12	±4	±5

表 5-2　热反射镀膜玻璃外观质量

外观质量 项　目	等级划分		
	优等品	一等品	合格品
针眼　直径≤1.2mm	不允许集中	集中的每 m² 允许 2 处	
1.2mm<直径≤1.6mm 每1m² 允许处数	中部不允许 75mm 边部 2 处	不允许集中	
1.6mm<直径≤2.5mm 每1m² 允许处数	不允许	75mm 边部 4 处 中部 2 处	75mm 边部 8 处中部 3 处
直径>2.5mm	不允许		
斑纹	不允许		
斑点　1.6mm<直径≤5.0mm 每1m² 允许处数	不允许	4	8
划伤　0.1mm≤宽度≤0.3mm 每1m² 允许处数	长度≤50mm 4	长度≤100mm 4	不限
宽度>0.3mm 每1m² 允许处数	不允许	宽度<0.4mm，长度 ≤100mm 1	宽度<0.8mm，长度 <100mm 2

注：表中针眼(孔洞)是指直径在100mm面积内超过20个针眼为集中。

(4)中空玻璃边沿应采用双道密封。中空玻璃性能应符合现行国家标准《中空玻璃》

(GB/T 11944—2012)的有关规定。明框幕墙的中空玻璃应采用聚硫密封胶及丁基密封胶；隐框和半隐框幕墙的中空玻璃应采用硅酮结构密封胶及丁基密封胶；镀膜面应在中空玻璃的第二面或第三面上。

（5）玻璃边缘应磨边倒棱，以免应力集中，造成玻璃破坏。

（6）玻璃在运输、贮存过程中应有防雨防潮措施。

2. 低发泡间隔双面胶带型号选择不正确

低发泡间隔双面胶带硬度不适中，其厚度不符合设计要求；双面胶与玻璃、铝合金表面黏结差，透过玻璃可见未黏结部位。其主要原因是：未根据玻璃幕墙的风荷载、高度和玻璃的大小选用低发泡间隔双面胶带；低发泡间隔双面胶带的厚度不大于结构胶的厚度；低发泡间隔双面胶带未存放在洁净、无污染的环境里；黏贴时，基材表面未按要求进行净化处理。为防止出现上述质量问题，施工中的正确做法如下：

（1）根据玻璃幕墙的风荷载、高度和玻璃大小，选用低发泡间隔双面胶带。

1）当玻璃幕墙风荷载大于 $1.8kN/m^2$ 时，宜选用中等硬度的聚氨基甲酸乙酯低发泡间隔双面胶带，其性能应符合表 5-3 的规定。

表 5-3　聚氨基甲酸乙酯低发泡双面胶带的性能

项　目	技术指标	项　目	技术指标
密度	$0.35g/cm^2$	静态拉伸黏结性 （2000h）	$0.007N/mm^2$
邵氏硬度	30～35 度	动态剪切强度 （停留 15min）	$0.28N/mm^2$
拉伸强度	$0.91N/mm^2$	隔热值	$0.55W/(m^2 \cdot K)$
延伸率	105%～125%	抗紫外线 （300W，250～300mm，3000h）	颜色不变
承受压应力 （压缩率 10%）	$0.11N/mm^2$	烤漆耐污染性 （70℃，200h）	无
动态拉伸黏结性 （停留 15min）	$0.39N/mm^2$		

2）当玻璃幕墙风荷载小于 $1.8kN/m^2$ 时，宜选用聚乙烯低发泡间隔双面胶带，其性能应符合表 5-4 的规定。

表 5-4　聚乙烯低发泡间隔双面胶带的性能

项　目	技术指标	项　目	技术指标
密度	$0.21g/cm^2$	剥离强度	$27.6N/mm^2$
邵氏硬度	40 度	剪切强度（停留 24h）	$40N/mm^2$
拉伸强度	$0.87N/mm^2$	隔热值	$0.41W/(m^2 \cdot K)$
延伸率	125%	使用温度	$-44℃～75℃$
承受压应力（压缩率 10%）	$0.18N/mm^2$	施工温度	15℃～52℃

(2)低发泡间隔双面胶带的厚度应大于结构胶的厚度，一般宜大于结构胶厚度的1.1倍，其宽度根据结构胶宽度和结构要求确定。

(3)低发泡间隔双面胶带应存放在洁净、无污染的环境里，并在保质期内使用。

(4)黏贴时，基材表面必须按要求进行净化处理，以保证胶带的黏贴。

3. 橡胶密封条、密封胶的选用不符合要求

密封条安装一段时间后产生收缩、老化、开裂，在槽内起不到密封作用，造成有渗水、漏气现象，不能满足使用功能。主要是制作密封条的橡胶质量不符合设计要求，结构密封胶质量过期，其性能不符合质量要求。故在施工过程中，玻璃幕墙采用的橡胶密封条应具有抗紫外线、耐老化、永久变形小、无污染性能。应采用三元乙丙橡胶、氯丁橡胶挤出成形，进货时应查验试验报告，其成分应符合设计要求，性能应符合标准要求。不得使用过期的结构硅酮密封胶和耐候硅酮密封胶。结构密封胶无论是双组分或单组分都必须采用中性硅酮结构密封胶，其性能必须符合《建筑用硅酮结构密封胶》(GB 16776—2005)的规定。耐候密封胶必须是中性单组分胶，酸碱性胶不能使用。

(1)氯丁密封胶性能应符合表 5-5 的规定。

表 5-5 氯丁密封胶的性能

项　目	指　标	项　目	指　标
稠度	不流淌，不塌陷	低温柔性(−40℃，棒 $\phi10$)	无裂纹
含固量	75%	剪切强度	$0.1N/mm^2$
表干时间	≤15min	施工温度	−5℃～50℃
固化时间	≤12h	施工性	采用手工注胶机不流淌
耐寒性(−40℃)	不龟裂	有效期	12 个月
耐热性(90℃)	不龟裂		

(2)耐候硅酮密封胶应采用中性胶，其性能应符合表 5-6 的规定。

表 5-6 耐候硅酮密封胶的性能

项　目	技术指标	项　目	技术指标
表干时间	1～1.5h	极限拉伸强度	$0.11～0.14N/mm^2$
流淌性	无流淌	撕裂强度	3.8N/mm
初步固化时间(25℃)	3d	固化后的变位承受能力	25%≤δ≤50%
完全固化时间	7～14d	有效期	9～12 个月
邵氏硬度	20～30 度	施工温度	5℃～48℃

4. 骨架、连接件的品种、规格选用不当

玻璃幕墙所用的骨架、连接件的品种、规格、级别、颜色如不符合设计要求和产品标准的规定，连接件和紧固件未做防锈处理，均会严重影响其观感和安全。

铝合金型材应有生产厂家的合格证，表面应进行阳极氧化处理，阳极氧化膜厚度必须大于 AA15 级。其质量及规格具体要求如下：

(1)型材作为受力杆件时，其型材壁厚应根据使用条件，通过计算选定，幕墙用受力杆件型材的最小实测壁厚应不小于 3.0mm。铝合金型材的表面质量应符合表 5-7 的规定。

表 5-7　铝合金型材的表面质量

项　次	项　目	质量要求	检验方法
1	明显划伤和长度＞100mm 的轻微划伤	不允许	观　察
2	长度≤100mm 的轻微划伤	≤2 条	用钢直尺检查
3	擦伤总面积	≤500mm²	用钢直尺检查

(2)玻璃幕墙采用的铝合金型材应符合现行国家标准的规定。铝合金壁厚采用分辨率为 0.05mm 的游标卡尺测量，应在杆件同一截面的不同部位量测，不少于 5 个，并取最小值。

1)铝合金型材膜厚应符合表 5-8 的规定。

表 5-8　铝合金型材膜厚　　　　　　　　(单位：mm)

类　别	最小平均值	最小局部值	测量工具
阳极氧化膜厚	不应小于 15	≥12	膜厚检测仪
粉末静电喷涂涂层厚度	不应小于 60	≤120 且≥40	同　上
电泳涂漆复合膜厚	不应小于 21	—	同　上
氟碳喷涂层厚	不应小于 30	≥25	同　上

注：①局部膜厚——在型材装饰面上某个面积不大于 1cm² 的考察面内作若干次(不少于 3 次)膜厚测量所得的测量值的平均值。
　　②平均膜厚——在型材的装饰面上测量出的若干次(不少于 5 次)局部膜厚的平均值。

2)铝合金型材角度允许偏差应符合表 5-9 高精级的规定。

表 5-9　型材角度允许偏差

级　别	允许偏差	级　别	允许偏差
普精级	±2°	超高精级	±0.5°
高精级	±1°		

注：当允许偏差要求(＋)或(一)时，其偏差由供需双方协商确定。

(3)型材长度小于等于 6m 时，允许偏差为±15mm；长度大于 6m 时允许偏差由双方协商确定。材料现场的检验，应将同一厂家生产的同一型号、规格、批号材料作为一个验收批，每批应随机抽取 3％且不得少于 5 件。此外，竖向龙骨与水平龙骨之间的镀锌连接件、竖向龙骨之间连接专用的内套管及连接件等，均要在厂家预制加工好。进厂时，检查材质及规格尺寸应符合设计要求。碳钢骨架和连接件必须做防锈处理。紧固件表面必须做镀锌处理。

5. 幕墙预埋件漏放和偏位

幕墙预埋件漏放和偏位，将会给幕墙安装造成困难，影响施工进度。其主要原因如下：

(1)在进行土建主体结构施工时，玻璃幕墙的安装单位尚未确定，因无幕墙预埋件的设计图纸而无法进行预埋件施工。

(2)因建筑设计变更的原因，玻璃幕墙装饰为后来决定采用，就会造成结构件上没有预埋件。

(3)在建筑主体工程施工中，对预埋件没有采取固定措施，在混凝土浇筑和振捣中发生位移。

因此，为避免幕墙预埋件漏放和偏位，实际施工中，应注意以下几项：

(1)在埋设预埋件前应进行专项技术交底，以确保预埋件的安装质量。如交代预埋件的规格、型号、位置，以及确保预埋件与模板能接合牢固、防止振捣中产生位移的相关措施等。

(2)凡设计有玻璃幕墙的工程，在土建施工时就要落实安装单位，并提供预埋件的位置设计图。预埋件的预埋安装要有专人负责，并随时办理隐蔽工程验收手续。混凝土的浇筑既要细致插捣密实，又不能碰撞预埋件，以确保预埋件位置准确。

(3)在安装玻璃幕墙前，无预埋件的主体先要确定补设预埋件的规格和方法；要经过设计、土建、安装单位共同研究确定，不能全部采用膨胀螺栓与主体结构连接，而应当每隔3～4层加一层锚固件连接；膨胀螺栓只能作为局部附加连接措施，使用的膨胀螺栓应当处于受剪力状态。

(4)对于出现的预埋件偏位问题，首先应当检查清楚预埋件偏位情况，弹好轴线以便纠正。如偏位超过 20mm 时，要采取拼接措施；如凹进大于 10mm 时，要先补焊钢板达到规定标高后，方可安装。

(5)必须做好预埋件偏差情况记录(预埋件允许偏差：标高±10mm；轴线左右偏差±10mm；轴线前后偏差±10mm)，预埋件有遗漏、位置偏差过大时，应采取修补办法，一般可采用化学黏着安卡螺栓(图 5-5、图 5-6)。修补办法应得到监理工程师同意，修补后应检查并做好记录。

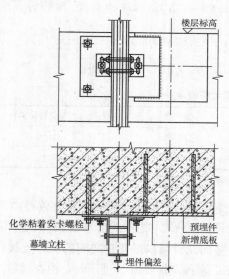

图 5-5　幕墙预埋件偏移修补

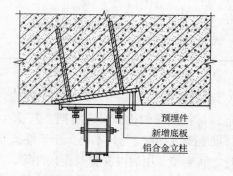

图 5-6　幕墙预埋件歪斜修补

6. 骨架横梁安装不平

横梁安装后上下平面内外不呈水平状态，横梁两端水平高差超出规范规定，造成玻璃幕墙不平、不直、玻璃安不上、渗漏等。主要是安装横梁的顶端连接件用一个螺栓固定或该连接件上平面安装不水平，安装横梁两端的连接件不在同一水平面上，横梁在运输与贮存过程中因自重或受外力影响产生弯曲变形未予校正。

故横梁截面主要受力部位的厚度，应符合下列设计要求：

（1）截面自由挑出部位［图 5-7（a）］和双侧加劲部位［图 5-7（b）］的宽厚比 b_0/t 应符合表 5-10 的要求。

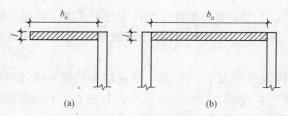

图 5-7　横梁截面部位示意图

表 5-10　横梁截面宽厚比（b_0/t）限值

截面部位	铝　型　材				钢　型　材	
	6063-T5 6061-T4	6063A-T5	6063-T6 6063A-T6	6061-T6	Q235	Q345
自由挑出	17	15	13	12	15	12
双侧加劲	50	45	40	35	40	33

（2）当横梁跨度不大于 1.2m 时，铝合金型材截面主要受力部位的厚度不应小于 2.0mm；当横梁跨度大于 1.2m 时，其截面主要受力部位的厚度不应小于 2.5mm。

（3）钢型材截面主要受力部位的厚度不应小于 2.5mm。

安装横梁时，每端都应用两个螺栓与立柱连接。连接处应用弹性橡胶垫。橡胶垫应有 10%～20% 的压缩性，以适应和消除横向温度变形的影响。相邻两根横梁水平标高偏差不应大于 1mm。同层标高偏差：当一幅幕墙宽度小于或等于 35m 时，不应大于 5mm；当一幅幕墙宽度大于 35m 时，不应大于 7mm。同一层横梁安装应由下向上进行。当安装完一层高度时，应进行检查、调整、校正、固定，使其符合质量要求。

在运输与贮存过程中，应采取措施防止横梁发生变形。在安装前应检查，有弯曲变形者予以校正后再安装。

7. 骨架立柱安装不垂直、直线度差

立柱安装后不垂直、直线度超过规范要求，造成玻璃幕墙不平、不直，甚至发生结构变形、玻璃安不上、渗漏等现象。其主要原因是施工测量轴线时，受风力和气温影响，或测量仪器有误差或操作不当，测量基准不准确，造成误差大于规范规定的范围；受建筑物变形和温度影响，造成立柱弯曲；在运输与贮存时造成立柱弯曲变形，未调整顺直就进行安装；立柱安装后未进行认真检查，使偏差值超过允许范围。

高层建筑的测量应在风力不大于 4 级情况下进行，每天应定时对玻璃幕墙的垂直及立柱位置进行校核。多层建筑放线测量时，必须从标准桩往上引，如有误差，应进行控制分配、消减，不得积累，以保证幕墙和立柱的垂直度和位置正确。安装立柱时，应先将立柱与连接件连接，然后连接件再与主体预埋件连接，并进行调整和固定。立柱安装标高偏差不应大于 3mm；轴线前后偏差不应大于 2mm；左右偏差不应大于 3mm。相邻两根立柱安装标高偏差不应大于 3mm，同层立柱的最大标高偏差不应大于 5mm；相邻两根立柱的距离偏

差不应大于 2mm。立柱安装到顶后，用经纬仪进行垂直度检查校核，保证立柱垂直度偏差在规范允许范围之内。具体要求如下：

(1)当立柱高度不大于 30m 时，垂直度允许偏差不大于 10mm；高度不大于 60m 时，允许偏差不大于 15mm；高度不大于 90m 时，允许偏差不大于 20mm；高度大于 90m 时，允许偏差不大于 25mm。

(2)立柱直线度允许偏差不大于 2.5mm。在运输和贮存立柱过程中应采取措施，避免立柱因自重或受外力影响产生变形。立柱安装前应进行检查，对变形的立柱经校正后再安装。

8. 预埋件埋深不符合规范要求，埋设位置偏差大

由于设计人员对幕墙预埋件的重要性认识不足，对规范不理解；预埋件位置施线不准确，定位不牢靠，致使幕墙工程预埋件埋深不符合规范要求，埋设位置偏差大，将会造成工程安全问题。

正确做法是：

首先，幕墙的预埋件设计要符合规范要求。如设计不合理，应要求修改设计。当主体结构设计不能满足埋设要求时，应要求修改主体结构设计；其次，预埋件放置后，应按幕墙安装基准线校核预埋件的准确位置；然后用钉子牢固地将预埋钢板固定在模板上，并用铁丝将锚筋或构件主钢筋绑扎牢固，防止在浇筑混凝土时预埋件位置变动。也可以将预埋件或锚筋点焊在主钢筋上予以固定。拆模后，应尽早将预埋钢板表面的砂浆清除干净。

另外，必须做好预埋件偏差情况记录。预埋件有遗漏、位置偏差过大时，应采取修补办法，一般可采用化学黏着的方法安卡螺栓。修补办法应得到监理工程师同意，修补后应检查并做好记录。预埋件允许偏差：标高±10mm；轴线左右偏差±10mm；轴线前后偏差±10mm。

9. 幕墙立柱和立体结构连接不牢固

幕墙工程立柱和主体结构连接不可靠，转接件没有采取防腐措施，转接件和立柱接触处没有绝缘垫片，连接螺栓没有防松措施。螺栓有松动，将会影响工程质量，造成安全隐患。为防止立柱与主体结构连接不牢，实际施工中的正确做法是：

(1)立柱和主体结构联结的转接件一般采用 Q235 钢材加工，表面应采取热浸镀锌或其他防腐措施，转接件和立柱接触处应垫绝缘垫片，以防电化学腐蚀，连接螺栓要旋紧，要有弹簧垫圈或双螺母防松措施。

(2)立柱和立柱对接、立柱和横梁连接要留有合理的伸缩缝隙，立柱对接芯柱要和立柱等强设计，芯柱插入上下立柱的长度不小于 $2h_0$。(h_0 为立柱截面高度)。

(3)安装工要进行岗前培训，熟练掌握安装工艺，加强工艺监督，强化质量管理。

(4)测量仪器、量具要先鉴定后使用，施工放线要准确。

5.1.5 玻璃幕墙表面质量缺陷分析处理

1. 主体结构及其埋件的垂直度、平整度差

主体结构施工时，未严格控制墙面和立面的垂直度及平整度；埋件预埋时，未做可靠固定措施；龙骨安装前，未清理埋件，弹分格线，并检查埋件是否在同一垂直线和同一平面上；发现有超出连接件可调范围的埋件，未做妥善处理。故正确做法如下：

(1)主体结构施工时，严格控制墙面和立面的垂直度及平整度。

(2)埋件预埋时，应采取可靠固定措施，使其不因振捣混凝土而发生位移。

（3）龙骨安装前，清理埋件，弹分格线，并由上至下吊垂直线，水平方向拉横线，检查埋件是否在同一垂直线和同一平面上。

（4）发现有超出连接件可调范围的埋件，征得设计单位同意，做妥善处理。高出的埋件应剔除重埋；凹进的埋件，应加钢板垫平，焊接要符合要求。

2. 安装后玻璃幕墙渗水

幕墙结构连接不牢固，使用了不合格或过期的密封胶，橡胶条安装方法不当，未将污垢清除后再注胶，组装时，连接处密封不严，均极易造成玻璃幕墙渗水。玻璃幕墙渗水会影响到内墙面、顶棚、地面等处渗水，使原来装饰好的墙、顶、地等处受到损坏，影响使用功能及建筑物寿命。故正确做法如下：

（1）幕墙结构必须牢固，应做抗风试验，使各种连接件、玻璃胶等不因风荷载、地震和温度的变化发生拉裂现象。

（2）不能使用不合格和过期的密封胶，密封胶的黏结宽度不小于 7mm，厚度不小于 6mm。

（3）安装橡胶条时，胶条尺寸要匹配，尺寸不得过大或过小。胶条嵌塞要平整密实，接口处一定要用密封胶填实。幕墙的周边、压顶及开启部位等处构造复杂，应随时检查。凡有密封不良、材质差等情况，应及时整改。

（4）应将污垢清除后注胶，速度不宜太快，要防止出现针眼和稀缝等现象。注胶厚度应控制在 3.5～4.5mm 之间，底部应用无黏结胶带分开，以防三面黏结，出现拉裂现象。

（5）组装时，连接处应严密，防止有阻水现象，应保持内排水系统畅通，不渗漏。

3. 硅酮耐候封胶起泡、开裂、污染

硅酮耐候密封胶起泡、开裂、污染，使硅酮耐候密封胶失去密封和防渗漏作用。其主要原因如下：

（1）基层表面有浮灰、杂质。

（2）填充材料表面有有害杂质，密封胶与之不相容。

（3）注胶前，硅酮结构密封胶未取得合格的相容性检验报告。

（4）注胶时气温不符合工艺要求，注胶工技术不熟练。

（5）隐框玻璃幕墙装配组件的尺寸不符合要求。

故在注胶前，要充分清洁板材间缝隙，不应有水、油渍、涂料、铁锈、水泥砂浆、灰尘等，并加以干燥。

具体要求如下：

（1）玻璃和铝框黏结表面的尘埃、油渍和其他污物，应分别使用带溶剂的擦布和干擦布清除干净。

（2）应在清洁后 1h 内进行注胶；注胶前再度被污染时，应重新清洁。

（3）每清洁一个构件或一块玻璃，应更换清洁的干擦布。

此外，注胶前硅酮结构密封胶必须取得合格的相容性检验报告，必要时应加涂底漆；双组分硅酮结构密封胶尚应进行混匀性蝴蝶试验和拉断试验。注胶工要进行技术培训，操作要熟练。注胶时气候条件要符合工艺要求，当基层表面温度达 60℃ 以上时不宜注胶；当基层表面潮湿时应擦干后注胶。为避免密封胶污染玻璃和铝板，应在缝两侧贴保护胶纸，保护胶纸黏贴要平直，密实注胶完毕后将保护纸撕掉。注胶时要按顺序依次进行，以排除缝隙内的空气，避免出现气泡，要控制注胶速度，保证注胶厚度不小于 3.5mm；注胶后应将缝表面抹平、抹光，去掉多余的胶。

硅酮结构密封胶完全固化后，隐框玻璃幕墙装配组件的尺寸偏差应符合表 5-11 的规定。

表 5-11　结构胶完全固化隐框玻璃幕墙组件的尺寸允许偏差　　（单位：mm）

序　号	项　目	尺寸范围	允许偏差
1	框长宽尺寸		±1.0
2	组件长宽尺寸		±2.5
3	框接缝高度差		≤0.5
4	框内侧对角线差及组件对角线差	当长边≤2000 时	≤2.5
		当长边>2000 时	≤3.5
5	框组装间隙		≤0.5
6	胶缝宽度		+2.0 0
7	胶缝厚度		+0.5 0
8	组件周边玻璃与铝框位置差		±1.0
9	结构组件平面度		≤3.0
10	组件厚度		±1.5

5.1.6　玻璃幕墙工程防火不符合要求

设计玻璃幕墙时，层间防火设计不合理及施工不精细，层间防火未按要求选择层间防火材料，或层间防火层太薄，达不到防火性能要求，以及层间防火层安装质量太差。

正确防止措施有以下几项：

幕墙防火设计除应符合现行国家标准《建筑设计防火规范》(GB 50016—2006)和《高层民用建筑设计防火规范》(2005 年版)(GB 50045—1995)的有关规定外，还应符合下列规定：

(1)在进行玻璃幕墙设计时，千万不可遗漏防水隔层的设计。在初步设计对外立面分割时，应同步考察防火安全的设计，并绘制出节点大样图，图上要注明用料规格和锚固要求。

(2)在进行玻璃幕墙设计时，横梁的布置与层高相协调，一般每一个楼层就是一个独立的防火分区，要在楼面处设置横梁和防火隔层。

(3)玻璃幕墙和楼层处、隔墙处的缝隙，应用防火或不燃烧材料填嵌密实，但防火层用的隔断材料等不能与幕墙玻璃直接接触，其缝隙用防火保温材料填塞，面缝用密封胶封嵌严密。

有的玻璃幕墙防火隔层用木质材料封闭，必须更换为防火材料锚钉牢固。当无法更换木质材料时，应当在木质材料表面涂刷防火涂料。经过检查，如果玻璃幕墙在原设计中没有设置防火隔层，应经设计单位和建设单位研究补做防火方案。

5.1.7　玻璃幕墙工程防雷不符合要求

幕墙工程防雷系统中接地电阻值过大，均压环及引下线的焊接长度及高度不够，将会严重影响幕墙工程的安全性。其主要原因是：未按防雷设计布设防雷设施；或原有防雷接地系统施工不符合要求，立柱与连接金属接触部位非导电保护层清除不到位，接地电阻不符合规范要求，引下线的焊接施工不符合要求。

为防止出现上述质量问题，其正确做法如下：

(1)在进行玻璃幕墙工程的设计时，要有防雷系统的设计方案，施工中要有防雷系统的施工图纸，以便施工人员按图施工。

(2)幕墙施工前应对原有防雷接地系统进行检查验收，如达不到要求，应另行铺设防雷接地系统；也可采取增加连接点的可靠性方法(通常铝合金立柱在不大于 10m 范围内宜有一根柱采用柔性导线上、下连通，铜质导线截面面积不宜小于 25mm²，铝质导线截面面积不宜小于 30mm²)；在主体建筑有水平均压环的楼层，对应导电通路立柱的预埋件或固定件应采用圆钢或扁钢与水平压环焊接连通，形成防雷通路。

(3)玻璃幕墙应每隔三层设置扁钢或圆钢防雷环，防雷环与主体结构防雷系统相连接，使玻璃幕墙自身形成防雷系统。对防雷环、避雷线、引下线、接地装置等的用料、接头，都必须符合设计要求和《建筑防雷设计规范》(GB 50057—2010)中的规定。

(4)加强检查立柱与连接金属片接触部位的非导电保护层的清理情况。

(5)对玻璃幕墙没有设置防雷设施的工程，必须补装避雷环，即用圆钢直径不小于 12mm；扁钢截面面积不小于 100m²、厚度不小于 4mm 的材料做成避雷环，并与主体结构防雷系统相连接。

5.1.8 幕墙用玻璃加工质量不符合要求

幕墙使用的各类玻璃，边缘未进行磨边、倒角及抛光处理。进场玻璃未进行检查验收。以及幕墙使用的各类玻璃边缘部分加工质量不符合要求，都会影响幕墙的美观整齐。

幕墙使用玻璃边缘应进行磨边、倒角、抛光等加工处理，各类玻璃的加工精度应符合下列要求：

(1)采用单片钢化玻璃时，其尺寸允许偏差应符合表 5-12 的要求。

表 5-12　钢化玻璃尺寸允许偏差　　　　　　　　　　　(单位:mm)

项　　目	玻璃厚度	玻璃边长 L≤2000	玻璃边长 L>2000
边　　长	6，8，10，12	±1.5	±2.0
	15，19	±2.0	±3.0
对角线差	6，8，10，12	≤2.0	≤3.0
	15，19	≤3.0	≤3.5

(2)采用中空玻璃时，其尺寸的允许偏差应符合表 5-13 的要求。

表 5-13　中空玻璃尺寸允许偏差　　　　　　　　　　　(单位:mm)

项　　目		允许偏差
边　　长	L<1000	±2.0
	1000≤L<2000	+2.0，−3.0
	L≥2000	±3.0
对角线差	L≤2000	≤2.5
	L>2000	≤3.5

续表

项　目		允许偏差
厚　度	$t<17$	±1.0
	$17\leqslant t<22$	±1.5
	$t\geqslant 22$	±2.0
叠　差	$L<1000$	±2.0
	$1000\leqslant L<2000$	±3.0
	$2000\leqslant L<4000$	±4.0
	$L\geqslant 4000$	±6.0

(3)采用夹层玻璃时，其尺寸允许偏差应符合表 5-14 的要求。

表 5-14　夹层玻璃尺寸允许偏差　　　　　　　　　（单位：mm）

项　目		允许偏差
边　长	$L\leqslant 2000$	±2.0
	$L>2000$	±2.5
对角线差	$L\leqslant 2000$	≤2.5
	$L>2000$	≤3.5
叠　差	$L<1000$	±2.0
	$1000\leqslant L<2000$	±3.0
	$2000\leqslant L<4000$	±4.0
	$L\geqslant 4000$	±6.0

(4)全玻璃幕墙的玻璃加工应符合下列要求：

1)玻璃边缘应倒棱并细磨；外露玻璃的边缘应精磨。

2)采用钻孔安装时，孔边缘应进行倒角处理，并不应出现崩边。

(5)点支承玻璃加工应符合下列要求：

1)玻璃面板及其孔洞边缘均应倒棱和磨边，倒棱宽度不宜小于1mm，磨边宜细磨。

2)玻璃切角、钻孔、磨边应在钢化前进行。

3)玻璃加工的允许偏差应符合表 5-15 的规定。

表 5-15　点支承玻璃加工允许偏差

项　目	边长尺寸	对角线差	钻孔位置	孔　距	孔轴与玻璃平面垂直度
允许偏差	±1.0mm	≤2.0mm	±0.8mm	±1.0mm	±12′

4)中空玻璃开孔后，开孔处应采取多道密封措施。

5)夹层玻璃、中空玻璃的钻孔可采用大、小孔相对的方式。

此外，进场玻璃应进行检查验收，发现质量不符合要求的，应予以退货更换，确保施工质量。

5.1.9　构件式幕墙的支座点固定松紧不合格

支座节点处的连接件、支承件调整后未及时进行焊接；立柱安装后防松、防滑措施的施工未及时跟进，或施工中控制不严，施工人员技术不熟练，就会造成构件式幕墙的支座点固定松动或过紧，在外力作用或温度变化大时产生异常响声。

为避免出现上述问题，应按以下做法实施：

(1)在完成立柱安装和调整后，应立即对所有螺栓进行紧固，并及时按设计图纸要求进行防松、防滑措施的施工。

(2)在完成立柱安装和调整后应及时将连接件、支承件与预埋件进行焊接，避免幕墙在三维方面可调尺寸松动，其焊接要求按钢结构焊接有关要求执行。

(3)在多个支座节点的情况下，副支座型材上应设长孔，且螺栓的紧固应以上紧而立柱铝材又不变形为原则。

(4)芯柱与上下立柱应紧密配合，并为可动配合。其配合应符合铝材高精级尺寸配合要求。

(5)对施工人员应提前进行技术交底并进行培训，在样板验收合格后再大面积施工。

5.2　金属幕墙工程

5.2.1　金属幕墙构造

金属板幕墙一般悬挂在承重骨架的外墙面上。它具有典雅庄重、质感丰富以及坚固、耐久、易拆卸等优点，适用于各种工业建筑与民用建筑。

1. 按材料分类

金属板幕墙按材料可分为单一材料板和复合材料板两种。

(1)单一材料板。为一种质地的材料，如钢板、铝板、铜板、不锈钢板等。

(2)复合材料板。是由两种或两种以上质地的材料组成的，如铝合金板、搪瓷板、烤漆板、镀锌板、色塑料膜板、金属夹心板等。

2. 按板面形状分类

金属幕墙按板面形状可分为光面平板、纹面平板、波形板、压型板、立体盒板等，如图5-8 所示。

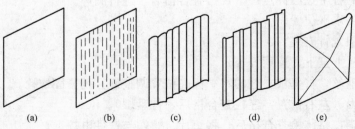

(a)　　　　　(b)　　　　　(c)　　　　　(d)　　　　　(e)

图 5-8　金属幕墙板

(a)光面平板；(b)纹面平板；(c)波形板；(d)压型板；(e)立体盒板

5.2.2 金属幕墙施工工艺

1. 施工工序

复检基础尺寸，检查埋件位置、调整埋件→放线→安装连接铁件→安装龙骨→安装防火材料→安装铝板→密封→清扫。

2. 施工要点

(1)预埋件安装

1)按照土建进度，从下向上逐层安装预埋件。

2)按照幕墙的设计分格尺寸用经纬仪或其他测量仪器进行分格定位。

3)检查定位无误后，按图纸要求埋设铁件。

4)安装埋件时要采取措施防止浇筑混凝土时埋件位移，控制好埋件表面的水平或垂直度，严禁歪、斜、倾等。

5)检查预埋件是否牢固、位置是否准确。预埋件的位置误差应按设计要求进行复查。当设计无明确要求时，预埋件的标高偏差不应大于 10mm，预埋件的位置差不应大于 20mm。

(2)测量放线

1)复查由土建方移交的基准线。

2)放标准线：将每一层室内标高线移至外墙施工面，并进行检查；在石材挂板放线前，应首先对建筑物外形尺寸进行偏差测量，根据测量结果，确定出干挂板的基准面。

3)以标准线为基准，按照图纸要求将分格线放在墙上，并做好标记。

4)分格线放完后，应检查预埋件的位置是否与设计相符，否则应进行调整或预埋件处理。

5)最后，用 $\phi 0.5 \sim \phi 1.0$ 的钢丝在单榀幕墙的垂直、水平方向各拉两根，作为安装的控制线，水平钢丝应每层拉一根(宽度过宽，应每间隔 20m 设 1 支点，以防钢丝下垂)，垂直钢丝应间隔 20m 拉一根。

(3)金属幕墙安装

1)过渡件焊接。

①经检查，埋件安装合格后，可进行过渡件的焊接施工。

②焊接时，过渡件的位置一定要与墨线对准。

③应先将同水平位置两侧的过渡件点焊，并进行检查。

④再将中间的各个过渡件点焊上，检查合格后，进行满焊。

⑤控制重点：水平位置。

2)金属幕墙铝龙骨安装。

①先将立柱从上至下，逐层挂上。

②根据水平钢丝，将每根立柱的水平标高位置调整好，稍紧固螺栓。

③再调整进出、左右位置，经检查合格后，拧紧螺帽。

④当调整完毕，整体检查合格后，将垫片、螺帽与铁件电焊上。

⑤最后安装横龙骨，安装时水平方向应拉线，并保证竖龙骨与横龙骨接口处的平整，且不能有松动。

3）防火材料安装。

①龙骨安装完毕，可进行防火材料的安装。

②安装时应按图纸要求，先将防火镀锌板固定（用螺丝或射钉），要求牢固可靠，并注意固定板的接口。

③然后铺防火棉，安装时注意防火棉的厚度和均匀度，保证与龙骨料接口处饱满填塞，且不能挤压，以免影响面材。

④最后进行顶部封口处理，即安装封口板。

⑤安装过程中要注意对玻璃、铝板、铝材等成品以及内装饰材料的保护。

4）金属板安装。

①安装前应将铁件或钢架、立柱、避雷设施、保温设施、防锈设施全部检查一遍，合格后再将相应规格的面材搬入就位，然后自上而下进行安装。

②安装过程中拉线检查相邻玻璃面的平整度和板缝的水平、垂直度，用木板模块控制缝的宽度。

③安装时，应先就位，临时固定，然后拉线调整。

④安装过程中，如缝宽有误差，应均分在每条胶缝中，防止误差积累在某一条缝中或某一块面材上。

（4）密封

1）密封部位的清扫和干燥。采用甲苯对密封面进行清扫，清扫时，应特别注意不要让溶液散发到接缝以外的场所；清扫用纱布脏污后应常更换，以保证清扫效果，最后用干燥清洁的纱布将溶剂蒸发后的痕迹拭去，保持密封面干燥。

2）贴防护纸胶带。为防止使用密封材料时污染装饰面，同时为使密封胶缝与面材交界线平直，应贴好纸胶带，要注意纸胶带本身的平直。

3）注胶。注胶应均匀、密实、饱满，同时注意施胶方法，避免浪费。

4）胶缝修整。注胶后，应将胶缝用小铲沿注胶方向用力施压，将多余的胶刮掉，并将胶缝刮成设计形状，使胶缝光滑、流畅。

5）清除纸胶带。胶缝修整好后，应及时去掉保护胶带，并注意撕下的胶带不要污染玻璃面或铝板面；及时清理黏在施工表面上的胶痕。

（5）清扫

1）清扫时先用浸泡过中性溶剂（5％水溶液）的湿纱布将污物等擦去，然后再用干纱布擦干净。

2）清扫灰浆、胶带残留物时，可使用竹铲、合成树脂铲等仔细刮去。

3）禁止使用金属清扫工具，不得用黏有砂子、金属屑的工具。

4）禁止使用酸性或碱性洗涤剂。

5.2.3　金属幕墙工程施工技巧

（1）幕墙分格轴线的测量应与主体结构的测量相配合，其误差应及时调整，不得积累，对高层建筑的测量应在风力不大于 4 级情况下进行，每天应定时对幕墙的垂直度及立柱位置进行校核。

（2）应将立柱与连接件连接，然后再将连接件与主体预埋件连接，并进行调整和固定，立柱安装标高偏差不应大于 3mm。轴线前后偏差不应大于 2mm，左右偏差不应大于 3mm。相邻两根立柱安装标高偏差不应大于 3mm，同层立柱的最大标高偏差不应大于 5mm；相邻两根立柱的距离偏差不应大于 2mm。

(3)同一层横梁安装应由下向上进行。当安装完一层刚度时，应进行检查、调整、校正、固定，使其符合质量要求。应将横梁两端的连接件及弹性橡胶垫安装在立柱的预定位置，并应安装牢固，其接缝应严密。相邻两根横梁水平标高偏差不应大于 1mm。同层标高偏差：当一幅幕墙宽度小于或等于 35m 时，其偏差不应大于 5mm；当一幅幕墙宽度大于或等于 35m 时，其偏差不应大于 7mm。

(4)有热工要求的幕墙，保温部分从内向外安装，当采用内衬板时，四周应套装弹性橡胶密封条，内衬板与构件接缝应严密；内衬板就位后，应进行密封处理。

(5)固定防火保温材料应锚钉牢固，防火保温层应平整，拼接处不应留缝隙。

(6)冷凝水排出管及附件应与水平构件预留孔连接严密，与内衬板出水孔连接处应设橡胶密封条。其他通气留槽孔及雨水排出口等应按设计施工，不得遗漏。

(7)幕墙立柱安装就位、调整后应及时紧固。幕墙安装的临时螺栓等在构成件安装就位、调整、紧固后应及时拆除。现场焊接或高强螺栓紧固的构件固定后，应及时进行防锈处理。幕墙中与铝合金接触的螺栓及金属配件应采用不锈钢或轻金属制品。

(8)安装金属板时，左右、上下的偏差不应大于 1.5mm。不同金属的接触面应采用垫片做隔离处理。安装金属板时，空缝处必须要有防水措施，并有符合设计要求的排水出口。

(9)填充硅酮耐候密封胶时，金属板缝的宽度、厚度应根据硅酮耐候胶的技术参数，经计算后确定。较深的密封槽口底部应采用聚乙烯发泡材料填塞。耐候硅酮密封胶在接缝内相对两面应形成黏结。

5.2.4 金属面板质量缺陷分析处理

1. 铝合金面板加工质量不符合要求

铝合金板材未达到规范要求，或铝合金板加工不符合设计要求，没有专用生产设备，设备、测量器具没有定期进行检修，精度达不到加工精度要求，易造成面板安装困难，接缝不均匀，影响金属幕墙的外观质量。故在铝合金面板的加工过程中，应按以下规程操作：

(1)铝合金幕墙应根据幕墙面积、使用年限及性能要求，分别选用铝合金单板(简称单层铝板)、铝塑复合板、铝合金蜂窝板(简称蜂窝铝板)；铝合金板材应达到国家相关标准及设计要求，并应有出厂合格证。

(2)铝合金板加工应符合设计要求。铝合金板材加工的允许偏差应符合表 5-16 的规定。

表 5-16　铝合金板材加工允许偏差　　　　　　　　(单位:mm)

项　目		允许偏差	项　目		允许偏差
边长	≤2000	±2.0	对角线长度	≤2000	2.5
	>2000	±2.5		>2000	3.0
对边尺寸	≤2000	≤2.5	拆弯高度		≤1.0
			平面度		≤2/1000
	>2000	≤3.0	孔的中心距		±1.5

(3)单层铝板加工应符合下列要求:

1)单层铝板折弯加工时,折弯外圆弧半径不应小于板厚的 1.5 倍。

2)单层铝板加劲肋的固定可采用电栓钉,但应确保铝板外表面不变形、褪色,固定应牢固。

3)单层铝板的固定耳子应符合设计要求。固定耳子可采用焊接、铆接或在铝板上直接冲压而成,并应位置准确,调整方便,固定牢固。

4)单层铝板构件四周边应采用铆接、螺栓或胶黏与机械连接相结合的方式进行固定,并应做到构件刚性好,固定牢固。

(4)铝塑复合板的加工应符合下列要求:

1)在气割铝塑复合板内层铝板与聚乙烯塑料时,应保留不小于 0.3mm 厚的聚乙烯塑料,并不得划伤外层铝板的内表面。

2)在打孔、切口等外露的聚乙烯塑料及角缝,应采用中性硅酮耐候密封胶密封。

3)在加工过程中铝塑复合板严禁与水接触。

(5)蜂窝铝板的加工应符合下列要求:

1)应根据组装要求决定切口的尺寸和形状,在切除铝芯时不得划伤蜂窝铝板外层铝板的内表面:各部位外层铝板上,应保留 0.3~0.5mm 的铝芯。

2)直角构件的加工,折角应弯成圆弧状,角缝应采用硅酮耐候密封胶密封。

3)大圆弧角构件的加工,圆弧部位应填充防火材料。

2. 铝合金装饰板质量差、不美观

铝合金装饰压板出现变形、波纹、凹凸不平,致使安装困难,接缝不均,影响安装质量和外观质量。其主要原因有铝合金装饰压板的面层在出厂时未贴保护膜;在安装前,未逐块对铝合金压板进行检查,横竖接缝在安装时未按要求处理,施工过程中未采取措施防止铝合金装饰板碰撞变形。

铝合金装饰压板的面层在出厂时应贴保护膜。在储运过程中应有防止碰撞的可靠措施。在安装铝合金装饰压板前,应逐块进行严密检查,应剔除有肉眼可见的变形、波纹和凹凸不平的板块。安装过程中或安装后发现有上述情况的,必须及时调换板块。横竖接缝应在安装时按要求控制,务必做到均匀严密。施工过程中应采取措施,防止铝合金装饰压板碰撞变形。

5.2.5　金属幕墙安装质量缺陷分析处理

1. 幕墙预埋件制作不符合设计要求,安装位置不准

预埋件制作方法不正确,安装位置不准,超出原设计可调节的范围,致使主柱固定连接无法进行,严重影响幕墙工程的安全性。究其主要原因是预埋件制作不符合要求,预埋件安放时控制不到位,偏离安装基准线,预埋件与模板、钢筋的连接方式不对,固定不牢,浇筑混凝土中成品保护不到位而产生位置变动。

预埋件通常是由锚板和对称配置的直锚筋组成,具体制作要求如下:

(1)受力预埋件的锚板宜采用 HPB235 级或 HRB335 级钢筋,并不得采用冷加工钢筋。

(2)预埋件的受力直锚筋不宜少于 4 根,直径不宜小于 8mm。受剪预埋件的直锚筋可用两根。预埋件的锚盘应放在外排主筋的内侧,锚板应与混凝土墙平行且埋板的外表面不应凸出墙的外表面。

（3）直锚筋与锚板应采用 T 形焊，锚筋直径不大于 20mm 时宜采用压力埋弧焊。手工焊缝高度不宜小于 6mm、直径不宜小于 $0.5d$（HPB235 级钢筋）或 $0.6d$（HRB335 级钢筋）。充分利用锚筋的受拉强度时，锚固强度应符合表 5-17 的要求。

表 5-17　锚固钢筋的锚固长度 l_a （单位:mm）

钢筋类型	混凝土强度等级	
	C25	≥C30
HPB235 级钢	$30d$	$25d$
HRB335 级钢	$40d$	$35d$

注：①当螺纹钢筋 d≤25mm 时，l_a 可以减少 $5d$。

②锚固长度不应小于 250mm。

（4）锚筋的最小锚固长度在任何情况下不应小于 250mm。锚筋按构造配置，未充分利用其受拉强度时，锚固长度可适当减少，但不应小于 180mm。光圆钢筋端部应做弯钩。

（5）锚板的厚度应大于锚盘直径的 0.6 倍。受拉和受弯预埋件的锚板的厚度尚应大于 $b/8$（b 为锚筋间距）。锚筋中心至锚板距离不应小于 $2d$ 及 20mm。对于受拉和受弯预埋件，其钢筋间距和锚筋至构件边缘的距离均不应小于 $3d$ 及 45mm。

（6）对受剪预埋件，其锚筋的间距 b_1 及 b 不应大于 300mm，其中 b_1 不应小于 $6d$ 及 70mm，锚筋至构件边缘的距离 c_1 不应小于 $6d$ 及 70mm，b、c 不应小于 $3d$ 及 45mm。

放置预埋件前，应认真校核其安装基线，确定其准确位置；安装后应进行检验，采取适当方法将预埋件与钢筋、模板连接牢固（最好是与钢筋连接，以免跑模而引起预埋件移位），浇筑混凝土时应安排专人看护埋件，对浇筑混凝土中埋件位置发生变动的及时进行复位处理。

另外，幕墙施工前应对预埋件进行全面检查，对出现的问题进行技术处理。（预埋件板面凹入混凝土面超出可调范围，可改用加长连接件、支承件来补救；预埋件板面凸出混凝土面超出可调范围，可改用缩短连接件、支承件来补救；也可采取剔除原预埋件，在混凝土结构上重做后置埋件的方法加以补救；预埋件向上或向下偏移超出可调范围，可修改立柱连接孔位置或采用后置埋件来调连接位置；预埋件漏放，应补做后置埋件。不管采取何种补救方法，均需经设计部门的认可后方可实施。）

2. 型材骨架安装方法不正确

安装型材骨架前，未先清理预埋铁件；清理工程未完成，即开始安装竖框；未根据弹线所确定的位置安装横梁，致使安装质量不符合设计要求，严重影响幕墙工程的质量。

正确做法是：

安装前，首先要清理预埋铁件。如果实际施工过程中结构上所预埋的铁板有的位置偏差过大，有的钢板被混凝土淹没，有的甚至漏设，就会影响连接铁件的安装。因此，测量放线前，应逐个检查预埋铁件的位置，并把铁件上的水泥灰渣剔除；所有锚固点中，不能满足锚固要求的，应该把混凝土剔平，以便增设埋件。清理工作完成后再安装连接件。金属幕墙所有骨架的外立面，要求在同一个垂直平整的立面上。施工时所有连接件与主体结构铁板焊接或膨胀螺栓锚定后，其外伸端面也必须处在同一个垂直平整的立面上。连接件固定好后，开始安装竖框。竖框安装的准确和质量将会影响整个金属幕墙的安装质量，因此，竖框的安装是金属幕墙安装施工的关键工序之一。金属幕墙的平面轴线与建筑物外平面轴线距离的允许偏差应控制在±2mm以内，特别是建筑物平面呈弧形、圆形和四周封闭的金属幕墙，其内外轴线距离会影响到幕墙的周长，应认真对待。

要根据弹线所确定的位置安装横梁。安装横梁时最重要的是要保证横梁与竖框的外表面处于同一立面上。

(1)横梁竖框间通常采用角码进行连接，角码一般用角铝或镀锌铁件制成。角码的一肢固定在横梁上，另一肢固定在竖框上，固定件及角码的强度应满足设计要求。

(2)横梁与竖框间也应设有伸缩缝，待横梁固定后，用硅酮密封胶将伸缩缝密封。

(3)应特别注意，用电钻在铝型材框架上钻孔时，钻头的直径要稍小于自攻螺栓的直径，以保证自攻螺栓连接的牢固性。

(4)安装横梁时，相邻两根横梁的水平标高偏差不应大于1mm。同层标高偏差：当一幅金属板幕墙的宽度小于或等于35m时，其偏差不应大于5mm；当一幅幕墙的宽度大于35m时，其偏差不应大于7mm。

(5)横梁的安装应自下向上进行。当安装完一层高度时，应进行检查、调整、校正，使其符合表5-18的要求。

表 5-18　竖框和横梁允许偏差

项　次	项　　目	允许偏差/mm	检查方法
1	幕墙垂直度 30m<幕墙高度≤60m 60m<幕墙高度≤90m 幕墙高度>90m	15 20 25	激光仪或经纬仪
2	竖直构件线度	3	3m靠尺、塞尺
3	横向构件水平度 <2000mm >2000mm	2 3	水平仪
4	同高度相邻2根横向构件高度差	1	钢板尺、塞尺
5	分格框对角线差 对角线长<2000mm 对角线长>2000mm	3 3.5	3m钢卷尺
6	拼缝宽度(与设计值比)	2	卡尺

注：①1～4项按抽样根数检查；5～6项按抽样分格数检查。

②垂直于地面的幕墙，竖向构件垂直度包括幕墙平面内及平面外的检查。

③竖向构件的直线度包括幕墙平面内及平面外的检查。

④在风力小于4级时测量检查。

3. 幕墙节点与收口处理方法不正确

幕墙墙板、节点，转角部位的处理方法不当，不同材料的交接方法错误，收口的处理方法错误，以及未认真进行变形缝的处理。

（1）墙板节点。对于不同的墙板，其节点处理略有不同，图5-9～图5-11表示几种不同板材的节点构造。通常在节点的接缝部位容易出现上下边不齐或板面不平等问题，所以应先将一侧板安装，但螺栓不拧紧，然后用横、竖控制线确定另一侧板的安装位置，待两侧板均达到要求后，再依次拧紧螺栓，打密封胶。

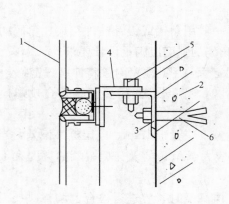

图 5-9 单板或铝塑板节点构造

1—单板式铝塑板；2—承重柱（或墙）；3—角支撑；

4—直角型铝材横梁；5—调整螺栓；6—锚固螺栓

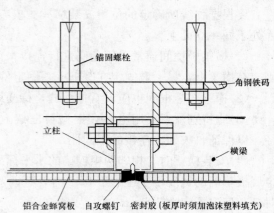

图 5-10 铝合金蜂窝板节点构造（一）

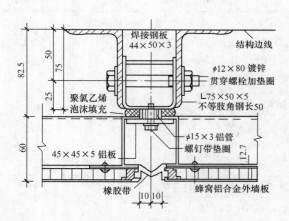

图 5-11 铝合金蜂窝板节点构造（二）（单位：mm）

（2）转角部位处理。通常是用一块直角铝合金（钢、不锈钢）板，与外墙板直接用螺栓连接，或与角位立梃固定。如图5-12、图5-13所示。

（3）不同种材料的交接处理。通常处于有横、竖料的部位，应先固定其骨架，再将定型收口板用螺栓与其连接，且在收口板与上下（或左右）板材交接处加橡胶垫或注密封胶。

（4）变形缝处理。其原则应首先满足建筑物伸缩、沉降的需要，同时亦应达到装饰效果。另外，该部位又是防水的薄弱环节，其构造点应周密考虑。现在有专业厂商生产的该种产品，既可保证其使用功能，又能满足装饰要求，通常采用异型金属板与氯丁橡胶带体系。

（5）墙面边缘部位处理。墙面边缘部位的收口是用金属板或型板将墙板端部及龙骨部位封盖。

墙面下端收口处理通常用一块特制挡水板将下端封住，同时将板与墙之间的缝隙盖住，防止雨水渗入室内。

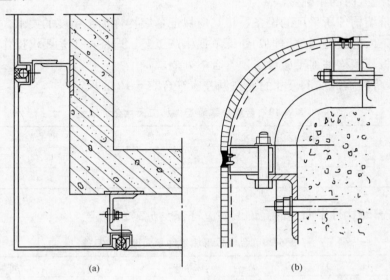

(a)　　　　　　　　　　　　(b)

图 5-12　转角构造大样(一)

(a)直角剖面；(b)圆角剖面

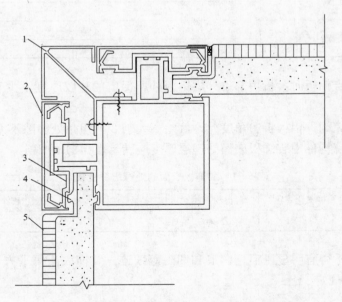

图 5-13　转角构造大样(二)

1—定型金属转角板；2—定型扣板；3—连接件；4—保温材料；5—金属外墙板

5.2.6 金属幕墙构件加工质量不符合要求

金属幕墙构件长度及开槽、开榫尺寸超出允许偏差，造成构件安装困难，影响金属幕墙的平整度及整体完整性。其主要原因是没有专用的生产设备；设备加工精度不能满足加工要求；操作人员没有按操作规程进行操作；金属板幕墙构件加工质量不合格。为避免出现此类问题，施工时的正确做法是：

(1)加工幕墙构件所采用的设备、机具应保证幕墙构件加工精度的要求。

(2)操作工人应进行岗位培训，熟练掌握生产工艺，严格按工艺要求操作。

(3)金属板幕墙构件加工质量必须符合下列要求：

1)金属板幕墙构件加工尺寸的允许偏差应符合表 5-19 的规定。

表 5-19 金属板幕墙组件加工尺寸允许偏差　　　　（单位：mm）

项　　目	尺寸范围	允许偏差	项　　目	尺寸范围	允许偏差
长宽尺寸	≤2000	±2.0	对角线尺寸	≤2000	3.0
	>2000	±2.5		>2000	3.5

2)金属板幕墙构件平面度的允许偏差应符合表 5-20 的规定。

表 5-20 金属板幕墙组件平面度允许偏差　　　　（单位：mm）

类　　别	长边尺寸	允许偏差
单层金属板	≤2000	3.0
	>2000	5.0
复合金属板	≤2000	2.0
	>2000	3.0
蜂窝金属板	≤2000	1.5
	>2000	2.5

3)当采用复合铝板时，折边部位外层铝板处所保留的塑胶厚度不少于 0.3mm。周边内侧应设置加强框。

4)金属板幕墙构件铝板折边角度允许偏差不大于 2°，组角处缝隙不大于 1mm。

5)金属板幕墙构件中装饰板表面处理层厚度应满足表 5-21 的规定。

表 5-21 装饰板表面的处理层厚度要求　　　　（单位：μm）

表面处理方法	阳极氧化着色	静电粉末喷涂	氟碳喷涂	聚氨脂喷涂	电泳涂漆
厚度/T	20>T≥15	T≥60	T≥40	T≥60	T≥17

6)装饰表面不得有明显压痕、印痕和凹陷等残迹。装饰表面每平方米内的划伤、擦伤应符合表 5-22 的规定。

表 5-22 装饰表面每平方米内的划伤和擦伤允许范围

项　　目	划伤深度	划伤总长度/mm	擦伤总面积/mm²	划伤、擦伤总处数
要　　求	不大于表面处理层厚度	≤100	≤300	≤4

5.3　石材幕墙工程

5.3.1　石材幕墙构造

石材幕墙干挂法构造基本上可分为直接干挂式、骨架干挂式、单元干挂式和预制复合板干挂式四类，前三类多用于混凝土结构基体，后者多用于钢结构工程。

（1）直接式干挂石材幕墙构造如图 5-14 所示。

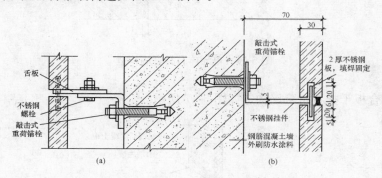

图 5-14　直接式干挂石材幕墙构造（单位：mm）

（a）二次直接法；（b）直接做法

（2）骨架式干挂石材幕墙构造如图 5-15 所示。

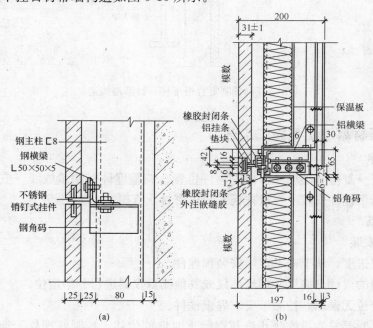

图 5-15　骨架式干挂石材幕墙构造（单位：mm）

（a）不设保温层；（b）设保温层

（3）单元体石材幕墙构造如图 5-16 所示。

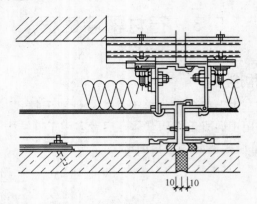

图 5-16　单元体石材幕墙构造

（4）预制复合板干挂石材幕墙构造如图 5-17 所示。

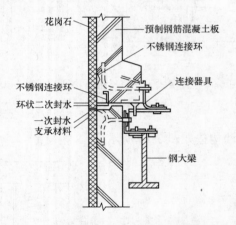

图 5-17　预制复合板干挂石材幕墙构造

5.3.2　石材幕墙工程施工工艺

1. 施工工序

基准线移交→复检基础尺寸，检查埋件位置、调整埋件→测量放线→安装连接铁件→安装骨架→不锈钢挂件安装→石材挂板安装→密封→清扫。

2. 施工要点

（1）预埋件安装

1）按照土建进度，从下向上逐层安装预埋件。

2）按照幕墙的设计分格尺寸用经纬仪或其他测量仪器进行分格定位。

3）经检查定位无误后，按图纸要求埋设铁件。

4）安装埋件时要采取措施防止浇筑混凝土时埋件位移，控制好埋件表面的水平或垂直度，严禁歪、斜、倾等。

5）检查预埋件是否牢固、位置是否准确。预埋件的位置误差应按设计要求进行复查。

当设计无明确要求时，预埋件的标高偏差不应大于 10mm，预埋件的位置与设计位置偏差不应大于 20mm。

(2)测量放线

1)复查由土建方移交的基准线。

2)放标准线：在每一层将室内标高线移至外墙施工面，并进行检查；在石材挂板放线前，应首先对建筑物外形尺寸进行偏差测量，根据测量结果，确定出干挂板的基准面。

3)以标准线为基准，按照图纸将分格线放在墙上，并做好标记。

4)分格线放完后，应检查预埋件的位置是否与设计相符，否则应进行调整或对预埋件采取补救处理措施。

5)用 $\phi0.5\sim\phi1.0$ 的钢丝在单樘幕墙的垂直、水平方向各拉两根，作为安装的控制线，水平钢丝应每层拉一根(宽度过宽，应每间隔 20m 设 1 支点，以防钢丝下垂)，垂直钢丝应间隔 20m 拉一根。

(3)石材幕墙安装

1)石材幕墙骨架安装。

①根据控制线确定骨架位置，严格控制骨架位置偏差。

②干挂石材板主要靠骨架固定，因此，必须保证骨架安装的牢固性。

③在挂件安装前必须全面检查骨架位置是否准确、焊接是否牢固，并检查焊缝质量。

2)石材幕墙挂件安装。

挂板应采用不锈钢或铝合金型材，钢销应采用不锈钢件，连接挂件宜采用 L 型，避免一个挂件同时连接上下两块石板。

3)石材幕墙骨架防锈。

①槽钢主龙骨、预埋件及各类镀锌角钢焊接破坏镀锌层后均满涂两遍防锈漆(含补刷部分)，进行防锈处理并控制第一道和第二道的间隔时间不小于 12h。

②型钢进场前必须有防潮措施并在除去灰尘及污物后进行防锈操作。

③严格要求，不得漏刷防锈漆，特别注意，为焊接而预留的缓刷部位焊后涂刷防锈漆不得少于两遍。

4)花岗岩挂板安装。

①为了达到整体效果，外立面要求板材加工精度比较高，要精心挑选板材，减少色差。

②在安装前，根据结构轴线核定结构外表面与干挂石材外露面之间的尺寸后，应在建筑物大角处做出上下生根的金属丝垂线，并以此为依据，根据建筑物宽度设置足以满足要求的垂线、水平线，确保槽钢钢骨架安装后处于同一平面上(误差不大于 5mm)。

③通过室内的 50cm 线验证板材水平龙骨及水平线位置是否正确，以此提高拟将安装的板缝水平程度。通过水平线及垂线形成的标准平面标测出结构垂直平面，为结构修补及安装龙骨提供依据。

④板材钻孔位置应用标定工具自板材露明面返至板中或图中注明的位置。钻孔深度依据不锈钢销钉长度予以控制。宜采用双钻同时钻孔，以保证钻孔位置正确。

⑤石板宜在水平状态下，由机械开槽口。

(4)密封。内容详见"5.2.2金属幕墙施工工艺中施工要点(4)密封"所述。

(5)清扫。

1)整个立面的挂板安装完毕，必须将挂板清理干净，并经监理检验合格后，方可拆除脚手架。

2)柱面阳角部位、结构转角部位的石材棱角应有保护措施，其他配合单位应按规定作相应保护。

3)防止石材表面的渗透污染。拆改脚手架时，应将石材遮蔽，避免碰撞墙面。

4)对石材表面进行有效保护，施工后及时清除表面污物，避免腐蚀性咬伤。易于污染或损坏料的木材或其他胶结材料不应与石料表面直接接触。

5)完工验收时需要更换有缺陷、断裂或损伤的石料。更换工作完成后，应用干净水或硬毛刷对所有石材表面清洗。直到所有尘土、污染物被清除。不能使用钢丝刷、金属刮削器。在清洗过程中应保护相邻表面免受损伤。

6)在清洗及修补工作完成后，应将临时保护措施移除。

5.3.3 石材幕墙施工技巧

(1)对横梁连接件进行检查、测量和调整。应将横梁两端的连接件及弹性橡胶垫安装在立柱的预定位置上，并应安装牢固，其接缝应严密，相邻两根横梁水平标高偏差不应大于1mm。同层标高偏差：当一幅幕墙宽度小于或等于35m时，其偏差不应大于5mm；当一幅幕墙宽度大于或等于35m时，其偏差不应大于7mm。

(2)安装前应将石材表面尘土和污物擦拭干净。安装时，左右、上下偏差不应大于1.5mm；石板空缝必须有防水措施，并有符合设计要求的排水出口。

(3)幕墙的竖向和横向板材安装其允许偏差应符合表5-22的规定；单元幕墙安装允许偏差除应符合表5-22的规定外，尚应符合表5-23的规定。

表 5-22 幕墙安装允许偏差

项　　目		允许偏差/mm	检查方法
竖缝及墙面垂直度	幕墙高度(H)/m		激光经纬仪或经纬仪
	$H \leqslant 30$	$\leqslant 10$	
	$60 \leqslant H > 30$	$\leqslant 15$	
	$90 \leqslant H > 60$	$\leqslant 20$	
	$H > 90$	$\leqslant 25$	
幕墙平面度		$\leqslant 2.5$	2m靠尺、钢板尺
竖缝直线度		$\leqslant 2.5$	2m靠尺、钢板尺
横缝直线度		$\leqslant 2.5$	2m靠尺、钢板尺
缝宽度(与设计值比较)		± 2	卡　尺
两相邻面板之间接缝高低差		$\leqslant 1.0$	深度尺

表 5-23 单元幕墙安装允许偏差

项　目		允许偏差/mm	检查方法
同层单元组件标高	宽度小于或等于 35m	≤3.0	激光经纬仪或经纬仪
相邻两组件面板表面高低差		≤1.0	深度尺
两组件对插件接缝搭接长度(与设计值比)		±1.0	卡尺
两组件对插件距槽底距离(与设计值比)		±1.0	卡尺

(4)石材幕墙四周与主体之间的间隙应采用防火保温材料填塞,内外表面应采用密封胶连续封闭,接缝应严密,不漏水。

(5)固定防火保温材料应锚钉牢固,防火保温层应平整,拼接处不应留缝隙。冷凝水排出管及附件应与水平构件预留孔连接严密,与内衬板出水孔连接处应设橡胶密封条。

5.3.4　石材幕墙操作缺陷分析处理

1. 石材加工制作不符合规范要求

没有专用生产设备,设备、测量器具没有定期进行检修,达不到加工精度要求,操作工人没有按操作规程操作或技术不熟练,都会造成石材板安装困难,接缝不均匀、不平整,影响石材幕墙的外观质量和美观。在实施过程中,具体防治措施有:

(1)使用专用生产设备加工石材,并对设备、测量器具定期检修。

(2)操作工人应严格按操作规程进行操作,技术不熟练者不得上岗。

(3)钢销式安装的石板加工应符合下列要求:

1)钢销的孔位应根据石板的大小而定。孔位距离边端不得小于石板厚度的 1/3,也不得大于 180mm;钢销间距不宜大于 600mm;边长不大于 1.0m 时每边应设两个钢销,边长大于 1.0m 时应采用复合连接。

2)石板的钢销孔的深度宜为 22～33mm,孔的直径宜为 7mm 或 8mm,钢销直径宜为 5mm 或 6mm,钢销长度宜为 20～30mm。

3)石材板的钢销孔处不得有损坏或崩裂现象,孔径内应光滑洁净。

(4)通槽式安装的石板加工应符合下列要求:

1)石板的通槽宽度宜为 6mm 或 7mm,不锈钢支撑板厚度不宜小于 3.0mm,铝合金支撑板厚度不宜小于 4.0mm。

2)石板开槽后不得有损坏或崩裂现象,槽口应打磨成 45°倒角,槽内应光滑、洁净。

(5)短槽式安装的石板加工应符合下列要求:

1)每块石材板上下边应各开两个短平槽,短平槽宽度不应小于 100mm,在有效长度内槽深度不宜小于 15mm;开槽宽度宜为 6mm 或 7mm;不锈钢支撑板厚度不宜小于 3mm,铝合金支撑板厚度不宜小于 4mm。弧形槽的有效长度不应小于 80mm。

2)两短槽边距离石板两端部的距离不应小于石板厚度的 1/3 且不应小于 85mm,也不应大于 180mm。

3)石板开槽后不得有损坏或崩裂现象,槽口应打磨成 45°倒角,槽内应光滑、洁净。

2. 骨架立柱的垂直度、横梁的水平度偏差较大

石材幕墙骨架立柱的垂直度、横梁的水平度偏差较大,将造成安装骨架时其牢固性差,严重影响幕墙安全质量及安全性能。具体原因有：

(1)预埋件位置偏移，安装连接件、支承件时调整不到位，造成立柱安装不垂直。

(2)水平控制线不准，与排板图不协调。

(3)横梁安装水平标高控制不到位。

预防措施：

故施工前应对预埋件位置进行全面检查，有位置偏移的按相关技术处理方案先行处理，经检查合格后先对连接件、支承件进行点焊，再对立柱进行调整，达到垂直度要求后进行连接件、支撑件的焊接、固定。施工前在墙面按排板图进行弹线，将立柱、横梁的位置弹到墙面上，并在纵、横向拉通线进行校核。

5.3.5　石材幕墙表面质量缺陷分析处理

1. 石材幕墙用石材板有色差、裂缝及缺棱掉角

石材板有明显色差，且有裂缝及缺棱掉角等缺陷，不仅影响石材幕墙的观感效果，同时也会影响石材幕墙的使用功能、耐久性和安全可靠性。其主要原因是未按设计、规范要求，并结合工程实际情况选材，在贮运和安装石材过程中，未采取相应措施，以防石板受撞击。

预防措施：

选择石材幕墙的石材板时，不仅要考虑石板安装后建筑物立面的新颖、美观，而且应考虑建筑地点的地理状况、气候特点、地震设防烈度、石材幕墙体系的维修和拆装等问题。加工订货时，不仅要石材加工厂在合同中注明石材品种、规格（包括允许偏差）、平整度、光洁度，还应要求其色泽均匀一致，图案必须符合设计要求，并提供样品封存，便于验收时对比。

高层建筑石材幕墙选择石材板时，应请有关专家顾问去采石场和石材加工厂实地考察，了解石材的地质生成条件及物理性能，了解厂家能否按设计要求的颜色、尺寸和质量进行石材加工，以便对石材板的质量从源头开始控制。此外，在贮运和安装过程中，应采取相应措施，防止石板受撞击而损坏。

2. 石材幕墙表面不平整、洁净，有污染

石材幕墙骨架安装不平整，安装板材时未予调整，石材板加工不平整，安装过程中控制方法不对，在环氧胶未达到强度前，石板受到碰撞和挤压，耐候密封胶材料不合格，打胶后渗出板面，都会影响石材幕墙的观感效果。

预防措施：

加工石材板前应进行深化设计，绘制石板加工图，并严格按图加工和验收，对不平整石板进行更换。施工时加强现场的统一测量放线，提高测量放线的精度。安装石板前对骨架进行纵横向拉通线检查验收，对超过可调控范围的骨架进行返工处理，达到合格标准后再进行下道工序的施工。

安装过程中应采取整个墙面先找各大角控制点再进行统一挂线控制平面的方法来控制墙面的整体性及平整度，施工时每层必须挂通线，安装板时应先测试其安全性能，达到要求后再抹环氧胶、临时固定、调整水平度和垂直度，并防止在环氧胶未达到强度前石板受到碰撞和挤压产生移位。同时还应选择符合要求的耐候密封胶。用之前先进行样板墙的施工，发现油渗出污染情况后应立即更换耐候密封胶厂家。

3. 石材接缝宽窄、深浅不一，填嵌不密实

石材幕墙石材接缝宽窄、深浅不一致，填塞不密实，将影响石材幕墙的观感效果，同时易造成渗水返潮，影响使用功能。主要原因是安装石材时未在主体结构各转角外吊线，板材暂时固定后，未立即进行水平度、垂直度以及缝隙的细微调整，板缝宽度和嵌缝深度未按设计要求确定。

预防措施：

在幕墙工程主体结构各转角外吊垂线，用来确定石材的外轮廓尺寸，并检查墙面的平整度。误差较大时进行部分剔凿处理。以轴线及各层标高线为基层，在墙面上分别弹出板材横竖向分格线。当为骨架式石板幕墙时，安装骨架后，根据翻样图用经纬仪测出大角两个面的竖向控制线，并在大角上下固定位线的角钢，用钢丝挂竖向控制线。板材暂时固定后应立即进行水平度和垂直度以及缝隙的细微调整。

板缝宽度和嵌缝深度按设计要求确定，一般做法如图 5-18 所示，缝宽一般为 8mm。

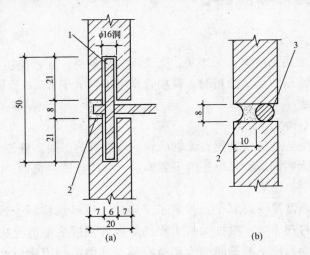

图 5-18　石材幕墙嵌缝示意图（单位：mm）

(a)销钉孔部位嵌缝处理；(b)其他部位嵌缝处理

1—不锈钢钢钉；2—密封胶；3—泡沫塑料圆条

第6章 涂饰工程

6.1 水性涂料涂饰工程

6.1.1 水性涂料涂饰施工工艺

1. 水性外墙涂料施工

（1）施工工序

基层处理→涂料施工→成品保护。

（2）施工要点

1）基层处理。

①基层应清洁，表面无灰尘、无浮灰、无油污、无锈斑、无盐类析出物等。

②基层应干燥，涂刷溶剂型涂料时，基层含水率不得大于8%；涂刷乳液型涂料时，基层含水率不得大于10%。

③基层的pH值不得大于10。

④新建筑物的混凝土或抹灰基层在涂刷涂料前应涂刷抗碱封闭底漆。

⑤旧墙面在涂刷涂料前应清除酥松的旧装饰层，并应涂刷界面剂。

2）涂料施工。

基层处理完成后满刮第一遍腻子，待腻子干燥后，用砂纸将腻子残渣、斑迹磨平、磨光，然后将腻子表面打扫干净。根据涂料工程的等级和基层平整情况决定是否满刮第二遍腻子。待腻子完全干燥后用羊毛滚筒滚涂两道涂料，其中第一道涂料涂膜干燥后，个别地方要用腻子修补后再涂刷第二道涂料，直至涂膜效果达到设计要求为止。乳胶类水性外墙涂料的施工工序见表6-1。

表6-1 乳胶类水性外墙涂料施工工序

序号	工序名称	材　料	工序要点
1	清理基层		清除表面油污、浮灰、灰渣等
2	修补、检查基层	1∶3（体积比）水泥砂浆或高强度腻子	将基层表面凹坑及掉角等缺陷修补好，基层表面平整，含水率小于10%，pH值小于9
3	满刮腻子1～2遍	32.5级水泥∶108胶∶水＝5∶1∶适量（体积比）	将表面的蜂窝状、麻面、裂缝嵌平
4	磨砂纸	1号砂纸	将表面不平整处及颗粒磨平
5	刷稀乳液一遍	乳液∶水＝1∶3（体积比）	增强基层与涂料的黏结力

续表

序号	工序名称	材　料	工序要点
6	刷第一道涂料	乳胶类外墙涂料	先边角、后大面，涂膜厚度适中，涂刷均匀
7	刷第二道涂料		间隔 0.5～1h 后涂刷

3）成品保护。涂料涂刷完成后，应注意防止外来物的撞击、污染；拆除脚手架时，要注意不要碰撞涂膜，必要时应对易碰撞的装饰面进行保护。

2. 水性内墙涂料施工

（1）施工工序

基层处理→涂料施工→成品保护。

（2）施工要点

1）基层处理。彻底清理基层上的油污及其他污渍，修补凹坑、凸部、棱角等；施工时应保证地面、踢角、窗台完工，门窗和电器设备已安装，小五金、电器开关、插座等成品已覆盖。

2）涂料施工。批嵌腻子时要尽量刮得少，刮得薄，并做好两遍腻子之间的填补、打磨等工作，使墙面平整、均匀、光洁。涂料施工时可采用刷涂和喷涂等方法。当采用刷涂方法施工时，应待腻子层完全干燥后(约 24h)，用羊毛滚筒滚涂两道涂料，涂刷时要均匀，不要漏涂，操作要由两人配合，一人滚涂，另一人紧接着用软纹排笔顺涂一遍，一般两遍成活，中间间隔不应小于 4h。当采用喷涂方法施工时，其操作方法同外墙面施工。

3）成品保护。为防止已完成涂刷的墙面受到污染，对易受污染的墙面应加以覆盖保护。

6.1.2　水性涂料涂饰施工技巧

1. 水性外墙涂料施工

（1）用涂料涂刷时应待腻子完全干燥后进行，操作时应两人同时进行，一人滚涂，另一人紧接着用软纹排笔顺涂一遍。施工温度一般在 10℃ 以上，相对湿度小于 85%。第一道涂料应稍稀，第二道应比第一道稠。

（2）批刮第一遍腻子时，应尽量刮得少、刮得薄，避免由于腻子过厚引起开裂。刮第二遍腻子时，应对局部凹凸不平处进行修补打磨处理，并将表面浮灰清理干净。

（3）对于有沉淀分层的涂料，施工前应充分搅拌均匀，以免造成涂膜遮盖力差。每道涂料不可涂装太厚，施工工具每次蘸涂料量不可太多，以免造成流挂。

（4）喷涂施工时，喷枪与墙面应垂直，与墙面的距离保持在 400～600mm 之间，不应过大或过小，以免造成涂膜厚薄不一致。门窗等部位应预先用夹板等遮盖物进行遮盖，以防玷污。如施工面积较大，可适当分段进行，但应以分格缝、墙的阴角处或水落管等为分界线，各段所用材料及配合比应相同。

（5）为防止有水分从涂膜的背面渗透过来，当遇到女儿墙、卫生间、盥洗间时，应在室内墙根处做防水封闭层。否则，外墙正面的涂膜容易起粉、发花、鼓泡或被污染。

2. 水性内墙涂料施工

（1）为防止涂料分层离析，施工前应充分搅拌均匀，应保证施涂时不流坠、不显刷纹。当采用喷涂施工时，喷射距离要适当。喷嘴与墙面过近，涂层厚薄难控制，易出现过厚或挂流等现象；喷嘴时与墙面距离过远，则涂料损耗多。

（2）内墙面涂刷时，应在顶棚涂饰完成后进行，由上而下分段涂刷，涂刷分段的宽度要根据刷具的宽度以及涂料稠度来决定。快干涂料慢涂宽度为150～250mm；慢干涂料快涂宽度为450mm左右。

（3）内墙涂料施工时宜先喷顶后喷墙，两遍成活。罩面喷涂时距离脚手架100～200mm处应分段，往下另行再喷。当涂料干燥快时，应勤蘸短刷，以免引起涂膜表面出现刷纹而影响质量。

3. 真石漆施工操作技巧

（1）对于混凝土、砖墙等基体及基面，应用1∶3（体积比）水泥砂浆做抹灰层并抹制平整，但不得压光，切角不可过锐。施工面不得有青苔、油脂或其他污染物。为保证漆膜具有牢固的附着力，应对被涂物做彻底清理，同时需要保持施工时面层的干燥。

（2）对于有旧漆膜的墙面，必须经试验确定可以附着新涂层后方可施工，否则应予以铲除。

（3）喷涂时空气压力泵的压力不能变化太大，压力大时，出量大，花纹小；压力小时，出量小，花纹大。喷枪离墙面的距离要一致，离开的距离近，花纹小；离开的距离远，花纹大且不均匀。喷枪与墙面要垂直，以免造成花纹大小不一致，影响美观。

6.1.3　水性涂料涂饰操作缺陷分析处理

1. 涂饰工程中的腻子使用方法不正确

涂饰工程中不按正确方法使用腻子，将影响涂料对基体或基层的附着力、机械强度和耐老化性能。其主要原因是腻子的选用未根据基层、底层涂料、封底涂料和面层涂料的性质配套选用，腻子的配合比及调制方法不正确。为避免出现该类问题，正确做法如下：

（1）涂饰工程中的腻子选用应根据基层、底层涂料、封闭底涂料和面层涂料的性质配套选用。

（2）常用涂料腻子的配合比及调制方法见表6-2。

表 6-2　常用涂料腻子配合比及调制方法

种　类	配合比（体积比）及调制方法	适 用 范 围
石膏腻子	1)石膏粉∶熟桐油∶松香水∶水＝16∶5∶1∶（4～6），另加入总重量为1%～2%的熟桐油、松香水和液体催干剂（室内用）。配制时，先将熟桐油、松香水和催干剂拌和，再加石膏粉加水调和。 2)石膏粉∶干性油∶煤油∶水＝8∶5∶少量∶4～6（室外和干燥条件下用）。 3)石膏粉∶白厚漆∶熟桐油∶汽油（或松香水）＝2∶2∶1∶0.7（或0.6）。 4)石膏粉∶熟桐油∶水＝20∶7∶50	木材面和刷过油的墙面；金属面
水粉腻子	大白粉∶水∶动物胶∶土黄或其他色粉＝14∶18∶1∶1	木材表面刷清漆的润水粉用
油粉腻子	大白粉∶松香水∶熟桐油＝24∶16∶2	木材表面刷清漆的润油粉用
油胶腻子	大白粉∶6%动物胶∶红土子∶熟桐油∶颜料＝55∶26∶10∶6∶3（重量比）	木材面油漆用

续表

种　　类	配合比(体积比)及调制方法	适 用 范 围
油漆腻子	大白粉：水：硫酸钡：钙酯清漆：颜料＝51.2：2.5：5.8：23：17.5(重量比)	木材表面刷清漆用
金属面腻子	氯化锌：炭黑：大白粉：滑石粉：油性腻子材料：酚醛涂料：二甲苯＝5：0.1：70：7.9：6：6：5	用于金属面
聚醋酸乙烯腻子	用聚醋酸乙烯乳液加填充料(大白粉或滑石粉)拌成。配合比为乳液：填充料：2%羧甲基纤维素＝1：5：3.5	用于室内抹灰面、混凝土面刷乳胶漆用
	聚醋酸乙烯乳液：水泥：水＝1：5：1	用于外墙、厨房、浴室刷涂料用
喷漆腻子	石膏粉：白厚漆：熟桐油：松香水＝3：1.5：1：0.6 加适量水和催干剂(为白厚漆和熟桐油总重的 1%～2.5%)。配制方法与石膏腻子相同	木材面、金属面喷漆用
漆片大白粉腻子	用漆片大白粉拌和，加适量颜色而成	刷漆片、喷漆补缝用
生漆腻子	生漆：石膏粉＝7：3，调配时加适量水	揩涂生漆用
龙须菜腻子	用龙须菜胶放入大白粉中搅拌而成，并加入适量的石膏粉和动物胶	抹灰面油漆及刷浆用

注：①调制材料用量可根据经验及材料性能适当增减。

②动物胶又称骨胶、牛皮胶、广胶、水胶。

2. 基层处理不符合要求

基层处理不符合设计要求，主要表现为基层表面粗糙，或过于潮湿、光滑，易使涂层局部出现抹痕、斑疤、疙瘩等饰面不均匀，还会出现泪痕样或下垂帷幕状流坠，影响涂饰的美观。基层处理时的正确做法是：

(1)抹灰面层用铁抹子压光嫌其光滑，用木抹子搓毛则太粗糙，用排笔蘸水扫毛会降低面强度，因此，宜用塑料抹子或木抹子上钉海绵吸光，使之大面平整，粗细均匀。

(2)混凝土或抹灰基层涂刷溶剂型涂料时，含水率不得大于 8%；涂刷乳液型涂料时，含水率不得大于 10%。木材基层的含水率不得大于 12%。

(3)控制好涂料的施工黏度，不同类别的涂料应按其要求的黏度施工，一般应在 2s(涂－4黏度计)以上；控制施涂厚度，一般控制在膜厚 20～25μm(指干膜)为宜。

(4)基层腻子应平整、坚实、牢固，无粉化、起皮和裂缝；内墙腻子的黏结强度应符合《建筑室内用腻子》(JG/T 298—2010)的规定。

(5)对光滑的墙面应进行刷毛处理。

6.1.4　涂饰工程表面质量缺陷分析处理

1. 复层涂料花纹不匀、色点大小不等、疏密不匀

复层花纹大小不等、疏密不匀，出现密的部位外观颜色深，造成墙面粗糙不整洁、墙面显花，影响外观。

(1)原因分析

1)施工人员未掌握涂饰施工操作要点。

2)喷涂花点的大小、疏密未根据需要来确定。

3)主涂层喷涂方法不当。

4)未掌握滚压技术。

(2)正确做法

1)加强对施工人员技术水平的培训，使之熟悉各种施工方法及操作要点。

2)喷涂花点的大小、疏密根据需要确定，应做样板，经建设方、监理方鉴定认可后方可大面积施工。

3)主涂层喷涂压力为 0.4～0.7N/mm²，喷斗应与墙面垂直，不能倾斜，距离为300～400mm，横竖方向各喷一遍，行进速度要均匀一致，喷点要有一定的密度和厚度，遮盖面积以不小于 70％为好。

4)掌握滚压技术。喷涂工作结束 15～30min 后开始用胶滚蘸松香水、煤油或清水来回滚压 2～3 次，滚压后花纹凸出面为 1～2mm。喷点为大点需滚压，中点可压可不压，小点不宜滚压。

2. 同一墙面上涂层颜色深浅不一致或有接槎出现

同一墙面上，涂层颜色深浅不一致或有接槎，将会影响涂饰效果。

(1)原因分析

1)不是同厂同批次涂料，颜料掺量有差异。

2)使用涂料时未搅拌匀或任意加水，使涂料本色颜色深浅不同。

3)基层(或基体)材质不同，混凝土或砂浆龄期悬殊，湿度、碱度有明显差异(最忌涂饰新近修补的墙面)。

4)基层处理差异，光滑程度不一，有明显接槎，有光面或麻面的差别，致使吸附涂料不均匀。

5)脚手架离墙太近或靠近脚手板的上下部位操作不便。

6)操作不当，反复施涂或未在分格缝部位接槎，随意甩槎或虽然在分格缝部位接槎，但未遮挡。

7)成品保护不好，如涂料施工完毕之后又安装凿孔或后继施工损坏，以致形成补疤。

(2)正确做法

1)同一工程，应选购同厂同批涂料；每批涂料的颜料和各种材料配合比例须保持一致，采用中高档涂料。

2)由于涂料易沉淀分层，使用时必须将涂料搅匀，并不得任意加水。一桶乳胶漆宜先倒出 2/3，搅拌剩余的 1/3，然后倒回原先的 2/3，再整桶搅拌。

3)混凝土基体龄期应在 30d 以上，砂浆基层龄期应在 15d 以上，并且含水率应小于10％(专用仪器检测)，pH 值在 10 以下(试验纸或 pH 计检测)。

4)基层表面的麻面、小孔事先应用经检验合格的商品修补腻子(或填补剂)修补平整；采用不锈钢或橡皮刮板，避免铁锈的产生。无论内外墙面的基层，均应施涂与面涂配套的封闭底涂(同一大面的基层有不同材质时尤其需要)，使基层吸附涂料均匀；若有油污、铁锈、脱模剂等污物时，须先用洗涤剂清洗干净。

5)脚手架离墙距离不小于 30cm，靠近脚手板的上下部位应注意施涂均匀。

6)施涂要连续，不能中断，衔接时间不得超过 3min。接槎应在分格缝或阴阳角部位，不得任意停工甩槎。未遮挡受飞溅玷污部位应及时清除污物。

7)涂饰工程应在安装工程完毕之后再进行。施涂完毕，应加强成品保护。

3. 涂层易掉粉

涂层干燥后，颜料从涂膜中脱离出来，产生一层粉末，用手触摸，粉末会黏于手上，严重影响使用功能。

(1)原因分析

1)基层不干净、不干燥。

2)使用了强度低或不耐水的腻子。

3)干燥过快。

4)施工时气温低。

5)涂料过度稀释或不合格。

(2)正确做法

1)混凝土和抹灰面基层龄期必须符合有关规定，如混凝土应在 28d 以上，水泥砂浆不少于 7d；基层必须清理干净，含水率不得大于 10%，pH 值应小于 10。内外墙面均应涂刷配套的封闭底涂料，墙面局部修补宜用商品专用修补腻子。

2)施工环境温度不宜过低，最低不应低于 5℃，阴雨、潮湿、大风天气不宜施工；在夏季施工时，避免日光直接照射。

3)选用合格的涂料，涂料中加水量必须按厂家说明进行，不能随意调制。

6.1.5　水性涂料质量不符合要求

涂饰工程中所用水性涂料的质量不符合设计要求，影响涂饰质量。

(1)原因分析

1)水性涂料的品种、型号和性能不符合设计要求。

2)室内用水性涂料未测定总挥发有机物和游离甲醛的含量。

3)室内用水性黏结剂，未测定其总挥发性有机化合物和游离甲醛的含量。

4)室外带颜色的涂料，未采用耐碱和耐光颜料。

(2)正确做法

1)水性涂料涂刷工程所用涂料的品种、型号和性能应符合设计要求。

2)民用建筑工程室内用水性涂料，应测定总挥发性有机化合物(TVOC)和游离甲醛的含量，其限量应符合表 6-3 的规定。

表 6-3　室内用水性涂料中总挥发性有机化合物(TVOC)和游离甲醛限量

测定项目	限量	测定项目	限量
TVOC/(g·L⁻¹)	≤200	游离甲醛/(g·kg⁻¹)	≤0.1

3)民用建筑工程室内用水性黏结剂，应测定其总挥发性有机化合物(TVOC)和游离甲醛的含量，其限量应符合表 6-4 的规定。

表 6-4   室内用水性黏结剂中总挥发性有机化合物(TVOC)和游离甲醛限量

测定项目	限量	测定项目	限量
TVOC/(g·L⁻¹)	≤50	游离甲醛/(g·kg⁻¹)	≤1

4)室外带颜色的涂料,应采用耐碱和耐光颜料。

6.1.6　涂料涂层黏结不牢、起鼓或脱落

涂料涂层黏结不牢,出现起鼓或脱落现象,使涂料对墙体失去保护作用,影响涂饰美观。

(1)原因分析

1)基层未处理好。

2)未选用黏性、韧性好的耐水腻子。

3)使用的涂料产品不合格。

4)涂刷的技术间隔时间及施涂成膜时的温度不合理。

(2)正确做法

1)基层应处理好,将酥松层铲掉,浮尘、油污清理干净,并涂两遍配套封闭底涂料。

2)选择黏性、韧性好的耐水腻子(内墙宜用建筑耐水腻子,外墙用聚合物水泥基腻子),腻子层不可过厚,且等腻子干燥后再施涂涂料。

3)应使用合格的涂料产品。涂料需进行稀释时,应严格按相关标准合理配比。

4)保证涂刷合理的技术间隔时间。一般在20℃时,底涂间隔2h,中涂间隔4h,面涂间隔24h。施涂及成膜时温度应在10℃以上,湿度小于85%,避免雨天及大风天施工。

6.2   溶剂型涂料涂饰工程

6.2.1　溶剂型涂料施工工艺

1. 木材面清色油漆施工

(1)施工工序

基层处理→润水粉、打磨→喷刷第一遍底漆→补腻子、打磨→喷刷第二遍底漆→批嵌腻子、打磨→拼色和修色→刷清漆。

(2)施工要点

1)基层处理。将木材表面用木砂纸顺木纹统一打磨一遍,将油污、斑点打磨掉,手摸光滑无毛刺、无凸点。用湿布将磨下的木粉擦掉,如木质有色差,还应进行漂白处理。

2)润水粉、打磨。先用干净的绵丝或竹丝蘸着色剂擦涂于木材表面,使着色剂深入到木纹棕眼内,然后用白布擦涂均匀,使木材基层染色一致,干后用木砂纸轻轻顺木纹打磨一遍,使棕眼内的颜色与棱上的颜色深浅一致,用湿布将磨下的浮灰擦净。

3)喷刷第一遍底漆。待板面干净、干燥后用漆刷刷涂底油于木材表面,刷涂前先将刷子在稀料中浸湿,然后甩去多余的稀料,再放入漆桶中。刷涂时如发现有水粉堆积较厚造

成木纹不清的现象，应用砂纸顺木纹轻轻打磨，底油一般采用清油及 1：7 的虫胶清漆。刷涂时一般采用 50mm 和 63mm 两种规格的油漆刷，刷涂时手势要正确，视线始终不离开油漆刷。

4）补腻子、打磨。待底漆干燥后，用大白粉、颜料、清漆配制成有色腻子补钉眼及板缝。用牛角板将腻子刮入钉眼、板缝，待腻子干透后用木砂纸顺木纹轻轻打磨一遍，并用刷子将磨下的浮灰清理干净。

5）喷刷第二遍底漆时应清理干净涂刷面后再施工，操作方法同第一遍底漆。

6）批嵌腻子、打磨。待底油干燥后用砂纸顺木纹轻轻打磨，并擦净浮灰。满批腻子一般采用石膏腻子，并事先根据样板颜色在腻子中掺好颜料。满批时应先将腻子呈直线敷在边缘上，批板与物面成 45°～60°角，然后均匀地来回满批，待腻子干燥后用砂纸打磨并清理干净，如图 6-1 所示。

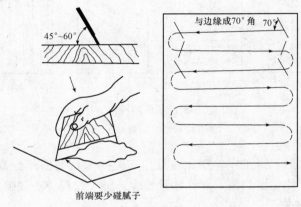

图 6-1　批嵌腻子的角度和路线

7）拼色和修色。木材面由于有芯材、边材的区别，其表面颜色有一定差异，为获得均匀一致的色泽，应进行拼色和修色。拼色和修色就是用水色、酒色、油色对已上色的木材面进行调色，以便达到设计要求和理想效果。拼色和修色应同时进行，不可分割。一般用漆刷或毛笔蘸着色剂拼色或修色，使其整个饰面颜色均匀一致。

8）刷清漆。刷清漆应待拼色及修色的漆膜干燥后再进行，涂刷方法与涂刷底油相同。清漆应涂刷 1～2 遍，第一遍干透后用砂纸顺木纹轻轻打磨，打磨后清理干净，再涂刷第二遍清漆，第二遍清漆漆膜要均匀，无漏刷、流坠现象。

2. 木材面混色油漆施工

（1）施工工序

基层处理→施涂清油、满刮腻子、补平、打磨→刷底漆→复补腻子、打磨→刷面漆。

（2）施工要点

1）基层处理。将木板表面用木砂纸顺木纹统一打磨一遍，将油污、斑点打磨掉，手摸光滑无毛刺、无凸点。对于较宽的裂缝、深洞要用腻子压实、抹光。

2）施涂清油、满刮腻子、补平、打磨。施涂清油能增强面漆的附着力并能节省油漆，加快批嵌腻子的干燥速度，一般采用 50mm 和 63mm 两种规格的油漆刷，涂刷时手势要正确，视线始终不能离开油漆刷。腻子的批嵌要待清油干燥、用砂纸打磨并清理干净后方可进行。满批时常采用往返刮涂法，批嵌时要注意批板的前端要少碰腻子，力用在后端，沿直线从右往左一批到头，然后利用手腕的转动，将批板原来的末端改为前端重叠 1/4 的面积从左到右批嵌，如此往复，直至板下面的边缘。腻子干透后用砂纸进行打磨，打磨完成后要用专用的清理油漆刷将灰尘掸干净。

3)刷底漆。腻子打磨及清理干净后，即可进行底漆的涂刷，施涂方法与施涂清油相同，可采用同一把油漆刷。大面积涂刷可采用"蘸油→开油→横油→理油"的施涂操作方法，横油时要求与开油方向成 90°角进行施涂；如横油不能使油漆充分摊开并均匀地附着在饰面层上时，可以再进行一道斜油处理，如图 6-2 所示。

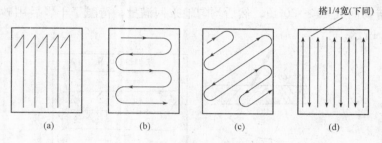

图 6-2　大面积涂刷操作方法
(a)开油；(b)横油；(c)斜油；(d)理油

4)刷面漆。作为最后一道工序，刷面漆操作工艺要求比底漆施涂高，动作必须快，手腕要灵活，刷纹要直，用力要均匀，蘸油漆量要少，整个过程应一气呵成。

3. 金属面混色油漆施工

(1)施工工序。

基层处理→刷防锈漆→批嵌腻子、打磨→喷刷第一遍底漆，补腻子、打磨→喷刷第二遍底漆→刷面漆。

(2)施工要点。

1)基层处理。详见木材面混色油漆基层处理方法。

2)刷防锈漆。金属面的防锈漆应选用与面漆相配套的种类。手工涂刷时常采用扁形的漆刷。涂刷时操作者视线始终不能离开油漆刷，漆刷蘸漆不宜过多，应控制为刷毛长度的2/3，涂刷时手势要先轻、中重、后轻重。漆膜要有一定的厚度，一般红丹防锈漆厚度为0.15～0.23mm，铁红防锈漆厚度为 0.05～0.15mm。涂刷防锈漆后一定要待其干透后才能进行下道工序的施工。

3)批嵌腻子、打磨。表面经涂刷防锈漆后，还应针对其表面存在的粗糙、凹陷等缺陷批嵌腻子。批嵌腻子可分为嵌补腻子和满批腻子两道操作工序。腻子应防腐蚀能力强，附着力好，硬度高，干燥后经过震动不会起壳脱落，并经得起碰撞。批嵌时应先把大洞、缝隙用较稠硬的腻子补平、补实，再进行大面的批嵌。腻子干燥后用铁砂纸进行打磨，重点是批嵌过腻子的地方。

4)喷刷第一遍底漆，补腻子，打磨。腻子打磨清理干净后，即可刷涂第一遍底漆，第一遍底漆一般采用半光混色底漆，施涂时漆膜要厚薄均匀，涂刷方法与涂刷防锈漆相同。

5)喷刷第二遍底漆。第一遍底漆干燥后，将局部不平整处用腻子修补，待腻子干燥后用砂纸打磨干净，再涂刷第二遍底漆，如做深颜色的色漆，第二遍底漆可不做。

6)刷面漆。底漆干燥后，用旧砂纸打磨，并将表面清理干净，即可进行面漆施工。面漆施工与底漆相同，注意做到漆膜均匀，在较大面积的部位竖向施涂后，还要横向涂刷均匀，然后再竖向理直，以保持漆膜的均匀一致。漆膜总厚度应符合表 6-5 的要求。

表 6-5　漆膜总厚度的选择参考表

涂层等级	控制厚度/μm	涂层等级	控制厚度/μm
一般性涂层	80～100	耐磨性涂层	250～300
装饰性涂层	100～150	高固体分子涂层	700～1000
保护性涂层	150～200		

6.2.2　溶剂型涂料施工技巧

1. 木材面清色油漆施工

(1)涂刷施工时应自上而下、自左向右、先里后外、先难后易、先斜后直、纵横涂刷。油漆涂刷要用较软的漆刷顺木纹方向进行。

(2)每遍油漆施工前均应用水砂纸将木材面轻轻打磨平整，并用湿布擦干净，然后再涂刷油漆。油漆中禁止混有水分和灰尘，必要时可用铜丝网或不锈钢网进行过滤，以免漆膜形成小圈或灰尘积浮。

(3)满批腻子时，如发现有颜料渗出，应及时用蘸有松香水的棉纱擦去。腻子不能过多加水，以防止干燥后收缩，降低附着力和黏度。

(4)当木材有明显的树脂时，可在白坯时先涂刷一遍虫胶清漆将脂线封闭住，然后再上色。

2. 木材面混色油漆施工

(1)刷底漆时，木材表面、门窗玻璃口四周均须刷到，不可漏涂。抹腻子时，宽度较大的缝隙、深洞要深入压实、抹平刮光。

(2)涂刷油漆时均应做到横平竖直，纵横交错，均匀一致，涂刷时应注意先上后下、先内后外、先浅色后深色，按木纹方向理平理直。

(3)新漆刷在使用前应将刷毛轻轻拍打几下，将内部的脱毛捻去或将漆刷的端头在砂纸上来回磨刷，使端毛柔软以减少涂刷时的刷纹。

(4)满批腻子时，应将批板握成与木材面成 45°～60°角，同时批板还要握得斜些，与边缘成为 70°左右的角度，按此手势将腻子向前批嵌。当批至下边缘时，应用托板接住刮出的多余腻子。

(5)施涂面漆时宜用施涂过清漆的旧漆刷，漆刷的毛端不宜过长或过短。刷毛过长会造成流坠及干燥皱纹现象；刷毛过短，毛端较硬，易产后刷痕和露底现象。

3. 金属面混色油漆施工

(1)为使金属表面的油漆能有较好的附着力，延长油漆的使用周期，避免生锈腐蚀，可先在金属表面涂一层磷化底漆。防锈漆涂刷的顺序是先上后下、先左后右、先外后里、先难后易。

（2）为提高腻子的防锈能力和附着强度，最好在腻子中加入5％的防锈漆或3％的红丹粉。用腻子批嵌时不宜嵌补太厚，应控制在3mm以下，一次嵌补不平可分几次进行，以免造成表干里未干。

（3）涂刷底漆时厚薄要均匀，漆膜太厚会造成流坠、皱皮，漆膜太薄遮盖力差，给涂刷面漆带来困难，也达不到防锈的质量标准。打磨面漆时，手势要轻而直，不能把漆膜磨破或留下砂纸痕迹。

（4）如金属表面有油污，可用抹布或绵丝蘸汽油擦，不能漏擦，以增强漆膜的附着力。

6.2.3　溶剂型涂料材料质量缺陷分析处理

1. 溶剂型涂料质量不符合要求

溶剂型涂料的品种、型号、性能质量与技术不符合设计要求，民用建筑工程室内用溶剂型黏结剂，未测定其总挥发性有机化合物和苯的含量。这些情况都会影响涂饰质量及效果。

溶剂型涂料涂饰工程所选涂料的品种、型号和性能应符合设计要求。溶剂型混色涂料质量与技术要求见表6-6。民用建筑工程室内用溶剂型黏结剂，应测定其总挥发性有机化合物（TVOC）和苯的含量，其限量应符合表6-7的规定。

表 6-6　溶剂型混色涂料质量及技术要求

项　　目		限量值		
		硝基漆类	聚氨酯漆类	醇酸漆类
挥发性有机化合物 （VOC）[a]/(g·L^{-1})≤		750	光泽(60°) ≥80，600 光泽(60°) <80，700	550
苯(%)≤			0.5	
苯和二甲苯总和[b](%)≤		45		10
游离甲苯二异氰酸脂 （TDI）[c](%)≤		—	0.7	—
重金属漆(限色漆) /(mg·kg^{-1})≤	可溶性铅		90	
	可溶性镉		75	
	可溶性铬		60	
	可溶性汞		60	

注：具体测定方法详见《室内装饰装修材料溶剂型木器涂料中有害物质限量》（GB 18581—2009）。

表 6-7　室内用溶剂型黏结剂中总挥发性有机化合物（TVOC）和苯限量

测定项目	限量	测定项目	限量
TVOC/(g·L^{-1})	≤750	苯/(g·kg^{-1})	≤5

2. 在混凝土或抹灰墙面上腻子使用配比不当

在混凝土或抹灰墙面上，选用的腻子未注意其配制品种、性能及适用范围，未严格按配比拌和腻子。含胶量少，致使腻子本身不坚实牢固，就会粉化、起皮，使涂料成膜难，严重影响涂饰质量。

预防措施：

在混凝土及抹灰石中使用的腻子应注意其配制品种、性能及适用范围。应根据基体的基质适用性及功能要求，选用适宜的材料配制腻子或成品腻子，进行基层处理，不应将不同功效、用途的腻子互相代替或混合使用。

严格按配比拌和腻子，不准在拌和过程中任意添加辅料，应保证其胶黏性，附着力。溶剂性涂料常用腻子的种类及配方见表 6-8。

表 6-8　溶剂性涂料常用腻子的种类及配方

腻子名称	配合比形式	配 合 比 例	用　途
清漆腻子	质量比	(1)大白粉：水：硫酸钡：钙脂清漆：颜料＝51.2：2.5：5.8：23：17.5； (2)石膏：油性清漆：厚漆：松香水：冰＝50：15：25：10，适量加入水； (3)石膏：油性清漆：颜料：松香水＝75：6：4：14：1	木材表面刷清漆
油粉腻子	质量比	大白粉：松香水：熟桐油＝24：16：2	木材表面刷清漆
油胶腻子	质量比	大白粉：动物胶水(6％)：红土子：熟桐油：颜料＝55：26：10：6：3	
水粉腻子	体积比	大白粉：骨胶：土黄(或其他颜料)：水＝14：1：1：18	
虫胶腻子	质量比	虫胶清漆：大白粉：颜料＝24：75：1，虫胶清漆浓度为15％～20％	木器清漆
金属面腻子	体积比	氧化锌：炭黑：大白粉：滑石粉：油性腻子：涂料：酚醛涂料：二甲苯＝5：0.1：70：7.9：6：6.5	金属表面油漆
	质量比	石膏粉：熟桐油：油性腻子(或醇酸腻子)：底漆：水＝20：5：10：7：45	
喷油腻子	质量比	石膏粉：白厚漆：熟桐油：松香水＝3：1.5：1：0.6，加适量水和催干剂(为白厚漆和熟桐油总重量的1％～2.5％)	物面喷漆

注：石膏腻子的配方参照水性涂料章节中的石膏粉腻子配方。

6.2.4　溶剂型涂料表面质量缺陷分析处理

1. 溶剂型涂料涂刷时遮盖底层能力差，出现透底

涂层缺乏覆盖底层的能力，部分大面或边角部位有透露底色或失去光泽呈现干巴现象。

(1)原因分析

1)选择的涂料不符合设计要求或质量标准。

2)调配涂料时加入过多稀释剂，破坏了原涂料的黏度。

3)施工时疏忽大意，漏刷、轻刷，任意减少涂刷遍数。

4)底层涂料的颜色过深。

（2）正确做法

1)选择符合设计要求和质量标准的涂料，并要有出厂证明和合格证。

2)涂料使用前要搅拌均匀，控制好稠度，使用中不得任意在涂料中加入过量的稀释剂。

3)涂刷的遍数要满足设计要求和规范规定，不得任意减少涂刷遍数，更不能漏刷。

4)底层涂料的颜色不宜过深，一般应浅于面层涂料颜色，底层涂料要涂刷均匀。当发现涂膜太薄、光亮不足，有透底现象时，应将表面适当处理后，再增加面层涂刷遍数。

2. 用溶剂型涂料涂刷时发生流坠

在物体的垂直面或线角的凹槽部位，涂层发生下垂状流淌，形成如泪痕或下垂帷幕状，手摸上去明显感觉凸凹不平，影响涂膜外观。

（1）原因分析

1)涂料和稀释剂性质不好或稀释过量。

2)基层质量差。

3)施工环境温度低，湿度大。

4)涂刷的漆膜过厚。

5)未掌握涂刷工具的选择、使用方法。

（2）正确做法

1)选用优良的涂料和配套的稀释剂；选用适宜的涂料黏度，一般采用喷涂方法施工黏度要小一些，采用刷涂方法施工黏度要略大些。

2)涂饰前，基层表面处理应平整、洁净，棱角顺直。

3)施工环境温度和湿度要选择适当，一般以温度15℃～25℃、湿度50%～70%为最适宜施工环境。

4)要选用适宜的黏度，温度高时黏度可小些。一般采用喷涂时的黏度要比刷涂的黏度小。每遍涂刷的厚度不能过厚。

5)用喷涂法施工时，选用喷嘴孔径不宜太大，空气压力应在0.3～0.4MPa，用大喷枪时为0.5～0.7MPa。喷嘴应均匀移动，离物面的距离控制在200～300mm，速度为10～18m/min。喷涂时喷嘴应垂直于基层表面，每层应往复进行，纵横交错，一次不得喷得过厚。

6)刷涂时要选择适宜的刷子，软硬适中，宽度适当。

3. 油漆涂刷干透后，漆膜表面出现突起的气泡

漆膜干透后，表面出现大小不同突起的气泡，用手压感到有一点弹性，起泡部位的黏结力为零，气泡外膜很容易成片地脱落，影响美观。

（1）原因分析

1)耐水性低的漆料用于浸水物体的涂饰，采用的油性腻子未完全干燥或底漆不干就涂面漆。

2)喷涂时，压缩空气中含有水蒸气，与漆料混在一起。

3)施工环境温度太高，或日光强烈照射使底漆未干透，遇到雨水又涂上面漆。

4)底漆涂饰不好，留有小的空气洞，油漆品种使用不当；漆膜过厚，与表面黏结不牢，或层间缺乏黏结力。

（2）正确做法

1）使用油性腻子，须待腻子干透后，再刷油漆。当基层有潮气或底漆上有水时，必须将水擦净，潮气散干后，再做油漆。

2）在潮湿及经常接触水的部位涂饰油漆时，应选用耐水漆料。

3）漆料黏度不宜太大，一次涂饰不宜过厚；喷漆使用的压缩空气要过滤，防止潮气侵入漆膜中。

4）多孔材料干燥后，其表面应及时涂刷封闭底漆（或树脂色浆）；施工时，避免用带汗的手接触工件；工件漆好后，不放在日光或高温下暴晒，并根据漆料的使用环境，合理地选择油漆品种；喷涂或刷涂的油漆不能太厚，如需得到较厚的漆膜，应分多次涂刷。

5）木质面上的油漆涂层。

①未风干或已风干木面涂刷时必须严格控制木材的含水率不大于 12%。当现场环境湿度较大，无法降低含水量时，可将其暂时移至其他场所，待含水率达到规定标准，涂刷防潮漆料后再安装。风干的木面在处理或安装后应尽快涂刷优质底漆，底漆应用油刷刷进木材管孔内。木材的边沿及与砖、混凝土接触的表面宜涂刷两遍底漆，以防潮气渗入。

②含树脂的木面应将含有树脂或树节的部位加温，使树脂稠度降低或流出，然后用刮刀刮除，大的树脂节可将其挖除后用好木材修补，也可将其挖低，用红丹、铅白和金胶混合物修补平整。对含树脂的木面也可经打磨、除尘后，涂刷一层耐刷洗的水浆涂料或乳胶漆，推广树脂色浆工艺，使填孔、着色、封闭一步化。

③硬木用麻布将填孔剂擦进木材的管孔内，除去里边的空气后涂刷底漆。

6）新的砖石、混凝土、抹灰面上的油漆涂层。新的砖石、混凝土、抹灰面至少要经 2～3 个月的风干时间待内部水分基本干燥后再进行涂刷（具体要求是基体或基层的含水率不大于 8%，有专门仪器测量；碱度 pH 值在 10 以下）。如果急需施工，可采用 15%～20% 硫酸锌或氯化锌溶液涂刷混凝土表面数次，待干后扫除析出的粉质和浮粒；或用 5%～10% 稀盐酸洗刷，再用清水洗净，干燥后再涂装。水泥制品选用漆料要特别注意保护环境，一般使用油基漆、酯胶漆为宜。

4. 漆膜上出现圆形针孔

漆膜上出现圆形子圈，周围向中心凹陷，出现针刺样小孔，较大的像麻点一样。针孔降低了漆膜的密闭性和抗渗透性，影响漆膜的寿命和美观。

（1）原因分析

1）溶剂搭配不当，低沸点挥发性溶剂用量过多；溶剂使用不当或温度过高。

2）烘干型漆进入烘箱太早或烘烤不均匀，受高温烘烤影响严重。

3）施工不够细致，腻子层不光滑，未干透；底层污染；未涂底漆或涂两道底漆就急于喷面漆。硝基漆比油基漆更容易出现针孔。

4）施工环境湿度过高，喷涂设备油水分离器失灵后带有水分，喷涂时水分随压缩空气经由喷嘴喷出，也会造成漆膜表面出现针孔状，甚至起水泡。喷嘴距物面距离太远，压缩空气的压力过大，都容易出现针孔。

（2）正确做法

1）烘干型漆液黏度要适中，涂漆后在室温下静置 15min，烘烤时先以低温预热，后按规定控制温度和时间，让溶剂能正常挥发。

2）沥青烘漆用松节油需稀释，涂漆后静置 15min，烘烤时先以低温烘烤 30min，然后按规定控制温度和时间。纤维漆中可加入一些甲基环己醇硬脂酸或氯化石蜡；酯胶清漆中加入 10％的乙基纤维，既能防止出现针孔，又能改进干性和硬度；对于过氯乙烯漆，可通过调整溶剂的挥发速度来防止针孔的产生。

3）腻子涂层要刮光滑，喷漆前涂好底漆，再喷面漆。如要求不高，底漆刷涂比喷涂好，刷涂可以填针孔。

4）喷涂面漆时，施工环境相对湿度以 70％为宜，检查油水分离器的可靠性，压缩空气需经过滤，杜绝油、水及其他杂质污染。

5）硝基漆施工。

①木器用稀释剂宜采用低毒性苯类或优质稀释剂等溶剂，使其挥发匀称。

②涂刷应均匀一致，在涂刷后的漆膜面上用排笔轻轻飘掸一下，以减少小气泡。遇有较为深凹的小针孔，即用棉球蘸腊克（硝基清漆、外用硝基清漆），在腊克面上擦平整即可。

6）聚氨酯漆施工。

①被涂物必须充分干燥，木制品的含水率不得大于 12％。

②腻子、底漆必须完全干燥后才能上漆。

③加入漆中的溶剂，不能含有过多的水分，使用前必须先进行水分含量的测试，最简单的方法是将 1 份溶剂倒入 20 份 200 号溶剂汽油里，如果出现浑浊，则该溶剂水分含量过多。

④增加溶解力强、挥发速度慢的高沸点溶剂。

⑤不平整的漆膜不用水砂磨，因为砂磨后的漆面，水分不一定能从板面逸出，残留在物面上的水分会使下一道漆面产生针孔状气泡。

⑥施工时，每次涂漆不可太厚。

5. 金属表面涂饰溶剂型涂料后，涂膜表面生锈

金属表面涂饰溶剂型涂料时，基层表面有铁锈、酸液等未清除干净，高级涂料做磨退时，未用醇酸磁涂刷，在组装前金属构件表面未先涂刷一遍底子油，安装后再涂刷涂料，都会使涂膜表面产生针蚀而逐步发展到一定面积的锈蚀，严重影响使用寿命。

涂饰前，金属面上的油污，鳞皮、锈斑、焊渣、毛刺、浮砂、尘土等，必须清除干净。刷防锈涂料时不得遗漏任何一处，且涂刷要均匀。在镀锌表面涂饰时，应选用 C53-33 锌黄醇酸防锈涂料，其面漆宜用 C04-45 灰醇酸磁涂料。防锈涂料和第一遍银粉涂料，应在设备、管道安装就位前涂刷，最后一遍银粉涂料应在刷浆工程完工后再涂刷。

薄钢板制作的屋脊、檐沟和天沟等咬口处，应用防锈油腻子填抹密实，刷涂料时，可不刮腻子，但涂刷防锈涂料不应少于两遍。

金属表面经除锈后，应在 8h 内（湿度大时为 4h 内）尽快刷底涂料，待底漆充分干燥后再涂刷后层涂料，其间隔时间视具体条件而定，一般不应少于 48h。第一和第二度防锈涂料涂刷间隔时间不应超过 7d。当第二度防锈漆干后，应尽快涂刷第一度涂饰。

6. 溶剂型涂料漆膜光泽不匀

基体（基层）腻子未干燥即进行刷漆，油漆涂刷不迅速、均匀，油漆品种选用不当等，都会致使面漆干燥后，漆膜上的光度一片大一片小，或有光缕，影响美观。

一般情况下，基体（基层）腻子干燥后，才能进行刷漆，油漆涂刷应迅速、均匀，回刷次数不能过多。打蜡上光应均匀。用聚氨酯清漆或不饱和聚酯漆取代虫胶漆、硝基漆。光泽不匀一般可用打蜡的方法补救。如果光泽明显不匀，则应用细砂纸将漆膜打磨一遍，然后重刷一遍面漆。

6.2.5 溶剂型涂料操作缺陷分析处理

1. 混凝土和抹灰表面涂刷溶剂型涂料时显刷纹

混凝土和抹灰表面涂刷溶剂型涂料时，涂料成膜后表面存在一丝丝高低不平的刷纹，影响涂层表面光滑和光亮。主要原因是涂料、稀释剂的性质不好，涂料的平性差，刷子太小或刷毛太硬，刷不开，工人操作不熟练，针对不同种的涂料未采取相应的操作方法等。故应选用优良的涂料，不使用挥发过快的溶剂，涂料的稠度调配适度，不能太稠，以避免刷子拉不开。应选用黏度适宜的涂料，选用优质刷子，猪鬃油刷对涂料的吸收性适宜，弹性也好，适宜涂刷各种涂料。此外，提高操作技术水平。刷磁性漆动作要轻巧，刷醇酸漆动作要快，刷硝基漆、过氯乙烯漆等快干漆也要快，最好采用喷漆或擦漆。

2. 油漆涂刷后，漆膜慢干，回黏

油漆涂刷后，漆膜慢干和回黏都容易使漆膜表面碰坏或污染，使施工期延长，严重的还需要返工。

（1）原因分析

1）油漆过稠，涂刷时漆膜太厚，致使漆膜氧化作用仅限于表面，漆膜内部聚合进行缓慢，内层漆膜长时间不能干燥。

2）前遍漆未完全干透，又涂刷第二遍漆，造成面漆干燥结膜，而底漆不能固结，使漆膜长时间柔软不干固。

3）催干剂使用不当、品种不符、数量过多或不足。

4）底漆中含有较多蜡质会使硝基漆出现慢干和发黏现象，虫胶漆中加有超过10%的松香溶液或乙醇浓度不高时，也会导致漆膜慢干或回黏。

5）在雨雾、潮湿、严寒、阴暗、烈日暴晒等恶劣气候条件下，涂刷天然漆时，周围潮气过小（天气过分干燥）。

（2）正确做法

1）选用优良的漆料，不使用贮存时间过长的漆料，对于性能不够了解的漆料，要进行试验或做样板，合格后再使用。

2）选用适当的催干剂。常用的催干剂有铅催干剂、钴催干剂与锰催干剂。铅催干剂可促使漆膜的表面和内层同时干燥；钴催干剂催干能力较强，可使漆膜表面迅速干燥；锰催干剂的催干作用介于铅、钴催干剂之间。这几种催干剂一般需配合使用，效果较好。催干剂的加入量要严格控制，不能主要靠催干剂来加快干燥速度；若想加快涂层漆膜的干燥速度，应改变漆料的类型和采用人工干燥的方法。催干剂加入后要充分搅拌，并放置1～2h，才能充分发挥催干效能。

3）硝基漆木器应用低毒的苯类稀释剂，并用不变质的漆料作罩光面漆用。虫胶漆的配制须用95%以上的工业酒精（天气不过分潮湿时，尽量不放松香）。在发黏不干的腊克（硝基清漆）面上可用棉球蘸稀腊克进行涂揩数遍，或用虫胶清漆薄薄涂刷 2～3 次。

4）水泥砂浆等潮湿基层不能涂油漆，至少要经过 2～3 个月的风干时间才允许涂刷油漆，含水率用专门仪器测定。潮湿会影响漆膜正常干燥，尤其物面凝结湿气时，必须擦干，待湿气蒸发后，方可涂漆。具体要求是混凝土和抹灰层的含水率不得大于 8%，碱度 pH 值应在 10 以下；木材含水率不得大于 12%。

5）应选择良好的施工环境，不得有酸、碱、盐分或其他化学气体；不在雨雾、潮湿、严寒、阴暗、烈日暴晒等恶劣气候条件下进行施工。一般最适宜的条件是空气相对湿度不超过 70%。温度低或冬季可酌加一些催干剂。在室内、地下室施工，要使空气流通，促使漆膜干燥。

3. 木材表面涂饰溶剂型混色涂料时，木纹显露不清晰，涂膜不透彻，不光亮

木材表面涂饰溶剂型混色涂料时，如果出现木纹浑浊，颜色不一，涂膜不透彻、不光亮，就达不到涂刷清漆的效果，影响观感质量。主要原因是刷底涂料时，木材表面未涂刷到位，表面上的缝隙、毛刺等质量缺陷修整后，未用腻子多次填补，并用砂纸磨光，涂料涂刷操作顺序不当，涂料未涂刷均匀，各层结合不牢固等。

预防措施：

刷底涂料时，木料表面、橱柜、门窗等玻璃口四周必须涂刷到位，不可遗漏，木料表面的缝隙、毛刺、戗茬和脂囊修整后，应用腻子多次填补，并用砂纸磨光。较大的脂囊应用木纹相同的材料用胶镶嵌；抹腻子时，对于宽缝、深洞要填入压实，抹平刮光，打磨砂纸要光滑，不能磨穿油底，不可磨损棱角。

涂刷涂料时应横平竖直，纵横交错、均匀一致。涂刷顺序应先上后下，先内后外，先浅色后深色。按木纹方向理平理直，进行涂料应涂刷均匀，各层必须结合牢固。进行涂料施工时，应待前一遍涂料干燥后再刷下一遍。尤其是橱柜、门窗扇的上冒头顶面和下冒头底面不得漏刷涂料。

6.3　美术涂饰工程

6.3.1　美术涂饰工程施工工艺

1. 油漆美术涂饰

（1）套色花饰涂饰施工工序

清理基层→弹水平线→刷底油（清油）→刮腻子→砂纸磨光→刮腻子→砂纸磨光→弹分色线（俗称方子）→涂饰调和漆→再涂饰调和漆→漏花（几种色漏几遍）→画线。

（2）滚花涂饰施工工序

基层清理→涂饰底漆→弹线→滚花→画线。

（3）仿木纹涂饰施工工序

清理基层→弹水平线→涂刷清油→刮腻子→砂纸磨光→刮色腻子→砂纸磨光→涂饰调和漆→再涂饰调和漆→弹分格线→刷面层油→做木纹→用干刷轻扫→画分格线→涂饰清漆。

（4）仿石纹涂饰施工

1）施工工序

清理基层→涂刷底油（清油再加少量松节油）→刮腻子→砂纸磨光→刮腻子→砂纸磨光→涂饰两遍调和漆→喷涂三遍色→画色线→涂饰清漆。

2）施工要点

①应在第一遍涂料表面上进行。

②待底层所涂清油干透后，刮两遍腻子，磨两遍砂纸，拭掉浮粉，再涂饰两遍色调和漆，采用的颜色以浅黄或灰绿色为好。

③色调和漆干透后，将用温水浸泡的丝绵拧去水分后再甩开，使之松散，以小钉子将其挂在油漆好的墙面上，用手整理丝绵成斜纹状，如石纹一般，连续喷涂三遍色，喷涂的顺序是浅色、深色而后喷白色。

④油色喷涂完成后，须停10～20min即可取下丝绵，待喷涂的石纹干后再行画线，等线干后再刷一遍清漆。

（5）涂饰鸡皮皱施工

1）施工工序

清理基层→涂刷底油（清油）→刮腻子→砂纸磨光→刮腻子→砂纸磨光→刷调和漆→刷鸡皮皱油→拍打鸡皮皱纹。

2）施工要点

①在涂饰好油漆的底层上涂上拍打鸡皮皱纹的油漆，其配合比十分重要，否则拍打不成鸡皮皱纹。目前常用的配合比（质量比）为：清油：大白粉：双飞粉（麻斯面）：松节油＝15：26：54：5。也可由试验确定。

②涂饰面层的厚度为1.5～2.0mm，比一般涂饰的油漆要厚一些。涂饰鸡皮皱油漆和拍打鸡皮皱纹是同时进行的，应由两人操作，即前面一人涂饰，后面一人拍打。拍打的刷子应平行于墙面，距离20cm左右，刷子一定要放平，一起一落，拍击成稠密而撒布均匀的疙瘩，犹如鸡皮皱纹一样。

2. 水性涂料美术粉饰

（1）套色漏花墙粉饰施工

1）施工工序

清理基层→涂刷底浆→弹线→涂刷色浆→漏花→画线。

2）施工要点

①漏花前，应仔细检查漏花的各种图案版有无损伤。

②图案花纹的颜色须试配，使之深浅适度、协调柔和，并有立体感。

③漏花时，图案版必须找好垂直，第一遍色浆干透再上第二遍色浆，以防混色。多套色者依此类推，多套色的漏花版要对准，以保持各套颜色严密，不露底子。

④配料稠度适宜，过稀易流淌，污染墙面；过干则易堵喷嘴。

（2）滚花粉饰施工

滚花粉饰施工工序：基层清理→涂刷底浆→弹线→涂刷色浆→滚花→画线。

（3）喷点色墙施工

喷点色墙施工工序：清理基层→涂刷底浆→弹线→涂刷色浆→喷点→画线。

6.3.2　美术涂饰工程基层缺陷分析处理

美术涂饰基层处理不符合设计要求，涂层表面就会导致毛刷、飞边、油脂污垢、锈蚀、旧涂膜消除不洁净，影响涂饰的美观性。其主要原因是基层表面手工清除不仔细，机械清除方式选用不当，化学清除的处理方法未与打磨工序配合进行，或热清除方法不正确。实施过程中，正确防治措施有：

（1）手工清除。使用铲刀、刮刀、剁刀及金属刷具等，对木质面、金属面、抹灰基层上的毛刷、飞边、凸缘、旧涂层及氧化铁皮等进行清理去除。

（2）机械清除。采用动力钢丝刷、除锈枪、蒸汽剥除器、喷砂及喷水等机械清除方式。

（3）化学清除。当基层表面的油脂污垢、锈蚀和旧涂膜等较为坚实牢固时，可采用化学清除的处理方法与打磨工序配合进行。

（4）热清除。利用石油液化气炬、热吹风刮除器及火焰清除器等设备，清除金属基层表面的锈蚀、氧化铁皮及木质基层表面的旧涂膜。

6.3.3　材质打磨效果不好

若材质打磨方式选用不当，未按照各阶段的打磨要求进行打磨，材质打磨效果不好，将影响涂饰质量及美观。

打磨方式分干磨与湿磨两种。干磨即是用砂纸或砂布及浮石等直接对物面进行研磨；湿磨是由于卫生防护的需要，以及为防止打磨时漆膜受热变软使漆尘黏附于磨粒间而有损研磨质量，将水砂纸或浮石蘸水（或润滑剂）进行打磨。硬质涂料或含铅涂料一般需采用湿磨方法。如果湿磨易吸水而使得基层或环境湿度大时，可用松香水与生亚麻油（3∶1）的混合物做润滑剂打磨。

此外，根据不同要求和打磨目的，打磨又分为基层打磨、层间打磨和面漆打磨，见表6-9。

表6-9　不同阶段的打磨要求

打磨部位	打磨方式	打磨要求及注意事项
基层打磨	干　磨	用 $1\sim1\frac{1}{2}$ 号砂纸打磨。线角处要用对折砂纸的边角砂磨。边缘棱角要打磨光滑，去其锐角以利涂料的黏附。在纸面石膏板上打磨，不要使纸面起毛
层间打磨	干磨或湿磨	用 0 号砂纸、1 号旧砂纸或 280～320 号水砂纸。木质面上的透明涂层应顺木纹方向直磨，遇有凹凸线角部位可适当运用直磨、横磨交叉进行的方法轻轻打磨
面漆打磨	湿　磨	用 400 号以上水砂纸蘸清水或肥皂水打磨。磨至从正面看去是暗光，但从水平侧面看去如同镜面即可。此工序仅适用硬质涂层，打磨边缘、棱角、曲面时不可使用垫块，要轻磨并随时查看以免磨透、磨穿

对于木质材料表面不易磨除的硬刺、木丝和木毛等，可采用稀释的虫胶漆［虫胶∶酒精＝1∶（7～8）］进行涂刷待干后再行打磨的方法；也可用湿布擦抹表面使木材毛刺吸水胀起干后再打磨的方法。

第7章 门窗工程

7.1 木门窗制作与安装工程

7.1.1 木门窗基本构造

1. 木门基本构造

门是由门框（门樘）和门扇两部分组成的。当门的高度超过 2.1m 时，还要增加门上窗（又称亮子或幺窗），门的各部分名称如图 7-1 所示。各种门的门框构造基本相同，但门扇却各不一样。

2. 木窗基本构造

木窗是由窗框和窗扇两部分组成的，在窗扇上按设计要求安装玻璃（图 7-2）。

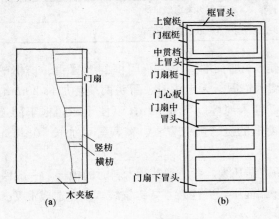

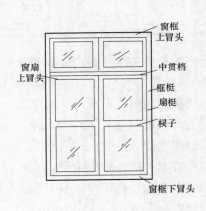

图 7-1　门的构造形式
(a)蒙板门；(b)镶板门

图 7-2　木窗的构造形式

7.1.2 木门窗制作与安装施工工艺

1. 施工工序

放样→配料、裁料→刨料→画线→打眼→开榫，拉肩→裁口、倒棱→拼装→门窗柜安装→门窗扇安装→小五金安装。

2. 施工要点

1)放样。放样是根据施工图纸上设计好的木制品，按照足尺 1∶1 将木制品构造画出来，做成样板（或样棒），样板采用松木制作，双面刨光，厚约 25cm，宽等于门窗樘子梃的断面宽，长比门窗高度大 200mm 左右，经过仔细校核后才能使用，放样是配料、截料和画线的依据，在使用过程中，注意保持其画线的清晰，不要使其弯曲或折断。

2）配料、截料

①配料前，要熟悉图纸，了解门窗的构造、各部分尺寸、制作数量和质量要求，计算出各部分的尺寸和数量，列出配料单，按配料单进行配料。

②配料时，要先配长料后配短料，先配框料后配扇料，使木料得到充分合理的使用。

③制作门窗时，需要大量刨削，拼装时会有损耗，因此，配料须加大尺寸。具体加大量可参考如下规定：

断面尺寸：单面刨光加大 1～1.5mm，双面刨光加大 2～3mm。机械加工时单面刨光加大 3mm，双面刨光加大 5mm。长度方向的加工余量见表7-1。

表 7-1　门窗构件长度加工余量

构件名称	加工余量
门樘立梃	按图纸规格放长 70mm
门窗樘冒头	按图纸放长 10cm，无走头时放长 40mm
门窗樘中冒头、窗樘中竖梃	按图纸规格放长 10mm
门窗扇梃	按图纸规格放长 40mm
门窗扇冒头、玻璃棂子	按图纸规格放长 10mm
门扇中冒头	在 5 根以上者，其中 1 根可考虑做半榫
门芯板	按图纸冒头及扇梃内净距放长各 20mm

④门窗料的长度，因门窗框的冒头有走头（加长端），冒头（门框的上冒头、窗框的上、下冒头）两端各需加长 120mm，以便砌入墙的锚固。无走头时，冒头两端各加长 20mm，安装时，再根据门洞或窗洞尺寸决定取舍，需埋入地坪以下 60mm，以便于与门框牢固连接。在楼层上的门框只加长 20～30mm。一般窗框的梃、门窗冒头、窗棂等可加长 10～15mm，门窗扇的梃加长 30～50mm。

⑤在选配木料上按毛料尺寸划分出截断，锯开线，考虑到锯解木料时的损耗，一般留出 2～3mm 的损耗量。锯切时，要注意锯线直，端面平，并注意不要锯锚线，以免造成浪费。

3）刨料

①刨料前，宜选择纹理清晰，无节疤和毛病较少的材面作为正面。对于框梁，任选一个窄面为正面。对于扇料，任选一个宽面为正面。

②刨料时，应当顺着木纹刨削，以免戗槎。刨削中应常用尺子量测部件的尺寸是否满足要求，不要刨过量，以免影响门窗的质量。

③正面刨平直以后，要打上记号，再刨垂直的一面，两个面的夹角必须是 90°，一面刨料，另一面用角尺测量。然后，以这两个面为准，用勒子在料上画出所需要的厚度和宽度线。整根料刨好后，要注意这两根线不能刨掉。

④门窗的框料靠墙的面可以不刨光，但要刨出两道灰线。扇料必须四面刨光，画线时才能准确。料刨好后，应按框、扇分别码好，上下对齐，放料的场地要求平整、坚实。

4）画线。画线是根据门窗的构造要求，在各根刨好的木料上画出榫头线和打眼线等。

画线前，先要弄清楚榫、眼的尺寸和形式，即什么地方做榫，什么地方凿眼，弄清图纸要求和样板式样，尺寸、规格必须一致，并先做样品，经审查合格后再正式画线。

门窗樘无特殊要求时，可用平肩插。樘梃宽超过 80mm 时，要画双实榫；门扇梃厚度超过 60mm 时，要画双头榫；60mm 以下画单榫。冒头料宽度大于 180mm 者，一般画上下双榫。榫、眼厚度一般为料厚的 1/4～1/3。半榫、眼深度一般不大于料断面的 1/4，冒头拉肩应和榫吻合。

成批画线应在画线架上进行。把门窗料叠放在架子上，将螺钉拧紧固定，然后用丁字尺一次画下来，既准确又迅速，并标识出门窗料的正面或看面。所有榫、眼注明是全眼还是半眼，透榫还是半榫。正面眼线画好后，要将眼线画到背面，并画好倒棱、裁口线，这样所有的线就画好了，要求线要画得清楚、准确、齐全。

5）打眼

①凿眼时，要选择与眼宽度相等的凿子，凿刃要锋利，刃口须磨齐平，中间不能凸起成弧形。先凿透眼，后凿半眼，凿透眼时先凿背面，凿到 1/2 眼深，把木料翻过来凿正面，直到把眼凿透。另外，眼的正面边线要凿去半条线，留下半条线，榫头开榫时也留半线，榫、眼合起来为一整线，这样的榫、眼结合才紧密。眼的背面按线凿，不留线，使眼比面略宽，这样的眼状榫头可避免挤裂眼口四周。

②凿好的眼，要求方正，两边要平直，眼内清洁，无木渣。

③成批生产时，要经常核对，检查眼的位置尺寸，以免产生误差。

6）开榫、拉肩。开榫又称倒卯，就是按榫头线纵向锯开。拉肩就是锯掉榫头两旁的肩头，通过开榫和拉肩操作就制成了榫头。

拉肩、开榫要留半根墨线。锯出的榫头要方正、平直，榫眼处完整无损，没有被拉肩操作面锯伤。半榫的长度应比半眼的深度少 2～3mm。锯成的榫要求方正，不能伤榫根。楔头倒棱，以防装楔头时将眼背面顶裂。

7）裁口和倒棱。倒棱和裁口是在门框梃上做出，倒棱起装饰作用。裁口是对门扇关闭时起限位作用。倒棱要平直，宽度要均匀；裁口要方正、平直，不能有戗槎起毛、凹凸不平的现象，严禁裁口的角上木料未刨净。

8）拼装。

①组装门窗框、扇前，应选出各部件的正面，使组装后正面在同一面；把组装后刨不到面上的线用砂纸打掉。门框组装前，先在两根框梃上量出门高，用细锯锯出一道锯口，或用记号笔画出一道线，这就是室内地坪线，作为立框的标记。

②门窗框的组装，是在一根边梃的眼里再装上另一边的梃；用锤轻轻敲打拼合，敲打时要垫木块，以防止打坏榫头或留下敲打的痕迹。待整个拼好归方以后，再将所有榫头敲实，锯断露出的榫头。拼装时应先将楔头沾抹上胶再用锤轻轻敲打拼合。

③门窗扇的组装方法与门窗框基本相同。但木扇有门心板，须先把门心板按尺寸裁好，一般门心板应比门扇边上量得的尺寸小 3～5mm。门心板的四边去棱，刨光净好后，先把一根门梃平放，将冒头逐个装入，门心板嵌入冒头与门梃的凹槽内，再将另一根门梃的眼对准榫装入，并用锤垫木块敲紧。

④组装好门窗框、扇后，为使其成为一个结实的整体，必须在眼中加木楔，将榫在眼中挤紧。木楔长度与榫头一样长，宽度比眼宽窄 2～3mm，楔子头用扁铲顺木纹铲尖。加楔

时，应先检查门框、扇的方正，掌握其歪扭情况，以便再加楔时调整、纠正。

⑤一般每个榫头内必须加两个楔子。加楔子时，用凿子或斧子把榫头凿出一道缝，将楔子两面抹上胶插进缝内，敲打楔子要先轻后重，逐步搋入，不要用力太猛。当楔子已打不动，孔眼已卡紧饱满时，就不要再敲，以免将木料搋裂。在加楔过程中，对框、肩要随时用角尺或尺杆卡审角找方正，并校正框、扇的不平处，加楔时注意纠正。

⑥组装好的门窗框、扇细刨后用砂纸修平修光。双扇门窗要配好对，对缝的裁口刨好。安装前，门窗框靠墙的一面均要刷一道沥青，以提升防腐能力。

⑦为了防止在运输过程中门窗框变形，在门框下端钉上拉杆，拉杆下皮正好是锯口。大的门窗框，在中贯档与梃间要钉八字撑杆，外面四个角也要钉八字撑杆。

⑧门窗框组装、净面后，应按房间编号，按规格分别码放整齐，堆垛下面要垫木块。不准在露天堆放，要用油布盖好，以防止日晒雨淋。门窗框进场后应尽快刷一道底油防止风裂和污染。

9)门窗框安装。

①主体结构完工后，复查洞口标高、尺寸及木砖位置。

②将门窗框用木楔临时固定在门窗洞口内相应位置。

③用吊线坠校正框的正、侧面垂直度，用水平尺校正框冒头的水平度。

④用砸扁钉帽的钉子钉牢在木砖上。钉帽要冲入木框内 1～2mm，每块木砖要钉两处。

⑤高档硬木门框应用钻打孔后用木螺丝拧固，并拧进木框内 5mm 后用同等木补孔。

10)门窗扇安装。

①安装门、窗扇前，先要检查门窗框上、中、下三部分是否一样宽，如果相差超过5mm，就必须修整。核对门、窗扇的开启方向，并打记号，以免把扇安错。安装扇前，预先量出门窗框口的净尺寸，考虑风缝(松动)大小，以便进一步确定扇的宽度和高度，并进行修刨。应将门扇固定于门窗框中，并检查与门窗框配合的松紧度。由于木材有干缩湿胀的性质，而且门窗扇、门窗框上都需要有油漆及打底层的厚度，所以安装时要留封。一般门扇对口处竖缝留 1.5～2.5mm，窗扇竖缝为 2mm，并按此尺寸进行修刨。

②将修刨好的门窗扇，用木楔临时立于门窗框中，排好缝隙后画出铰链位置。铰链位置距上、下边的距离是门扇宽度的 1/10，这个位置对铰链受力比较有利，又可避开头。然后把扇取下来，用扇铲剔出铰链页槽。铰链页槽应外边浅，里边深，其深度应当是把铰链合上后与框、扇平正位准。剔好铰链槽后，将铰链放入，上下铰链各拧一颗螺丝钉把扇挂上，检查缝隙是否符合要求，扇与框是否齐平，扇能否关住。检查合格后，再把螺丝钉全部上齐。

③门窗扇安装好后要试开，其标准是：以开到哪里就能停到哪里为好，不能有自开或自关现象。如果发现门窗扇在高、宽度上有短缺情况，高度上应将补钉的板条钉在下冒头下面，宽度上，在安装铰链一边的梃上补钉板条。

11)小五金安装。

①所有小五金必须用木螺丝固定安装，严禁用钉子代替。使用木螺丝时，先用手锤钉入全长的 1/3，接着用螺丝刀拧入。当木门窗为硬木时，先钻孔径为木螺丝直径 0.9 倍的孔，孔深为木螺丝全长的 2/3，然后再拧入木螺丝。

②铰链距门窗扇上下两端的距离为扇高的 1/10，且避开上下冒头。安好后必须灵活。

③门锁距地面高约 0.9～1.05m，应错开中冒头和边梃的榫头。

④门窗拉手应位于门窗扇中线以下，窗拉手距地面 1.5～1.6m。

⑤窗风钩应装在窗框上冒头与窗扇下冒头夹角处，使窗开启后成 90°角，并使上下各层窗扇开启后整齐划一。

⑥门插销位于门拉手下边。装窗插销时应先固定插销底板，再关窗打插销压痕，凿孔，打入插销。

⑦门扇开启后易碰墙的门，为固定门扇应安装门吸。

⑧小五金应安装齐全，位置适宜，固定可靠。

7.1.3　木门窗施工技巧

1. 木门窗框制作

(1)打眼时顺木纹两侧要直，打通眼时要先打背面后打正面。凿眼时要凿半线、留半线。手工凿眼时，眼内上下端中部宜稍微突出些，以便拼装时加楔打紧。开榫时要留半根墨线。

(2)加工框料时起刨的刨底应平直，刨刃盖要严密，刨口不宜过大，刨刃要锋利，使用起线刨时可加导板，以使线条顺直，操作时应一次推完线条。

(3)门框加工完成后须加以检查，校正规方，钉好斜拉条(不少于两根)，无下坎的门框应加钉水平拉条，以防在运输和安装过程中变形。门框的宽度等于或大于 1200mm 时，框体背面应推凹槽，以防卷曲。

(4)制作胶合板门时，边框和横棱必须在同一平面上，面层与边框及横棱应加压胶结，并在横棱、上下冒头各钻两个以上的透气孔，以防受潮脱胶或起鼓。为防止胶合板门变形，可将边框和横棱交错锯缝，切断木纤维，缝深为料宽的 2/3，如图 7-3 所示。

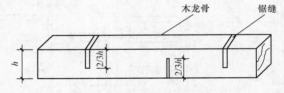

图 7-3　木方的加工处理(单位:mm)

(5)加工木料时材料宜适当长一些，不宜过短，加工余量应符合表 7-1 的要求。

2. 木门窗框安装

(1)固定门框时可先用钉子固定中间的预埋木砖，这样便于平整度、垂直度的校正。为避免钉帽对装饰面的影响，钉帽应砸扁后再钉入，钉子不宜一次固定到位，应分次进行，待校正合格后再全部钉入。固定门框的钉子长度应是框厚的 1.5 倍以上。

(2)安装合页时，必须按画好的合页位置线开槽，槽深应比合页厚度大 1～2mm。合页应先与门扇连接，然后再与门框固定。

固定合页时应先上后下，如有 3 只合页，则中间一只合页最后安装。合页距上下边的位置应为门高的 1/10 左右，并避开上、下冒头，上面一只的距离可适当小一些，下面一只可适当大一些，中间一只应位于中部偏上位置(距地约为门扇高度的 0.618 倍)，以避免门扇的下垂。

(3)门框与洞口的间隙一般不超过 20mm，如超过 20mm，钉子应加长，并在框体与洞口间加垫木。为防止门框松动，固定点的位置、数量应符合要求，单砖墙和轻质隔墙应埋特制木砖，较大的门框或硬木门框可用铁件与墙体连接。

(4)修刨门窗扇时，不装合页一边的底面要多刨 1mm 左右，让扇稍有挑头，留出下坠的余量。如门框与墙齐平，可待墙面灰饼做完后再最后固定，门框突出墙面的距离为粉刷层厚度，这样才能使框面与墙壁面在同一水平面上。

(5)安装合页时，如有倾斜、松动，应将木螺钉退出，然后在原有的孔内塞上木楔，再按要求将木螺钉拧入。凡小五金能预装的，应预先装好，以便于安装。

7.1.4　1/4砖墙木门框安装改进做法

如工程检查中发现，安装在1/4砖厚墙中的木门框，两面做木贴脸，墙面抹灰后，门框上槛的保护头的局部仍露出墙面，即使未露出墙面，其表面抹灰层也很薄，门框稍经振动，久而久之，便会脱落。这种情况是由墙体厚度、抹灰厚度和框料断面尺寸间的特定关系决定的。为解决这一问题，应对木门框立面做一些改进，具体做法如图7-4～图7-6所示。

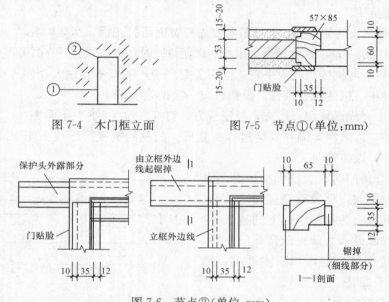

图 7-4　木门框立面　　　　图 7-5　节点①(单位:mm)

图 7-6　节点②(单位:mm)

7.1.5　木门框与构造柱固定方法改进做法

砖混结构住宅施工中，经常遇到门框边为混凝土构造柱的情况。支模板前，通常把木砖绑在钢筋上，待浇筑混凝土后常发现大部分木砖移位，距混凝土表面最多达3～4cm，有的木砖甚至掉到构造柱底部，使门框无法固定。

施工中可以采取以下做法(图7-7)，这种方法改变了以前的做法，即在构造柱内不放置木砖。当安装门框时，用已制好的3mm厚凸形薄钢板先与门框用钢钉钉牢，待门框校正后，用钢钉将薄钢板与混凝土钉牢，并在抹灰前做好薄钢板的防腐处理。

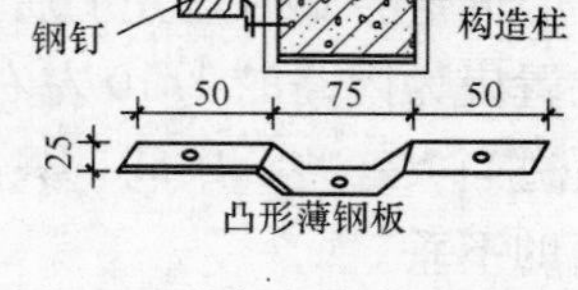

图 7-7　木门框与构造柱的薄钢板固定法(单位:mm)

7.1.6　木门窗制作质量缺陷分析处理

1. 门窗框、扇配料时预留的加工余量不足

门窗框毛料宽度和厚度加工余量不足，门窗扇表面不平、不光、戗槎，造成门窗框、门窗扇截面尺寸达不到设计要求，影响门窗框、门窗扇的强度和刚度。

加工时有走头的门窗框冒头，要考虑锚固长度，可加长 200mm；无走头者，为防止打眼拼装时加楔劈裂，也应加长 40mm，其他门窗框中冒头、窗框中竖梃、门窗扇冒头、玻璃棂子应按图纸规格加长 10mm，门窗扇梃加长 40mm。对于一面刨光者留 3mm，两面刨光者留 5mm。门框立梃要按图纸规格加长 70mm，以便下端固定在粉刷层内。

2. 门窗框、扇几何尺寸偏大或偏小

门窗框、扇几何尺寸偏大或偏小，致使框扇不配套，扇装不进框或装进去缝隙过大，影响使用功能。主要原因是画线前未检查已刨好的木料，画线时未挑选木料的光面作为正面，有缺陷的放到背面，或刨削、打眼操作时，未严格按照画好的线加工。

在门窗框、扇制作过程中，画线前应检查已刨好的木料，合格后将木料放到画线机或画线架上，准备画线。画线时应先画线加工试做一樘样品，经审查合格后再正式画线。画线时应挑选木料的光面作为正面，有缺陷的放在背面，画出的榫、眼、厚、薄、宽、窄尺寸必须一致。用画线刀或线勒子画线时须用钝刃，避免画线过深，影响质量和美观；画好的线最粗不宜超过 0.3mm，务求均匀、清晰。刨削、打眼操作时应严格按照画好的线加工。若门窗扇稍大，可将其刨削至需要尺寸。若门窗扇过大，因刨削过多会大大减小截面或损伤榫卯时，应考虑更换新扇；若门窗扇稍小，在不影响美观的情况下，可在边部涂胶加钉木条至所需尺寸，若过小时应考虑更换新扇。

7.1.7　木门窗安装质量缺陷分析处理

1. 门窗框安装不牢、松动

由于木砖的数量少、间距大，或木砖本身松动，门窗框与木砖固定用的钉子小，钉嵌不牢，门窗框安装后松动，造成边缝空裂无法进行门窗扇的安装。安装过程中应按以下防治措施操作：

(1)木砖的位置、数量应按照图纸及有关规定设置，不可缺少。一般 2m 高以内的门窗每边不少于 3 块；2m 高以上的门窗框，每边木砖的间距不大于 1m。

(2)较大的门窗框或硬木门窗框要用铁掳子与墙体结合。

(3)门窗洞口每边空隙不应超过 20mm，如超过 20mm，钉子要加长，并在木砖与门窗框之间加垫木，保证钉子钉进木砖 50mm。门窗框与木砖结合时，每一木砖要钉长 100mm 钉子两个，而且上下要错开，垫木必须通过钉子钉牢。

(4)门框安好后，要搞好成品保护，防止推车时碰撞，必须将其门框后缝隙嵌实，并达到所需强度。

(5)严禁将门窗框作为脚手板的支撑或提升重物的支点，防止将门窗框损坏和变形。

2. 在拼装门窗框、扇时，榫槽不加胶或加楔不加胶

榫槽嵌合不严密，使用中木楔逐渐退出，门窗节点松动，榫槽处露缝，造成门窗变形，门窗扇下垂。主要原因是门窗框、门窗扇未采用榫槽连接；榫槽嵌合时，未涂刷胶料；选用的胶料不符合设计要求。

门窗框、门窗扇应采用榫槽连接。门窗框及厚度大于 50mm 的门窗扇应采用双夹榫连接。冒头料宽度大于 180mm 时，一般画上下双榫。榫眼厚度一般为料厚的 1/5～1/3，中冒头大面宽度大于 100mm 者，榫头必须大进小出。门窗棂子榫头厚度为料厚的 1/3。半榫眼深度一般不大于料截面的 1/3，冒出拉肩应与榫吻合。榫槽嵌合时，应涂刷胶料，采用加楔榫槽时，木楔也应涂胶，楔宽与榫宽相同，一般门窗框每个榫加两个楔，保证榫槽连接紧密，胶结牢固。

涂胶前，应清除榫槽表面的油脂、污垢及灰尘。涂胶时应控制胶液温度在10℃～30℃之间，防止漏涂。胶液涂刷后，应及时将榫插入槽内，使接缝严密，并及时清除缝口多余的胶液。选用的胶料应符合设计要求。一般情况下，露天及经常受潮(如浴室等)的门窗构件，应采用耐水的酚醛树脂胶；不受潮的构件，可采用半耐水的脲醛树脂胶，不得采用非耐水胶。

7.1.8 木门窗表面质量缺陷分析处理

1. 门框变形

门框变形，导致开关不灵，缝隙过大，严重者，门窗扇关不上或关不平，关上后拉不开，无法使用。

(1)原因分析

1)木材含水率过大。

2)木料选材不当。

3)加工制作时未考虑木材的各种天然缺陷。

4)成品重叠堆放时未垫平。

5)成品受潮。

(2)正确做法

1)应使用烘干的木材，含水率应符合《建筑木门、木窗》(JG/T 122—2000)的规定。

2)应正确选用木材，选用标准参见《建筑装饰装修工程质量验收规范》(GB 50210—2001)附录A。

3)根据木材的变形规律合理锯材。

4)对于缺少中横档、下槛的门框，其边梃的翘曲应将凸面置于靠墙一侧，利用墙体限制其变形。

5)门框重叠堆放时，应放置在平整的位置上，以免变形。

6)门窗框进场后应立即涂刷一遍底油，安装前应涂上防腐剂，防止以后变形。

2. 门窗框(扇)窜角

门窗框(扇)两相对应对角线长度不相等，门窗框(扇)安装后无法开启和关闭，返工造成浪费，影响工程进度。

(1)原因分析

1)制作加工门窗框(扇)时，打眼不方正。

2)门窗制作好后，未在边梃和上槛间一边钉上临时斜撑。

3)未在冒头上加楔校正。

(2)正确做法

1)制作加工门窗框(扇)时，打眼要方正。用打眼机打眼时，台面要与钻头垂直。夹紧木料，使木料底面紧贴台面，以免偏斜。试打合格后，再成批加工。拼装时，榫插入眼，先规方后再打入，严格控制窜角不超过规定数值。

2)门窗框制作好后，应在边梃和上槛间一边钉上一根临时斜撑，使门窗框变成一个不变形的稳定体系，在外力作用下，仍可保持原有的几何形状，防止门窗框在搬运过程中由于受到外力作用而发生窜角。

3)门窗扇轻微窜角，可在冒头上加楔校正，加楔位置如图7-8所示。

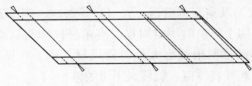

图7-8　加楔位置

3. 框与扇接触面不平

门窗扇安装好关闭后，扇和框的边框不在同一平面内，扇边高出框边，或者框边高出扇边，影响美观，同时也降低了门窗的密封性能。

制作门窗框时，裁口的宽度必须与门窗扇的边梃厚度相适应，裁出的口要宽窄一致，顺直平整，边角方正。在安装门窗扇前，根据实测门窗框裁口尺寸画线，按线将门窗扇锯正刨光，使表面平整顺直，边缘嵌入框的裁口槽内，缝隙合适，接触面平整。

遇到门窗框与扇接触面不平时可按以下方法处理：

(1)如扇面高出框面不超过2mm时，可将门窗扇的边梃适当刨削至基本平整。

(2)如扇面高出框面超过2mm时，可将裁口宽度适当加宽至与扇梃厚度吻合。

(3)如局部不平，可根据情况进行刨削平整。

4. 门窗扇开启不灵

由于验扇前未检查框的立梃是否垂直，未保证合页的进出、深浅一致，选用的五金不配套，螺钉安装不平直。门窗扇安装好以后开关费力，不灵活，有时感到费劲，或扇与框摩擦；门窗扇安好后不易打开，打开后不易关进门窗框的裁口内。为避免出现此类问题，正确做法如下：

(1)验扇前应检查框的立梃是否垂直。如有偏差，待修整后再安装。

(2)保证合页的进出、深浅一致，使上、下合页轴保持在同一垂直线上。

(3)选用五金要配套，螺钉安装要平直；安装门窗扇时，扇与扇、扇与框之间要留适当的缝隙。

(4)对开关不灵活的门窗扇可按下列方法处理：

1)按照门窗扇的开关不灵情况，适当调整合页槽的深浅或合页进出位置。

2)如门窗扇与框间缝隙过小或局部挤紧，可用细刨将整个缝刨宽或将其局部刨削平整。

7.2　金属门窗安装工程

7.2.1　金属门窗构造

1. 钢窗构造

钢窗从构造类型上有"一玻"及"一玻一纱"之分。实腹钢窗料的选择一般与窗扇面积、玻璃大小有关，通常25mm钢料用于550mm宽度以内的窗扇；32mm钢料用于700mm宽的窗扇；38mm钢料用于700mm宽的窗扇。钢窗一般不做窗头线（即贴脸板），如做窗头线则须先做筒子板，均用木材制作，也可加装木纱窗。钢窗如加装铁纱窗时，窗扇外开，而铁纱窗固定于内侧。大面积钢窗可用各式标准窗拼接组装而成。其拼条连接方式有扁钢（一）；型钢（L、T、工）；钢管（〇）及空腹薄壁钢（凸、口）等形式。钢窗五金以钢质居多，也有表面镀铬或上烘漆的。撑头用于开窗时固定窗扇，有单杆式撑头、双根滑动牵筋、套栓撑档或螺钉匣式牵筋等，均可调整窗扇开启大小与通风量。执手在钢窗关闭时兼作固定之用，有钩式与旋转式两种，钩式可装纱窗，旋转式不可装纱窗。

2. 钢门构造

钢门的形式有半玻璃钢板门（也可为全部玻璃，仅留下部少许钢板，常称为落地长窗）、满镶钢板的门（为安全和防火之用）。实腹钢门框一般用 32mm 或 38mm 钢料，门扇大的可采用后者。门芯板用 2～3mm 厚的钢板，门芯板与门梃、冒头的连接，可于四周镶扁钢或钢皮线脚焊牢；或做双面钢板与门的钢料相平。钢门须设下槛，不设中框，关闭时，两扇门合缝应严密，插销应装在门梃外侧合缝内。钢门安装方法及钢窗构造分别如图 7-9、图 7-10 所示。

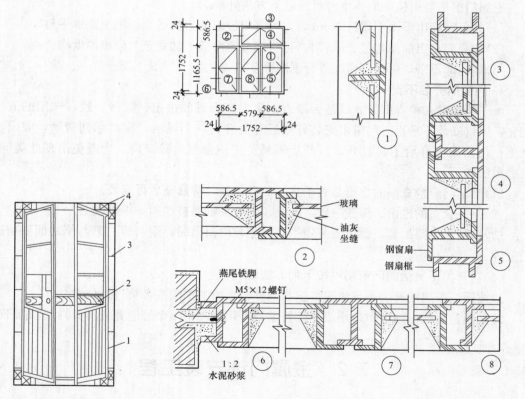

图 7-9　钢门安装基本形式
　1—门洞口；2—临时木撑；
　　3—铁脚；4—木楔

图 7-10　钢窗构造示例（单位：mm）

3. 铝合金门窗构造

铝合金门窗按其结构与开闭方式可分为推拉窗（门）、平开窗（门）、固定窗、悬挂窗、回转窗（门）、百叶窗、纱窗等。所谓推拉窗，是窗扇可沿左右方向推拉启闭的窗；平开窗是指窗扇绕合页旋转启闭的窗；固定窗是指固定不开启的窗。与普通木门窗、钢门窗相比，铝合金门窗主要特点是轻，性能好，色润美观，耐腐蚀，使用维修方便，便于进行工业化生产等。

7.2.2 金属门窗施工工艺

1. 钢门窗施工工艺

（1）施工工序

画线定位→钢门窗就位→钢门窗固定。

（2）施工要点

1）画线定位。按照设计图纸要求，在门窗洞口上弹出水平和垂直控制线，以确定钢门窗的安装位置、尺寸、标高。水平线应从+50cm 水平线上量出门窗框下皮标高拉通线；垂直线应从顶层楼门窗边线向下垂吊至底层，以控制每层边线，并做好标志，确保各楼层的门窗上下、左右整齐画线。

2）钢门窗就位。

①钢门窗安装前，应按设计图纸要求核对钢门窗的型号、规格、数量是否符合要求；拼樘构件、五金零件、安装铁脚和紧固零件的品种、规格、数量是否正确和齐全。钢门窗安装前，应逐樘进行检查，如发现钢门窗框变形或窗角、窗梃、窗心有脱焊、松动等现象，应校正修复后方可进行安装。

②检查门窗洞口内的预留孔洞和预埋铁件的位置、尺寸、数量是否符合钢门窗安装的要求，如发现问题，应进行修整或补凿洞口。

③安装钢门窗时，必须按建筑平面图分清门窗的开启方向是内开还是外开，单扇门是左手开启还是右手开启。然后按图纸的规格、型号将钢门窗樘运到安装洞口处，并要停放稳当。

④在搬运钢门窗时，不可将棍棒等工具穿入窗心或窗梃起吊或杠抬，严禁抛、摔，起吊时要选择平稳牢固的着力点。将钢门窗立于图纸要求的安装位置，用木楔临时固定，将其铁脚插入预留孔中，然后根据门窗边线、水平线及距外墙皮的尺寸进行支垫，并用托线板靠吊垂直。

⑤钢门窗就位时，应保证钢门窗上框距过梁要有 20mm 缝隙，框左右缝宽一致，距外墙皮尺寸符合图纸要求。

3）钢门窗固定。钢门窗就位后，校正其水平和正、侧面垂直度，然后将上框铁脚与过梁预埋件焊牢，将框两侧铁脚插入预留孔内，用水把预留孔内湿润，用1∶2 较硬的水泥砂浆或 C20 细石混凝土将其填实后抹平。终凝前不得碰动框扇。

3d 后取出四周木楔，用1∶2 水泥砂浆把框与墙之间的缝隙填实，与框同平面抹平。若为钢大门时，应将合页焊到墙中的预埋件上。要求每侧预埋件必须在同一垂直线上，两侧对应的预埋件必须在同一水平位置上。

2. 铝合金门窗安装施工工艺

（1）施工工序

画线定位→防腐处理→铝合金门窗框就位→铝合金门窗框固定→填缝→门窗扇安装→清理。

（2）施工要点

1）画线定位。根据设计图纸和土建施工所提供的洞口中心线及水平标高，在门窗洞口墙体上弹出门窗框位置线。放线时应注意：在同一立面的门窗在水平与垂直方向应做到整齐一致，对于预留洞口尺寸偏差较大的部位，应采取妥善措施进行处理。根据设计要求，门窗可以立于墙的中心线部位，也可将门窗立于内侧，使门窗框表面与内饰面齐平，但在实际工程中将门窗立于洞口中心线的做法较为普遍，因为这样做便于室内装饰的收口处理（特别是在有内窗台板时）。门的安装须注意室内地面的标高，地弹簧的表面应与地面饰面的标高相一致。

2）防腐处理。门窗框四周外表面的防腐处理设计有要求时，按设计要求处理；设计无要求时，可涂刷防腐涂料或黏贴塑料薄膜进行保护，以免水泥砂浆直接与铝合金门窗表面接触，产生电化学反应，腐蚀铝合金门窗。安装铝合金门窗时，如果采用连接铁件固定，则连接铁件、固定件等安装用金属零件最好用不锈钢件，否则必须进行防腐处理，以免产生电化学反应，腐蚀铝合金门窗。

3）铝合金门窗框就位。按照弹线位置将门窗框立于洞内，调整正、侧面垂直度、水平度和对角线合格后，用对拔木楔做临时固定。木楔应垫在边、横框能够受力部位，以防止铝合金框料由于被挤压而变形。

4）铝合金门窗框固定。

①当墙体上预埋有铁件时，可直接把铝合金门窗的铁脚直接与墙体上的预埋铁件焊牢，焊接处需做防锈处理。

②当墙体上没有预埋铁件时，可用金属膨胀螺栓或塑料膨胀螺栓将铝合金门窗的铁脚固定到墙上。也可用电钻在墙上打 80mm 深、直径为 6mm 的孔，用 L 型 80mm×50mm 直径为 6mm 的钢筋，在长的一端黏涂 108 胶水泥浆，然后打入孔中。待 108 胶水泥浆终凝后，再将铝合金门窗的铁脚与埋置的 6mm 钢筋焊牢。

③如果属于自由门的弹簧安装，应在地面预留洞口，在门扇与地弹簧安装尺寸调整准确后，要浇筑 C25 级细石混凝土固定。

④铝合金门边框和中竖框应埋入地面以下 20～50mm；组合窗框间立柱上下端应各嵌入框顶和框底墙体（或梁）内 25mm 以上；转角处的主要立柱嵌固长度应在 35mm 以上。

5）填缝。铝合金门窗的周边填缝应该作为一道工序完成。例如推拉窗的框较宽，如果像钢窗框那样，则仅靠内外抹灰时挤进一部分灰是不够的，难以塞得饱满。所以，对于较宽的窗框，应专门进行填缝。填缝所用的材料，原则上按设计要求选用，但不论使用何种填缝材料，其目的均是密闭和防水。以往用得最多的是 1：2 水泥砂浆。由于水泥砂浆在塑性状态时呈强碱性，pH 值可达 11～13。此时会对铝合金型材的氧化膜有一定影响，特别是当氧化膜被划破时，碱性材料对铝有腐蚀作用。因此，当使用水泥砂浆作填缝材料时，门窗框的外侧应刷涂防腐剂。根据有关现行规范要求，铝合金门窗框与洞口墙体应采用弹性连接，框四周缝隙宽度宜在 20mm 以上，缝隙内分层填入矿棉或玻璃棉毡条等软质材料。框边须留 5～8mm 深的槽口，待洞口饰面完成并干燥后，清除槽口内的浮灰渣土，嵌填防水密封胶。

6）门窗扇安装。

①门窗扇和门窗玻璃应待洞口墙体表面装饰完工经验收后再安装。推拉门窗在门窗框安装固定后,将配好玻璃的门窗扇整体安入框内滑槽,调整好与扇的缝隙即可。

②平开门窗在框与扇格架组装上墙、安装固定好后再安玻璃,即先调整好框与扇的缝隙宽,再将玻璃安入扇并调整好位置,最后镶嵌密封条及密封胶。

③玻璃就位后,应及时用胶条固定。型材镶嵌玻璃的凹槽内,一般有以下做法:用橡胶条挤紧,然后在胶条上面注入硅酮系列密封胶;用 1cm 左右长的橡胶块,将玻璃挤住,然后再注入硅酮系列密封胶。注胶使用胶枪,要注得均匀、光滑,注入深度不宜小于 5mm;用橡胶压条封缝,挤紧后表面不再注胶。

④地弹簧门应在门框及地弹簧主机入地安装固定后再安门扇。先将玻璃嵌入门扇格架并一起入框就位,调整好框扇缝隙,最后填嵌门扇玻璃的密封条及密封胶。

7)清理。铝合金门、窗完工前,应将型材表面的塑料胶纸撕掉。如果发现塑料胶纸在型材表面留有胶痕和其他污物,可用单面刀片刮除擦拭干净,也可用香蕉水清洗干净。

7.2.3　金属门窗安装施工技巧

(1)铝合金门窗框除用铁件(应进行镀锌处理)与墙体连接外,还要将门窗框与墙体间的缝隙填嵌密实,以增加其稳固性并防止门窗边渗水。门窗框与墙体间缝隙的填嵌材料应符合设计要求。安装门窗时除检查单个门窗洞口尺寸外,还应对能够通视的成排或成列门窗洞口进行目测或拉通线检查。

(2)门窗框横向及竖向组合时,应采取套插方式,搭接形成曲面组合,搭接长度宜为 10mm,并用密封膏密封。为防止推拉门窗扇脱落造成危害,推拉门窗扇必须在内框上边加装防止脱落的装置。

(3)安装密封条时应留有一定的伸缩余量,一般比门窗的装配边长 20~30mm。安装后的门窗必须有可靠的刚性,必要时可增设加固件,并做防腐处理。

(4)铝合金门窗框与洞口上缝、下缝应同时填嵌,填嵌时用力不宜过大,以防止门窗框受力后变形。门窗锁与拉手等小五金件,可在门窗扇入框后再组装,以便于对准位置。门窗底滑轮必须选择不锈钢材质,以免生锈引起开关不灵活。

(5)锚固板应固定牢靠,锚固板的间距不应大于 600mm,锚固板距离框角不应大于 180mm,为增加窗承受风荷载的能力,固定片厚度应大于或等于 1.5mm,最小宽度应大于或等于 15mm,材质应采用冷轧钢板,表面应进行镀锌处理。

(6)为安装方便,窗的构造尺寸应包括预留洞口与待安装窗框的间隙及墙体饰面材料的厚度。洞口与窗框的间隙应符合表 7-2 的规定。

表 7-2　洞口与窗框的间隙　　　　　　　　(单位:mm)

墙体饰面层材料	洞口与窗框间隙	墙体饰面层材料	洞口与窗框间隙
清水墙	10	墙体外饰面贴釉面砖	20~25
墙体外饰面抹水泥砂浆或贴陶瓷锦砖	15~20	墙体外饰面贴大理石或花岗石	40~50

(7)铝合金门窗连接结合处的缝隙均应用防水玻璃硅胶嵌填、封堵,以免雨水沿缝渗入

室内。为防止窗框内积水，下框、外框和轨道处根据应钻排水孔数量，在横竖框相交处缝隙应注硅酮胶封严，注胶时框的表面应清理干净。

7.2.4　铝合金门窗固定改进做法

铝合金门窗一般采用膨胀螺栓或射钉等方式固定，但遇砖墙时严禁用射钉固定。在实际工程施工中如违反规定，不论是遇到混凝土还是砖墙或轻质砌块填充墙，都用射钉固定，会造成铝合金门窗在使用过程中松动、框与墙体接触处的密封胶开裂等隐患。根据混凝土可用射钉固定的规定，对门、窗洞口的砖墙等进行改进，可达到较好效果。具体做法如下：

（1）在主体工程施工前，先制作 C20 混凝土预制块，预制块的规格为：240mm×115mm×115mm 和 370mm×115mm×115mm，分别用于 24 墙和 37 墙。

（2）留置数量：距转角处 180mm 留置一块，块与块的间距不大于 500～600mm。一般要求每边不得少于 3 块。

（3）预制块的砌筑方法与砖砌法相同。这种做法操作方便，安装时只需用射钉把镀锌扁铁固定件固定在预制块上即可，消除了铝合金框固定不牢、四周开裂、渗水等隐患，节约了大量的人工、材料，提高了工效。

7.2.5　金属门窗安装质量缺陷分析处理

1. 钢门窗洞口过大或过小

由于测量洞口尺寸时未根据外装修材料决定预留两边灰缝的宽度，在混凝土遮阳板和框架柱两边直接安装钢窗时，未先计算设计尺寸是否考虑安装和抹灰时应留有余地，致使安装钢门窗时，门窗框安装不进墙上预留的洞口中，或是框放入洞口后，四周与墙的缝隙过大，钢门窗安装后密封性能差。为避免出现此类问题，正确做法如下：

（1）认真查对图纸，测量洞口尺寸时应根据外装修材料决定预留两边灰缝的宽度。一般清水墙缝宽大于 15mm；水泥砂浆灰缝宽大于 20mm；水刷石缝宽大于 25mm；面砖墙面缝宽大于 30mm。

（2）在混凝土遮阳板和框架柱两边直接安装钢窗时，应首先计算设计尺寸是否考虑安装和抹灰的应留余地，如没有考虑时，应在征得设计单位同意后，在不影响结构荷载的情况下，减少板和柱两边 20mm 厚度，以保证安装和抹灰质量。

（3）洞口过小或过大时，可按下列方法处理：

1）如洞口过小时，在不影响结构强度的前提下，可将洞口适当剔凿加大。

2）如洞口过大时，可补砌侧砖或浇筑混凝土修补至需要的尺寸。

2. 铝合金门窗框同墙体的固定方法不当，锚固件未做防腐处理

由于铝合金门窗锚固件的材质、规格、间距、位置及固定方法不符合相关规定要求，锚固板未固定牢靠，有松动现象，在铝合金门窗框与钢铁连件之间未用塑料膜隔开。

铝合金与钢铁间的电偶腐蚀而很快锈蚀，使用未经防腐蚀处理螺栓固定连接件，在潮湿环境下螺栓很快被锈蚀，使铝合金门窗框同墙体之间处于无连接状态，不但影响铝合金门窗框与墙体连接的牢固，而且造成射钉周围的墙体碎裂，锚固力降低，时间久了，门窗框就会出现松动。因此，审图时应注意图纸中是否标明与结构的连接方式，固定材料的规格、大小，固定点的位置和间距。

安装前应对预留洞口的尺寸进行检查，对于预留洞口过小、门窗与结构缝太小的应先行处理；对洞口太大的应先用豆石混凝土或混凝土行进行处理，以防止胀管螺栓埋深过浅；对结构为混凝土且采用连接片射钉固定的应严格控制连接片的宽度（不小于 20mm）、厚度（不小于 1.5mm）和防腐处理情况。固定点距窗角一般不大于 200mm，固定点间距一般不大于 600mm。铝合金门窗框选用的锚固件，应选用宽度不小于 20mm，厚度不小于 1.5mm 的钢板作锚固件，钢板及螺栓除用不锈钢的，均应采用镀锌、镀铬、镀镍的方法进行防腐蚀处理。

3. 已装好的金属门窗未采取保护措施

由于已装好的门窗未严禁当做通道，电气焊施工未远离门窗框扇，湿作业完成后未及时将表面清理干净。致使门窗框扇发生损坏，轻则污染、伤坏表层质量，使其失去光泽和产生麻点，重则要返工重新更换。

电气焊施工应远离门窗框扇，必要施工时应做好遮挡，并设专人管理，防止电气焊火花喷溅到铝材表面而形成麻点。已装好的门窗严禁随意当做上下架子的施工通道。

湿作业完成后及时用水刷去污物并用棉丝擦净表面。

4. 带副框的镀色镀锌钢板门窗框松动，周边出现裂缝、框周渗漏

带副框的镀色镀锌钢板门窗框同墙体间应留出适当缝隙，如果填嵌不密实，会造成门窗框松动，周边出现裂缝；如果副框周边不留凹槽，会使粉刷砂浆同副框直接接触，在振动与温度作用下产生裂缝，导致框周渗漏；同时水泥砂浆还会咬色，影响副框表面色泽美观。实施过程中，为避免出现此类问题，正确做法如下：

（1）副框放在洞口并用木楔临时固定，调整好水平及垂直方向位置，把连接件与洞口墙体预埋件用电焊或射钉连接牢固，然后将副框四周与洞口间的缝隙用 1∶2 水泥砂浆分层填嵌密实。

（2）用水泥砂浆将框边缝封堵严，并注意门窗边与灰缝相接处放 5mm×8mm 的米厘条，砂浆干后将条子取下，形成槽口。

（3）待槽口干燥后清理浮灰、垃圾等杂物，涂刷基层处理剂后嵌填密封材料，要求嵌填密实、连续，表面平整光洁。

（4）副框与门窗之间的缝隙均要填充防水密封胶，以保证门窗良好的气密性和水密性，如图 7-11 所示。

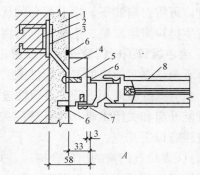

图 7-11　带副框平开窗安装节点（单位：mm）

1—砂浆；2—5mm×100mm×100mm 预埋件；
3—连接件；4—副框；5—TC4.2×12.7 自攻螺钉；
6—建筑密封膏密封；7—TP4.8×22 自攻螺钉；
8—镀色镀锌钢板窗扇

7.2.6　金属门窗表面质量缺陷分析处理

1. 钢门窗框不方正、翘曲变形

由于钢门窗制作质量粗糙，本身翘曲不平，钢门窗无出厂合格证，搬运、装卸和施工中不注意保护，造成变形等。安装后在窗芯或框子上搭脚手或脚手板，造成框、扇料弯曲变形、开关不灵活，关闭不严密，或者扇与框摩擦和卡碰。为避免此类问题出现，施工中应注意以下事项：

(1)钢门窗应有出厂合格证。安装前必须逐樘进行检查，如有翘曲、变形或脱焊，应进行调直校正或补焊后方可安装。

(2)门窗框应放在托架上运输、起吊。不得将抬杠穿入框内抬运。

(3)门窗安装后，严禁在门窗上搭设脚手板或吊挂重物。

(4)施工时若采用门窗洞口作材料运输出入口，门窗框宜后安装，若先安装，要有保护措施。

2. 铝合金窗扇推拉不灵活，窗扇脱轨，坠落

由于制作人员的操作水平不高，铝型材的质量与厚度不符合设计要求，未根据窗框的高度尺寸确定窗扇高度，容易造成铝合金推拉窗在使用一段时间后出现推拉不灵活，甚至出现窗扇推拉不动的情况；或因安装不好或使用不当造成滑轮脱轨，使铝合金窗扇推拉受阻，甚至出现铝合金窗扇坠落。为避免出现此类问题，施工中应注意以下事项：

(1)提高制作人员的操作水平，根据窗框尺寸精确进行窗扇的下料和制作，使框、扇尺寸配合良好。

(2)选用符合设计规定厚度的铝型材，防止因铝型材过薄而产生变形；选用质量优良，且与窗扇配套的滑轮。

(3)制作铝合金推拉窗的窗扇时，应根据窗框的高度尺寸，确定窗扇高度，既要保证窗扇能顺利安装入窗框内，又要确保窗扇在窗框上滑槽内有足够的嵌入深度。

(4)如为窗扇尺寸偏大或窗框有较大变形而造成铝合金推拉窗推拉不灵活时，可将窗扇卸下重新改制到适合尺寸；如为滑轮质量低劣，且与窗扇不配套而使推拉窗扇推拉不动或脱轨时，可将窗扇卸下，换上配套的优质滑轮；如为窗肩太短，插入窗框上滑槽的深度过浅而发生推拉窗扇脱轨、坠落时，可将窗扇卸下后重新改制到适合高度。

3. 涂色镀锌钢板门窗开闭不严密，间隙不均匀，开关不灵活

由于未认真对门窗的五金配件配套情况进行检查，边缝的填嵌未按规范要求进行，安装后，未对其缝隙太小、开关灵活性进行认真检查，导致门窗开闭不灵活，五金件松动，严重者可能开启和关闭困难，或有缝隙关闭不严影响其保温性能。为避免出现此类问题，施工中应注意以下几点：

(1)认真检查门窗的出厂合格证，并对进场门窗的平整度、割角的方正性能及五金配件的配套情况进行认真检查和验收。

(2)边缝的填嵌按规范要求，要分层分段填保温材料，不对框扇料进行挤压。

(3)安装好后对其缝隙太小、开关灵活性进行认真检查。

7.2.7 将钢门窗铁脚打弯，拼窗构件长度不足，未伸入墙和梁内锚固

由于钢门窗铁脚不齐全，与门窗框的连接松动，预留洞口或预埋铁件同铁脚及拼窗构件的位置不一致，铁脚伸入预留洞口长度过大。会严重危及钢门窗安装的牢固性，在受到振动或在风压作用下，使门窗框松动，严重时整樘钢门窗脱落，造成安全质量事故。具体防治措施有：

(1)检查钢门窗铁脚是否齐全，与门窗框的连接应牢固无松动。拼窗构件的长度以每端伸出门窗框外皮 60～80mm 为宜，如采用预埋件连接，伸出长度应为抹灰层厚度。

(2)检查预留洞口或预埋铁件同铁脚及拼窗构件是否一致。如墙上预留洞位置与实际不

符时，应重新剔凿预留孔，严禁把铁脚打弯或去掉。

（3）铁脚伸入预留洞的长度不应小于 20mm，拼窗构件伸入预留洞的长度不应小于50mm，并用细石混凝土或水泥砂浆填实固定，浇水养护。如用预埋铁，应保证焊缝高度不小于 3mm。如预留孔口尺寸偏大，无法保证伸入深度时，应采取措施将铁脚接长。

7.2.8　组合钢窗装倒

由于安装前未仔细核对钢窗型号、规格、数量和五金零件，钢窗组装未按向左或向右的方向及顺序逐樘进行，或发现组合钢窗装反了时，未拆下后再按图纸要求重新组装，就会导致组合部位上下倾斜，五金零件装不上，无法使用。实施过程中，具体防治措施如下：

（1）安装前应仔细核对钢窗型号、规格、数量和五金零件是否与实际相符。

（2）组装钢窗应按向左或向右的方向及顺序逐樘进行。用合适的螺栓将钢窗与组合构件紧密拼合，拼合处应满嵌油灰，组合构件的上下两端须伸入砌体50mm，在钢窗经垂直和水平校正后，与铁脚同时浇灌细石混凝土或水泥砂浆固定或与窗过梁上预埋铁件焊接牢固。

（3）若发现组合钢窗装倒时，应拆下后按图纸要求重新组装。

7.2.9　铝合金门窗框变形，腐蚀，框周出现缝隙

将铝合金门窗框固定好后，在铝合金门窗框与洞口墙体间的缝隙内用水泥砂浆嵌填，其结果会导致门窗框变形，铝合金腐蚀，门窗框周围出现缝隙。

（1）原因分析

1）未认真领会图纸、规范和施工工艺标准要求。

2）施工技术交底不清楚。

3）铝合金门窗框与四周墙体未采用柔性连接。

4）粉刷门窗套时，内外框边未留有槽口。

（2）正确做法

1）铝合金门窗框与四周墙体应为柔性连接，至少应填充 20mm 厚的保温软材料，可用矿棉条、玻璃棉毡条、PU 发泡剂等。

2）粉刷门窗套时，内外框边应留有槽口，用密封胶填平压实。

3）在施工过程中不得损坏铝合金门窗上的保护膜，如表面沾染水泥砂浆，应随时擦净。

7.3　塑料门窗安装工程

7.3.1　塑料门窗基本构造

构成门窗及各种建筑装饰材料的塑料异型材如楼梯扶手、护墙、踢脚线、画镜线、饰边线等，其断面形式大都比较复杂，但其制造方法却很简单，均为挤出加工，可稳定而高效地生产。

（一）塑料窗用异型材

1. 窗框异型材

窗框异型材通常应满足以下一些要求：要有适当的断面形式，以使它能便于通过固定

件固定在墙上；要有安装玻璃和装设密封条的沟槽，以便构成固定窗；要能与窗扇配合组成活动窗，此外，还需考虑有安装铰链等五金件的断面。

目前，国内生产的窗框异型材主要是 L 型。L 型的一臂用于安装固定铁，另一臂用于安装密封条和玻璃，或用于与窗扇异型相连。根据具体断面形式上的差异，窗框异型材一般可分为固定式窗框异型材、凹入式窗框异型材和 T 型窗框异型材三种。

2. 窗扇异型材

窗扇异型材一般多为 Z 型，Z 型材的两条臂均为带有一个嵌固凹槽的中空肋。其中一条臂用于安装玻璃，另一条臂则通过嵌入凹槽内的密封条与窗框异型材相密接。和窗框异型材一样，窗扇异型材因凹入式开启窗和外平式开启窗的差异，在细部结构上也有一些不同。具体来说，在外平式开启窗扇异型材的中部对应窗框异型材突出的地方，有一带有装密封条凹槽的突出实腹小肋，用于与窗框异型材实现密接。Z 型窗窗扇异型材的断面形式如图 7-12 所示。

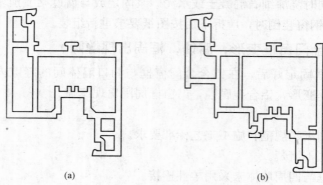

(a)   (b)

图 7-12　Z 型窗扇异型材

(a)凹窗扇；(b)平窗扇

3. 辅助异型材

塑料窗用辅助异型材主要包括玻璃压条和各种密封条，此外也包括只在某种类型窗中所使用的特殊辅助部件，如在凹入式窗扇上所常用的泄水异型材等。

4. 金属增强型材

由于 PVC 的刚性不及钢和木质材料，对于大面积的窗或风压较大的高层建筑的塑料窗，为保证窗的刚度而需加大其异型材的断面和壁厚，但一般并不采用此法，而是在异型材内插入金属（钢或铝合金）型材增强的方法，如图 7-13 所示。

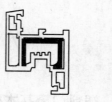

图 7-13　金属增强型材示例

（二）塑料门用异型材

1. 门框异型材

门框异型材主要包括两个组成部分，即主门框异型材和门盖板异型材。主门框异型材断面上向外伸出部分的作用为遮盖门边。门盖板的作用则是遮盖门洞口的其余外露部分。由此可以看出，塑料门的设计中已将门套考虑在内。因此，如前所述，用普通钢木门窗的价格来衡量现代塑料门窗的价格是否合理是不太妥当的，因为塑料门窗在功能和装饰效果方面均有较大提高。

2. 门扇异型材

门扇异型材主要包括两个组成部分，即门心板异型材和门窗边框异型材。门心板异型材又可分为大门心板异型材和小门心板异型材两种，以适应拼装各种不同尺寸的门板需要。在门心板的两侧均带有企口槽，以便将各张门心板相互牢固地连接起来。

3. 增强型材

为了能牢固地安装铰链、门锁、把手等各种配套五金件和增加门扇的刚度，通常在门扇上门心板的两端均需插入增强型材。用于增强的型材，可以是金属型材，也可以是硬PVC型材。塑料门用异型材实例如图 7-14 所示。

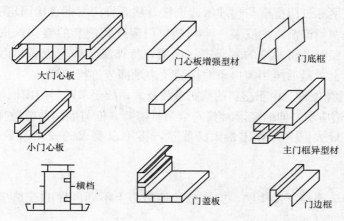

图 7-14　塑料门用异型材主要种类

7.3.2　塑料门窗安装施工工艺

1. 施工工序

门窗洞口质量检查→固定片安装→安装位置确定→门窗框与墙体的连接→框与墙间缝隙处理→玻璃安装。

2. 施工要点

(1)门窗洞口质量检查。门窗洞口质量检查，即按设计要求检查门窗洞口的尺寸。若无设计要求，一般应满足下列规定：门洞口宽度加 50mm；门洞口高度为门框高加 20mm；窗洞口宽度为窗框宽加 40mm；窗洞口高度为窗框高加 40mm。门窗洞口尺寸的允许偏差值为：洞口表面平整度允许偏差 3mm；洞口正、侧面垂直度允许偏差 3mm；洞口对角线长度允许偏差 3mm。

(2)固定片安装。

1)检查门窗框上下边的位置及其内外朝向，并确认无误后，再安固定片。安装时应先采用 φ3.2 的钻头钻孔，然后将十字槽盘端头自攻螺丝 M4×20 拧入，严禁直接锤击钉入。

2)固定片的位置应距门窗角、中竖框、中横框 150～200mm，固定片之间的间距不应大于 600mm。不得将固定片直接装在中横框、中竖框的挡头上。

(3)安装位置确定。根据设计图纸及门窗扇的开启方向，确定门窗框的安装位置，并把门窗框装入洞口，并使其上下框中线与洞口中线对齐。安装时应采取防止门窗变形的措施。

无下框平开门应使两边框的下脚低于地面标高线 30mm。带下框的平开门或推拉门应使下框低于地面标高线 10mm。然后将上框的一个固定片固定在墙体上，并应调整门框的水平度、垂直度和直角度，用木楔临时固定。当下框长度大于 0.9m 时，其中间也用木楔塞紧。然后调整垂直度、水平度及直角度。

（4）门窗框与墙体的连接。塑料门窗框与墙体的固定方法常见的有连接件法、直接固定法和假框法三种。具体如下：

1）连接件法是用一种专门制作的铁件将门窗框与墙体相连接，是我国目前运用较多的一种方法。

2）直接固定法是在砌筑墙体时先将木砖预埋入门窗洞口内，当塑料门窗安入洞口并定位后，用木螺钉直接穿过门窗框与预埋木砖连接，从而将门窗框直接固定于墙体上。

3）假框法是先在门窗洞口内安装一个与塑料门窗框相配套的镀锌铁皮金属框，或者当木门窗换成塑料门窗时，将原来的木门窗框保留，待抹灰装饰完成后，再将塑料门窗框直接固定在上述框材上，最后再用盖口条对接缝及边缘部分进行装饰。

（5）框与墙间缝隙处理。由于塑料的膨胀系数较大，故要求塑料门窗框与墙体间应留出一定宽度的缝隙，以适应塑料伸缩变形时其安全余量需要。框与墙间的缝隙宽度，可根据总跨度、膨胀系数、年最大温差计算出最大膨胀量，再乘以要求的安全系数求出，一般取 10～20mm。

（6）玻璃安装。

1）玻璃不得与玻璃槽直接接触，应在玻璃四边垫上不同厚度的玻璃垫块。边框上的垫块应用聚氯乙烯胶加以固定。

2）将玻璃装进框扇内，然后用玻璃压条将其固定。

3）安装双层玻璃时，玻璃夹层四周应嵌入隔条，中隔条应保证密封，不变形、不脱落；玻璃槽及玻璃内表面应干燥、清洁。

4）镀膜玻璃应装在玻璃的最外层；单面镀膜层应朝向室内。

7.3.3 塑料门窗安装施工技巧

（1）塑料边框内采用的衬钢断面应符合要求，同时塑料窗框与洞口固定点间距不能大于 1m，以免引起边框变形，边框与洞口的各个连接螺钉松紧程度应基本一致，不得有过松、过紧现象，以免出现门窗扇关闭不严密现象。

（2）安装门框时，无下框平开门应使两边框的下脚低于地面标高线 30mm，带下框的平开或推拉门应使下框边低于标高线 10mm。门框与墙体固定时应按对称顺序，先固定上下框，然后固定边框。门窗框与洞口之间伸缩缝内腔的闭孔弹性材料应分层填塞。

（3）塑料门窗与墙体固定时应先固定上框，后固定下框。当墙体为混凝土墙时应采用射钉或塑料膨胀螺钉固定；当墙体为砖墙体时应采用水泥钉或塑料膨胀螺钉固定。

（4）塑料门窗装入洞口应横平竖直，外框与洞口应弹性连接牢固。横向及竖向组合时，应采取套插方式，搭接形成曲面组合，搭接长度宜为 10mm，并用密封膏密封。安装密封条时应留有伸缩余量，一般比门窗的装配边长 20～30mm，在转角处应斜面断开，并用胶黏牢，以免产生收缩缝。

（5）塑料门窗宜在室内外抹灰工程完成后再安装和抹口，待抹口的水泥砂浆强度达到

70％后，方可将面膜撕下来。当面膜揭撕有困难时，应先用 15％的双氧水溶液均匀涂刷一遍，再用 10％的氢氧化钠水溶液擦洗，面膜即可清除。

7.3.4　塑料门窗表面质量缺陷分析处理

1. 塑料门窗扇变形

由于门窗本身有变形，未进行严格检验，安装螺丝有松有紧，门窗框四周用了水泥浆填塞，安装好后，受了很大的外力，致使门窗框变形后与洞口边的缝子变得大小不均，不利于门窗框的固定，门窗扇变形后没法装玻璃，没法保证门窗的使用。故正确防治措施如下：

(1)门窗框经检验合格进场前，应放在托架上运输、起吊。不得将抬杠穿入框内抬运。

(2)门窗框与预留洞口之间的缝隙应用轻质保温材料封堵，不能过猛用力填塞，防止产生变形。

(3)安装门窗框扇后应注意保护成品，不可用作脚手架支点，也不可用来做上下外架子的施工通道，防止损坏。

2. 塑料门框松动

由于设计图纸中对与结构的连接要求不明确，技术交底不到位，门窗框与墙体的连接固定方法不当，固定点间距过大，固定材料不符合要求等，致使塑料门窗安装不牢固，发生松动。故正确做法如下：

(1)审图时应注意图纸中是否标明与结构的连接方式、固定材料的规格、大小、固定点的位置和间距。

(2)技术交底时应明确固定方法、固定点的位置和间距，严禁在砌体上使用射钉固定门窗。

(3)安装前应对预留洞口的尺寸进行检查，对于预留洞口过小、门窗与结构缝太小的应先行处理；对洞口太大的应先用豆石混凝土或混凝土行进行处理，以防止胀管螺栓埋深过浅；对结构为混凝土、采用连接片射钉固定的应严格控制连接片的宽度(不小于 20mm)、厚度(不小于 1.5mm)和防腐处理情况。

(4)门窗框上在预定位置钻孔后，用金丝自攻螺丝将镀锌连接件紧固。

(5)在洞口墙体上钻孔后，安装膨胀螺栓，待门窗位置校正准确后，再最终拧紧固定。固定点距窗角一般不大于 20mm，固定点间距一般不大于 600mm。

7.3.5　塑料门窗安装质量缺陷分析处理

1. 安装塑料窗玻璃时未正确设置垫块

安装玻璃时，未在玻璃四边垫上不同厚度的玻璃垫块，边框上的垫块未用胶加以固定，未用玻璃条将玻璃固定。容易导致在使用过程中玻璃受框扇材料挤压而变形。

安装玻璃时，应在玻璃四边垫上不同厚度的玻璃垫块，垫块位置如图 7-15 所示。玻璃垫块应选用邵氏硬度(A)为 70～90 的硬橡胶或塑料，其长度为 80～150mm。不得使用硫化再生橡胶、木块或其他吸水性材料。

2. 塑料门窗固定片与洞口墙体固定方法不当

塑料门窗框与洞口墙体固定时，用钉子直接钉入墙体内固定，长时间使用后钉子容易锈蚀、松动，使连接处受到损坏，影响使用安全。其主要原因如下：

（1）门框固定顺序不正确。

（2）塑料门窗同混凝土洞口墙体固定时，用钉子将固定片直接钉入墙体内固定。

（3）固定片安装位置不正确。

塑料门窗框同混凝土洞口墙体固定时，可采用射钉或塑料膨胀螺钉固定；用于砖砌或轻质隔墙洞口墙体时，应在砌筑时预先埋入预制混凝土块，然后再用塑料膨胀螺钉或射钉固定，不得用钉子将固定片直接钉入墙体内固定。当塑料门窗同洞口墙体固定时，先固定上框后固定边框。

此外，固定片安装位置应距门窗框角、中横框、中竖框 150～200mm，固定片之间的距离不应大于 600mm，如图 7-16 所示。

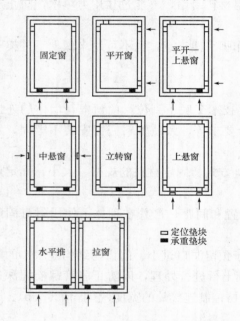

图 7-15　承重垫块和定位垫块的布置

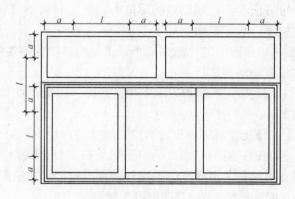

图 7-16　固定片安装位置

a—端头（或中框）距固定片的距离（a＝150～200mm）；

l—固定片之间距离（l≤600mm）

3. 塑料窗下框框槽的排水孔遗漏或位置不当

由于制作塑料窗时进水孔和出水口的位置未错开，在多腔室的型材中，排水孔开设在加筋的腔空内，排水孔的位置、数量未按设计规定要求，致使雨水流入窗下框槽口后，无法排出，在风压的影响下，雨水会渗入室内，造成窗下墙潮湿。位置安装不当，也会形成局部雨水排出不顺畅，滞留在槽内无法清出。

故在制作塑料窗时，室外窗的下框必须开设 5mm×40mm 长方形槽孔，进水孔和出水口的位置应错开，间距一般为 120mm 左右。排水孔的位置、数量应按设计或图集要求。安装后应检查排水孔是否被砂浆、玻璃垫等堵塞，并浇水检查排水是否通畅。在多腔室的型材中，排水孔不应开设在加筋的腔室内，以免腐蚀衬筋。

第8章 裱糊与软包工程

8.1 裱糊工程施工

8.1.1 裱糊工程施工工艺

1. 施工工序

基层处理→涂刷底漆和底胶→弹线→裁纸→润纸→涂刷胶黏剂。

2. 施工要点

(1)基层处理。

1)混凝土及抹灰基层处理。如在混凝土面、抹灰面(水泥砂浆、水泥混合砂浆、石灰砂浆等)基层上裱糊墙纸,应满刮一遍腻子并磨砂纸。如基层表面有气孔、麻点、凸凹不平时,应增加满刮腻子和磨砂纸的遍数。刮腻子之前,须将混凝土或抹灰面清扫干净。

2)木质基层处理。木质基层要求接缝不显接槎,接缝、钉眼应用腻子补平并满刮油性腻子一遍(第一遍),用砂纸磨平。

3)石膏板基层处理。纸面石膏板比较平整,批抹腻子主要是在对缝处和螺钉孔位处。对缝批抹腻子后,还需用棉纸带贴缝,以防止对缝处的开裂。在纸面石膏板上,应用腻子满刮一遍,找平大面,刮第二遍腻子后再进行修整。

(2)涂刷底漆和底胶。防潮底漆用酚醛清漆与汽油或松节油来调配,其配合比为清漆:汽油(或松节油)=1:3。该底漆可涂刷,也可喷刷,漆液不宜厚,且要均匀一致。

底胶一般用108胶配少许甲醛纤维素加水调成,其配比为108胶:水:甲醛纤维素=10:10:0.2。底胶可涂刷,也可喷刷。在涂刷防潮底漆和底胶时,室内应无灰尘,且防止灰尘和杂物混入该底漆或底胶中。底胶一般是一遍成活,但不能漏刷、漏喷。

(3)弹线。

1)弹垂线:有门窗的房间以立边分划为宜,便于摺角贴立边,如图8-1所示。对于无门窗口的墙面,可挑一个近窗台的角落,在距壁纸幅宽小于5cm处弹垂线。如果在裱糊壁纸时要考虑拼贴对花,使其对称,则宜在窗口弹出中心控制线,再往两边分线;如果窗口不在墙面中间,为保证窗间墙的阳角花饰对称,则宜在窗间墙弹中心线,由中心线向两侧再分格弹垂线。所弹垂线应越细越好。方法是在墙上部钉小钉,挂铅垂线,确定垂线位置后,再用粉线包弹出基准垂直线。每个墙面的第一条垂线应为定在距墙角小于壁纸幅宽50~80mm处。

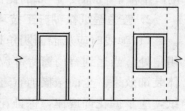

图8-1 门窗洞口画线

2)水平线:壁纸的上面应以挂镜线为准,无挂镜线时,应弹水平线控制水平。

（4）裁纸。裁割墙纸时，注意墙面上下要预留尺寸，一般是墙顶墙脚两端各多留 50mm 以备修剪。当墙纸有花纹图案时，要预先考虑完工后的花纹图案效果及其光泽特征，不可随意裁割，应对接无误。同时，应根据墙纸花纹图案和纸边情况确定采用对口拼缝还是搭口裁割拼缝。裁纸下刀前，还需认真复核尺寸有无出入；尺子压紧墙纸后不得再移动，刀刃贴紧尺边，一气呵成，中间不宜停顿或变换持刀角度，手劲要均匀。

（5）润纸。塑料壁纸遇水或胶水后会自由膨胀，5～10min 胀足，干后会自行收缩。自由胀缩的壁纸，其幅宽方向的膨胀率为 0.5%～1.2%，收缩率为 0.2%～6.8%。以幅宽 500mm 的壁纸为例，其幅宽方向遇水膨胀 2～6mm，干后收缩 1～4mm。因此，刷胶前必须先将塑料壁纸在水槽中浸泡 2～3min，取出后抖掉余水，静置 20min，若有明水，可用毛巾擦掉，然后才能涂胶。闷水的办法还可以用排笔在纸背刷水，刷满均匀，保持 10min，也可达到使其充分膨胀的目的。如果干纸涂胶，或未能让纸充分胀开就涂胶，壁纸上墙后，纸虽被固定，但会吸湿膨胀，这样贴上墙的壁纸会出现大量气泡、皱褶（或边贴边胀产生皱褶），不能成活。

（6）涂刷胶黏剂。对于没有底胶的墙纸，在其背面先刷一道胶黏剂，要求厚薄均匀。同时在墙面也同样均匀地涂刷一道胶黏剂，涂刷的宽度要比墙纸宽 2～3cm。胶黏剂不宜刷得过多、过厚或起堆，以防裱贴时胶液溢出边部而污染墙纸；也不可刷得过少，避免漏刷，以防止起泡、离壳或墙纸黏贴不牢。所用胶黏剂要集中调制，并通过 400 孔/cm² 筛子过滤，除去胶料中的块粒及杂物。调制后的胶液，应于当日用完。墙纸背面均匀刷胶后，可将其重叠成 S 状静置，正、背面分别相靠，这样放置可避免胶液干得过快、不污染墙纸且便于上墙裱贴。

对于有背胶的墙纸，其产品一般会附有一个水槽，槽中盛水，将裁割好的墙纸浸入其中，由底部开始，图案面向外卷成一卷，过 2min 即可上墙裱糊。若有必要，也可在其背胶面刷涂一道均匀稀薄的胶黏剂，以保证黏贴质量。

8.1.2 裱糊工程施工技巧

1. 裱糊工程基层处理施工技巧

（1）裱糊前，应将基体或基层表面的污垢、尘土清理干净，并用 9% 的稀醋酸中和、清洗。

（2）基层清理干净后，满刮一遍腻子并用砂纸磨平，如基层有气孔、麻点或凹凸不平处，应增加刮腻子和磨砂纸的遍数。

（3）腻子刮完磨平后，应涂刷一遍黏结胶水或清漆，起封闭作用。

（4）木质基层的接缝应先用专用腻子批嵌，再用穿孔纸带黏糊，处理完成后再刷一遍由酚醛清漆和汽油按 1∶3 的比例配成的清漆，起封闭作用并防止表面泛色。

2. 普通壁纸裱糊施工技巧

（1）弹线时应从墙面阴角处开始，按壁纸的标准宽度找规矩，将窄条壁纸的裁切边留在阴角处。当遇到有门窗等部位时，一般以立边划分为宜，这样效果更好；同时为了保证整体装饰效果，全面裱糊前宜进行试拼，观察拼缝效果，再确定裁纸尺寸。如为带花饰的壁纸，应掌握花饰规律，保证花饰图案的完整，不得错位。

（2）裁纸应根据弹线找规矩的实际尺寸统一规划，并在每幅壁纸上编号并标明方向，以便黏贴方便；同时裁纸时应以上口为准，下口要比实际尺寸长 30～50mm。

（3）施工前，阴角线、踢脚线应安装到位，以便于检验墙面的平整度，保证壁纸的施工质量。阳角必须先从拼缝的一面开始贴，抹平压实后再贴另一面，这样才能保证壁纸裱糊的平服。

（4）湿润壁纸时应将壁纸放在水中浸泡几分钟，然后拿出来把多余的水份除掉，再静置几分钟，才能裱糊，以避免黏贴时壁纸吸湿膨胀，出现气泡、褶皱。

（5）如壁纸背面不带胶，裱糊前应在壁纸背部涂刷预先选定的胶黏剂，涂刷要薄而均匀，涂刷的宽度应比预贴的壁纸宽 20～30mm。当壁纸出现空鼓时可用针头刺破，将空气放净，然后再用针筒灌浆，用刮板抹平。

3. 墙布裱糊施工技巧

（1）墙布施工时，如基层颜色较深，应用石膏腻子等白色腻子批嵌，避免由于基层处理不当而引起面层出现色差。

（2）一般墙布裱糊只需要在基层刷黏结剂，而不需要在墙布背面涂胶。

（3）由于墙布较宽，裱糊时可用木三角支撑墙布，以免墙布掉落。

（4）由于墙布较薄，基层抹灰必须达到高级抹灰的质量要求，以免表面不平整。

（5）墙布施工必须按顺序、按方向进行，以免出现色差。

8.1.3　裱糊工程操作质量缺陷分析处理

1. 裱糊工程相邻壁纸搭接重叠凸起

由于在裁割壁纸（墙布）时，出现凸起或毛边，黏贴无收缩性的壁纸（墙布）时，出现搭接，有搭缝弊病的壁纸（墙布）工程处理方法不当。以上情况均会造成裱糊施工时相邻壁纸（墙布）重叠凸起，如图 8-2 所示。既不美观，也降低了壁纸（墙布）的耐久性。因此，为防止出现该类问题，具体防治措施如下：

（1）在裁割壁纸（墙布）时，应保证壁纸（墙布）边直而光洁，不出现凸出和毛边。对于塑料层较厚的壁纸（墙布）更应注意，如果裁割时只将塑料层割掉而留有纸基，会给搭缝带来隐患。

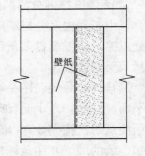

图 8-2　搭缝

（2）黏贴无收缩性的壁纸（墙布）不准搭接。对于收缩性较大的壁纸（墙布），黏贴时可适当多搭接一些，以便收缩后正好合缝。因此，黏贴壁纸（墙布）前，应先试贴，掌握壁纸（墙布）的性能，方可取得良好效果。

（3）有搭缝弊病的壁纸（墙布）工程，一般可用钢直尺压紧搭缝处，用刀沿尺边裁割掉搭接的壁纸（墙布），处理平整，再将面层壁纸（墙布）黏贴好。

2. 壁纸黏结不牢、起泡、剥落

由于裱糊胶黏剂的涂刷过厚或不均匀，有漏刷，墙面阴角涂刷遍数不够，对于带背面胶的壁纸使用了胶黏剂，裱糊壁纸时涂刷胶黏剂方法不正确，就会出现黏结不牢，起泡、剥落等质量缺陷，影响使用功能。为防止出现该类问题，正确做法如下：

（1）壁纸和墙布裱糊胶黏剂的涂刷应薄而均匀，不得漏刷。

（2）墙面阴角应增刷 1～2 遍。

（3）对于带背胶的壁纸，无需再使用胶黏剂，将其在水槽中浸泡后，由底部开始将图案面朝外卷成一卷，静置 1min 即可上墙裱糊。

（4）如为塑料壁纸、纺织纤维壁纸、化纤贴墙布等品种，为了增强其裱贴黏结能力，材料背面及装饰基层表面均应涂刷胶黏剂。基层表面的涂胶宽度要比壁纸墙布宽出 2～3cm。

胶黏剂不要刷得过厚、裹边或起堆，以防裱贴时胶液溢出过多而污染饰面；但也不可刷得过少，涂胶不能够均匀到位会造成裱糊面起泡、离壳或黏结不牢。一般抹灰面用胶量为 $0.15kg/m^2$ 左右，气温较高时可增加用胶量。壁纸墙布背面的涂胶量一般为 $0.12kg/m^2$，根据现场气温情况略作调节。纸(布)背面涂刷胶黏剂后，将其胶面对胶面对叠，正、背面分别相靠平放，以避免胶液过快干燥及造成图案面污染，同时也便于拿起上墙。

(5)对于玻璃纤维墙布和无纺贴墙布，只需将胶黏剂涂刷于裱贴面基层上，而不必同时在布的背面涂胶。这是因为玻璃纤维墙布和无纺贴墙布的基材分别是玻璃纤维和合成纤维等，本身吸水极少，又有细小孔隙，如果在其背面涂胶，会使胶液浸透表面而影响美观。玻璃纤维墙布的裱贴基层用胶量一般为 $0.12kg/m^2$(抹灰墙面)，无纺贴墙布的用胶量一般为 $0.15kg/m^2$(抹灰墙面)。

(6)织锦墙布涂刷胶黏剂时，由于基材性柔软，通常做法是先在其背面衬糊一层宣纸，使之略有挺韧平整以方便操作，而后在基层上涂刷胶黏剂进行裱糊。

(7)金属壁纸质脆而薄，在其纸背涂刷胶黏剂之前应准备一卷未开封的发泡壁纸或一个长度大于金属壁纸宽度的圆筒，然后一边在剪裁好并已浸过水的金属壁纸背面刷胶，一边将刷过胶的部分向上卷在发泡壁纸卷或圆筒上。

3. 墙纸裱糊分幅顺序不正确

由于裱糊时分幅顺序不正确；墙纸黏贴完毕后，未随即将挤出的胶液擦干净以及在阳角处甩缝，墙纸裹过阳角尺寸不符合要求，墙纸裱糊方法不正确等，均会影响墙纸的裱糊质量及美观效果。

裱糊时分幅顺序一般为从垂直线起至墙面阴角收口处止，由上而下，先立面(墙面)后平面(顶棚)，先小面(细部)后大面。如果顶棚梁板有高度差时，墙纸裱贴应由低到高进行。须注意每次裱糊 2～3 幅墙纸后，都应吊垂线检查垂直度，以避免造成累计误差。对于每一幅上墙的墙纸要注意纸幅垂直，先拼缝、对花形，拼缝到底压实后再刮大面。一般无花纹的墙纸，纸幅间可拼缝重叠 2cm，并用铝合金直尺在接缝处由上而下以割纸刀切割。有花纹图案的墙纸，则采取两幅墙纸花饰重叠对准的方法，用铝合金直尺在重叠处拍实，从上而下切割。切去余纸后，对准纸缝黏贴。阴、阳角处应增涂胶黏剂 1～2 遍，阳角要包实，不得留缝，阴角要贴平。与顶棚交接的阴角处应做出记号，然后用刀修齐(图 8-3)。按上述同样方法修齐踢脚板及墙壁间的角落(图 8-4)。

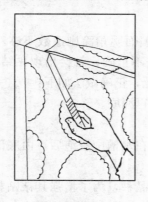

图 8-3　顶端修齐

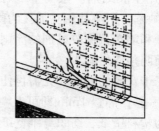

图 8-4　修齐下端

每张墙纸黏贴完毕后，应随即用清水浸湿的毛巾将拼缝中挤出的胶液全部擦干净，并可进一步做好敷平工作。墙纸的敷干方法为依靠薄钢片刮板或胶皮刮板由上而下抹刮，对较厚的墙纸则是用胶辊滚压。

此外，为了防止施工过程中碰、划使墙纸开胶，严禁在阳角处甩缝，墙纸裹过阳角尺寸应不小于 20mm。阴角墙纸搭缝时，应先裱糊压在里面的墙纸，再黏贴搭在上面的墙纸，搭接面应根据阴角垂直度而定，搭接宽度一般不小于 2~3mm。但搭接的宽度也不宜过大，否则会形成一个不够美观的折痕，注意保持垂直无毛边。遇有墙面卸不下来的设备或附件，裱糊墙纸时，可在墙纸上剪口。

4. 壁纸裱糊不垂直

壁纸裱糊时纸幅不垂直，花饰图案不连贯，影响观感效果。

(1)原因分析

1)裱糊壁纸前未吊垂线，第一张贴得不垂直，依次继续裱糊多张壁纸后，偏离更厉害，有花饰的壁纸问题更严重。

2)壁纸本身的花饰与纸边不平行，未经处理就进行裱贴。

3)基层表面阴阳角抹灰垂直偏差较大，影响壁纸裱贴接缝和花饰垂直。

4)搭缝裱贴的花饰壁纸，对花不准确，重叠对裁后，花饰与纸边不平行。

(2)正确做法

1)壁纸裱贴前，应先在贴纸的墙面上吊一条垂直线，并弹上粉线，裱贴的第一张壁纸纸边必须紧靠此线边缘，检查垂直无偏差后方可裱贴第二张壁纸。

2)采用接缝法裱贴花饰壁纸时，应先检查壁纸的花饰与纸边是否平行，如果不平行，应将斜移的多余纸边裁割平整，然后再裱贴。

3)采用搭接法裱糊第二张壁纸时，对一般无花饰的壁纸，拼缝处只需重叠 2~3cm；对有花饰的壁纸，可将两张壁纸的纸边相对花饰重叠，对花准确后，在拼缝处用钢直尺将重叠处压实，由上而下一刀裁割到底，将切断的余纸撕掉，然后将拼缝敷平压实。

4)裱贴壁纸基层前应先做检查，阴阳角必须垂直、平整、无凹凸。对不符合要求之处，必须修整后才能施工。

5)裱糊壁纸的每一墙面都必须弹出垂直线，越细越好，防止贴斜。最好裱贴 2~3 张壁纸后，就用线坠在接缝处检查垂直度，及时纠正偏差。

6)对于裱贴不垂直的壁纸应撕掉，把基层处理平整后，再重新裱贴壁纸。

8.1.4 裱糊工程表面质量缺陷分析处理

1. 壁纸翘边，表面空鼓

壁纸(墙布)翘边后容易落灰尘，导致翘边越翘越大，直至脱落，空鼓后易拉断裂，影响壁纸(墙布)的使用效果。

(1)原因分析

1)基层表面不洁净、平整，造成胶液与基层黏结不牢，纸(布)边翘起，基层质量不佳、处理不好，造成阳角不直、不平、刷胶、漏刷易引起空鼓。

2)胶液涂刷不均匀，阳角处壁的裹过尺寸偏少，引起翘边。

3)裱糊时赶压不当或赶压力偏小，有空气未赶出，造成空鼓。

4)胶液涂刷不均匀，漏刷。

（2）正确做法

1)基层表面的灰尘、油污等必须清除干净。混凝土或抹灰基层含水率不得超过8%，木质基层含水率不得大于12%。表面凹凸不平时，必须用腻子刮抹平整。

2)根据壁纸的不同，要正确选择胶黏剂；壁纸应压实，不得有气泡。

3)严禁在阳角处设缝。阳角搭缝时，先裱压贴在里面的壁纸，再黏贴面层。搭接宽度不大于3mm，纸边搭在阴角处，要保持垂直无毛边。

4)裱贴时严格按工艺操作，须由里向外刮抹，将气泡和多余胶液赶出。

5)胶黏剂涂刷须厚薄均匀，不得漏刷。

6)由于基层含水率过高或空气未赶尽造成的空鼓，可用刀子割开壁纸，放出潮气或空气，或用注射器将空气抽出，再注射胶液黏压平实。

2. 壁纸表面颜色不一致

由于基层处理不当，潮湿或受光暴晒，壁纸材质差，易褪色，基层颜色不一、差异大。导致壁纸（墙布）表面有花斑，色相不统一，与原壁纸（墙布）颜色不一致。为避免出现壁纸颜色不匀，具体防治措施如下：

（1）基层含水率不大于8%才能裱糊，黏贴壁纸前应对基层进行封闭处理，避免在阳光直射下裱糊。

（2）选用不易褪色、较厚的优质壁纸（墙布），不使用残次品。基层的颜色较深时，应选用较厚或颜色较深、花饰较大的壁纸（墙布）。

（3）尽量避免壁纸（墙布）处在日光下直接照射，或在有害气体的环境中储存和施工。

（4）有对称花纹或无规则花纹壁纸有色差时，可用调头黏贴法。

3. 壁纸裱糊后，花饰不对称

有花饰的壁纸（墙布）裱糊后，两幅壁纸（墙布）的正反面或阴阳面的花饰不对称；或者在门窗口的两边、室内对称的柱子、两面对称的墙等处，裱糊的壁纸（墙布）花饰不对称，如图8-5所示。

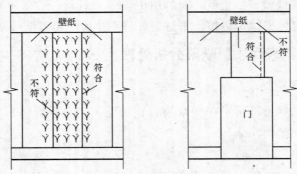

图 8-5　花饰或接缝不对称

因此，对准备裱糊壁纸(墙布)的房间，首先应观察有无对称部位，如有对称部位，就应仔细设计排列壁纸(墙布)花饰。

裁割壁纸(墙布)后，应先黏贴对称部位，并将搭缝挤入阴角处。如房间只有中间一个窗户，为了使壁纸(墙布)花饰对称，裱糊前，应在窗口取中心线，弹好粉线向两边分贴壁纸(墙布)；如窗户不在中间，为保证窗间墙的阳角花饰对称，也可以先弹中心线，由中心线向两侧黏贴，使窗两边壁纸(墙布)花饰都能保持对称。在同一幅壁纸(墙布)上印有正花与反花、阴花与阳花饰时，要仔细分辨，最好采用搭缝法进行裱糊，以避免由于花饰略有差别而误贴。如采用接缝法施工，已黏贴的壁纸(墙布)边花饰如为正花，必须将第二幅壁纸(墙布)边正花饰裁割掉。

8.2　软包工程

8.2.1　软包工程施工工序

1. 施工工序

施工准备→软包工程施工。

2. 施工要点

(1)施工准备。在砖墙或混凝土墙上埋入木砖或在墙上做木夹板底板，以便于饰面的安装。

(2)软包工程施工。软包工程一般采用五夹板外包软包，先将 $500mm \times 500mm$ 见方的五夹板板边用刨子刨平，沿一个方向的两边刨出斜面；然后将 $20 \sim 30mm$ 厚的海绵用胶水黏贴在五夹板上，再将软包面料包裹在海绵上，从夹板的背面用强力胶或用钉子将软包面料固定于五夹板上，最后用钉子将已加工好的软包块固定于木砖或木夹板底板上。

8.2.2　软包工程施工技巧

(1)为防止潮气使面板翘曲、软包面料发霉，应在基础上刷冷底子油做一毡二油防潮层。

(2)为增加软包表面的立体感，海绵衬底黏贴好后，要用电熨斗在海绵的四周熨一下，使四周形成弧形。

(3)软包面料包裹时应用力，使五夹板向饰面形成一定的弧度，以便于软包块固定后面料绷紧。

8.2.3　软包工程表面质量缺陷分析处理

1. 软包饰面接缝和边缘处翘边变形

如材料的含水率过大，材料的尺寸不规则，底层和面层有局部松散不平之处，各处连接不结实，会导致软包的饰面接缝和边缘处黏结剂涂刷过少，或局部漏刷及边缘未压实，干后出现翘边、翘缝现象，影响软包饰面质量。正确防治措施如下：

(1)底层和面层如有局部不平，应及时处理好，不能有松散不平之处，以免局部黏结不平。

(2)黏贴时应将胶黏剂涂刷均匀，接缝部位及边缘处可适当多涂刷些胶黏剂。

(3)黏结时认真压实，并将挤出的多余黏结剂及时用湿毛巾擦净。发现翘边、翘缝后应及时补刷胶并用压辊压实。

2. 软包表面不平整、垂直度差

由于填充材料不一、混乱，胶黏剂选用不当，龙骨、衬板、边框等安装时位置控制不准，不在同一立面上，或填充的密实度、位置掌握不好，会导致软包墙面高低不平，垂直度差，造成质量隐患，影响观感质量。为防止出现该类问题，正确防治措施如下：

(1)应选用同材质的填充料。

(2)黏结用胶应选用中性或其他不含腐蚀成分的胶黏剂。

(3)安装龙骨时，在墙面基层上弹垂线，控制龙骨垂直度，横向拉通线，控制龙骨表面在同一立面上。安装衬板、榫条或边框时，同样要通过弹线或吊线坠等器具或仪器来控制垂直度。

(4)填充料布置应准确，面料绷压应均匀适度，周边平顺，过渡圆滑美观。

3. 软包工程离缝、亏料

如果相邻卷材间的连接缝隙超过允许范围。卷材的上口与柱镜线(无挂镜线时弹的水平线)，下口与墙裙上口或踢脚上接缝不严，均会导致软包工程离缝和亏料而严重影响软包的外观质量和耐久性。为避免出现该类问题，正确防治措施如下：

(1)裁切面料必须严格掌握尺寸，下刀前应复核尺寸有无出入，一般长度尺寸要比实际尺寸放大 30～40mm，黏贴后压紧或裁去多余部分。

(2)黏贴面料时要注意吊垂直，不能产生斜料现象，相邻两块接缝要严密。

(3)裁切时，尺子压紧后不得再移动，刀刃紧贴尺边，一气呵成，中间不得停顿或变换持刀角度，手劲要均匀，刀子要快。

(4)黏贴后认真检查，发现有离缝或亏料现象时要返工重做。

4. 软包面层装饰布绷压不严密，或单块软包面料采用拼接

由于软包面层未绷紧、绷严，单块软包上未采用整张面料，未优先选用张力以及韧性较好的面料，均会导致软包面层布料绷压不严密，经过一段时间，软包面料会因失去张力而松垂、出皱；单块软包面料如采用拼接时，在拼接处容易产生开裂，同时拼接部分也影响装饰效果。为避免出现该类问题，具体防治措施如下：

(1)按软包分块尺寸裁九厘板，并将四条边用刨刨出斜面，刨平。

(2)单块软包面层要绷紧、绷严。以规格尺寸大于九厘板 50～80mm 的织物面料和泡沫塑料块置于九厘板上，将织物面料和泡沫塑料沿九厘板斜边卷到板背，在展平顺后用钉固定。定好一边，再展平铺顺拉紧织物面料，将其余三边都卷到板背固定，为了使织物面料经纬线有顺序，固定时宜用码钉枪打码钉以备用，码钉间距不大于 30mm。

(3)应优先选用张力以及韧性较好的面料。

(4)将软包预制块用塑料薄膜包好(成品保护用),镶钉在墙、柱面做软包的位置。用气枪钉钉即可。每钉 1 颗钉用手抚一抚织物面料,使软包面既无凹陷、起皱现象,又无钉头挡手的感觉。连续铺钉的软包块,接缝要紧密,下凹的缝应宽窄均匀一致且顺直(塑料薄膜待工程交付时撕掉)。

第9章 楼地面工程施工

9.1 基层铺设工程

9.1.1 楼地面工程基层构造

楼地面工程基层是指面层以下的各构造层，包括填充层、隔离层、找平层、垫层和基土等，主要由结构层和垫层组成，而底层地面的结构层是基土，楼地面的结构层是楼板，而结构层和垫层往往结合在一起，因此统称为基层，起承受和传递来自面层的荷载作用，因此，基层必须有一定的强度和刚度。

9.1.2 楼地面工程基层处理施工要点

(1)基层铺设的材料质量、密实度和强度等级（或配合比）等必须符合设计要求和规范规定，基层的标高、坡度、厚度等应符合设计要求，基层施工时，其下一层表面应干净、无积水。

(2)基土填实时应分层压（夯）实，填土的质量应符合国家现行有关标准要求。灰土垫层应采用熟化石灰与黏土的拌和料铺设，其厚度不应小于100mm。砂垫层厚度不应小于60mm，砂石垫层、碎石垫层、碎砖垫层的厚度不应小于100mm。水泥混凝土垫层的厚度不应小于60mm，施工前其下一层表面应湿润。

(3)当垫层、找平层内埋设暗管时，管道应按设计要求予以稳固。

(4)找平层应采用水泥砂浆或水泥混凝土铺设，有排水要求的建筑地面工程，铺设前必须对立管、套管和地漏与楼板节点之间进行密封处理。隔离层材料的材质应经有资质的检测单位检测认定。填充层施工时其下一层表面应平整，当为水泥类时应洁净、干燥并不得有空鼓、裂缝和起砂等缺陷；当采用松散材料铺设时，应分层铺平拍实；当采用板块材料铺设时，应分层错缝铺贴。

9.1.3 楼地面工程基层处理施工技巧

(1)当垫层采用平振法捣实时，要使平板式振捣器往复振捣至密度合格为止，移动时每行应重叠1/3，以防搭接处振捣不密实。采用夯实法捣实时，要一夯压半夯全面夯实。采用碾压法捣实时，碾压遍数以达到要求为准，但不应少于三遍。

(2)垫层应分层摊铺，摊铺的厚度一般控制为压实厚度乘以系数1.15~1.25。铺平后，应适当洒水湿润，并用机械振实。分层施工时，接头处应做成斜面，每层分段应错开0.5~1.0m，接头处充分压实。找平层采用水泥砂浆时，其体积比不应小于1:3，厚度不小于20mm；采用混凝土时，其混凝土强度等级不应小于C15，厚度不小于30mm。隔离层采用防水涂料类材料，施工前应先做好连接处节点、附加层的处理后再进行大面积铺涂，以防连接处出现渗漏现象。靠墙处防水材料应向上铺涂，并高出面层200~300mm。

（3）灰土拌和时应控制加水量，保持一定的湿度，加水量一般以灰土总质量的 16% 为宜。现场检验时用手紧握灰土成团，两指轻捏即碎为宜。

（4）防水材料的铺设应展平压实，挤出的沥青胶结料应趁热刮净。

9.1.4　已被挠动的原状基土和回填基土均未进行分层压实

被挠动的原状基土和回填土都是松散的，未经过压实就做上面垫层，如果地面渗水或在上部地面荷载作用下，松土被压实，会导致地面下沉开裂。具体防治措施如下：

（1）已被挠动的原状基土应挖出进行分层夯实，回填新土也要分层压实。

（2）土块的粒径不应大于 50mm。每层虚铺厚度：机械压实时，不宜大于 300mm；用蛙式打夯机压实时，不应大于 250mm；人工压实时不应大于 200mm。

（3）每层压（夯）实后土的压实系数应符合设计要求，但不应小于 0.9。

（4）填土前宜取土样用击实试验确定最优含水量与相应的最大干密度。

9.1.5　碎石垫层和碎砖垫层密实度差

由于垫层使用的碎石、碎砖规格和级配不符合规范要求，未分层铺设、分层夯（压）实，铺碎石时，未按线由一端向另一端铺设，摊铺均匀密实，碎砖热层未按碎石垫层的铺设方法铺设，就会导致碎石垫层和碎砖垫层的密实度差或不均匀一致，未达到设计要求，影响垫层强度和稳定性。故垫层使用的碎石、碎砖规格和级配应符合规范要求，应分层铺设，分层夯（压）实，密实均匀一致，夯实后的厚度不应大于虚铺厚度的 3/4。

铺碎石时，应按线由一端向另一端铺设，摊铺均匀密实，小面积房间可采用重小于40kg 木夯或蛙式打夯机夯实，不少于三遍；大面积宜采用手扶式（YZS0.6B 型）振动压路机压实，不少于四遍，均夯（压）至表面平整不松动为止。碎砖垫层也按碎石垫层的铺设方法铺设，每层虚铺厚度不大于 200mm，洒水湿润后，采用人工或机械夯实，直至表面平整、无松动为止，高低差大于 20mm，以保证达到要求的密实度。

9.1.6　三合土垫层表面不密实、高低不平

由于碎砖粒径不符合要求或采用风化、酥松、夹有瓦片和有机杂质的砖料，采用的铺设方法不当，未做到拌和均匀，摊铺平整，均会导致三合土垫层表面不密实，垫层高低不平，造成地面面层厚度不能均匀一致，低处多用面层。具体的防治措施有：

（1）碎砖粒径不应大于 60mm，也不大于垫层厚度的 2/3，不采用风化、酥松、夹有瓦片和有机杂质的砖料。砂应采用中砂或中粗砂。

（2）石灰应在使用前熟化 3～4d，洒水粉化，并加以过筛，粒径不得大于 5mm。

（3）采取先拌和三合土（熟化石灰∶砂∶碎砖比为 1∶3∶6）后铺设的方法，做到拌和均匀，摊铺平整。采取先铺设碎砖后灌浆方法时，要控制虚铺厚度不应大于 120mm，洒水湿润和铺平后再灌石灰砂浆（体积比 1∶2～1∶4）。

（4）机械或人工夯实时，要夯至表面平整不松动为止，注意边角和接槎处的密实度，如有不平处，应补浇石灰砂浆，随浇随打夯。夯实后表面浇一层厚石灰浆或撒一层薄砂或石屑。待石灰浆干后方可进行下一道工序施工。三合土硬化期间应避免受水浸湿。

9.1.7　找平层坡度不足或出现倒坡

由于地面找平层找坡未按规范要求正确进行设计和施工，未一次找坡、找平，在铺抹

找平层前，未找准标高，均会导致地面有排水坡度的找平层排水坡度不足，甚至出现倒坡现象，从而造成排水不畅，地面水容易滞留坡脚处，导致长期局部积水，影响使用。正确的防治措施如下：

（1）地面找平层找坡应按规范要求正确进行设计和施工。一般地面坡度为1%～3%，高级地面可以为1%。坡向地漏，以地漏边向外50mm排水坡度为3%～5%。

（2）找坡层厚度小于30mm者，可用水泥混合砂浆（水泥∶石灰粉∶砂＝1∶1.5∶8）；厚度大于30mm者，宜用C20细石混凝土或1∶6水泥炉渣混凝土（炉渣粒径宜为5mm，要求严格过筛），一次找坡、找平，做到坡度准确，排水通畅。

（3）在铺抹找平层前，应找准标高，以地漏为中心向四周方向或1～3个方向用水泥砂浆贴灰饼、充筋，以充筋标高为基准铺抹找平层，铺抹时要求找准坡度，用刮尺刮平、压实，抹平、搓平，要求表面平整，无凹陷、倒坡，以不积水为准。

9.2 整体面层铺设工程

9.2.1 整体面层基本构造

1. 水泥砂浆面层构造

楼地面水泥砂浆面层构造如图9-1所示。

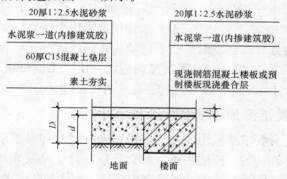

图 9-1 楼地面水泥砂浆面层构造（单位：mm）

2. 细石混凝土面层构造

楼地面细石混凝土面层构造如图9-2所示。

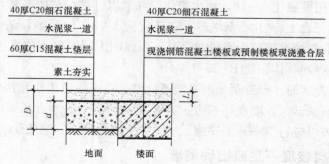

图 9-2 楼地面细石混凝土面层构造（单位：mm）

3. 水磨石面层构造

楼地面现制水磨石面层构造如图 9-3 所示。

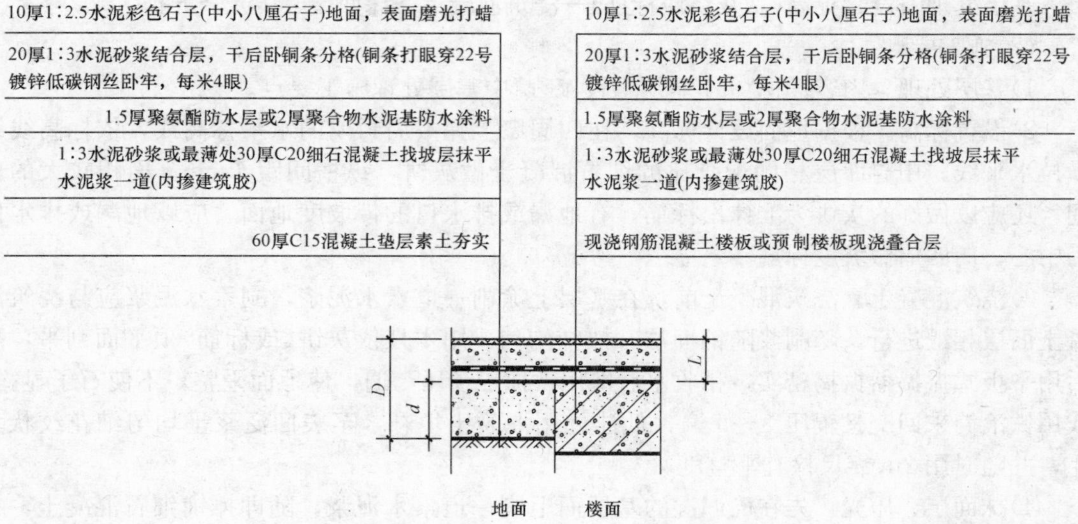

10厚1:2.5水泥彩色石子(中小八厘石子)地面，表面磨光打蜡	10厚1:2.5水泥彩色石子(中小八厘石子)地面，表面磨光打蜡
20厚1:3水泥砂浆结合层，干后卧铜条分格(铜条打眼穿22号镀锌低碳钢丝卧牢，每米4眼)	20厚1:3水泥砂浆结合层，干后卧铜条分格(铜条打眼穿22号镀锌低碳钢丝卧牢，每米4眼)
1.5厚聚氨酯防水层或2厚聚合物水泥基防水涂料	1.5厚聚氨酯防水层或2厚聚合物水泥基防水涂料
1:3水泥砂浆或最薄处30厚C20细石混凝土找坡层抹平水泥浆一道(内掺建筑胶)	1:3水泥砂浆或最薄处30厚C20细石混凝土找坡层抹平水泥浆一道(内掺建筑胶)
60厚C15混凝土垫层素土夯实	现浇钢筋混凝土楼板或预制楼板现浇叠合层

地面　　　楼面

图 9-3　楼地面现制水磨石面层构造(单位:mm)

9.2.2　整体面层铺设施工工艺

1. 水泥砂浆地面施工工艺

(1)施工工序

基层处理→设置标高→铺水泥砂浆→压光→养护。

(2)施工要点

1)基层处理。内容详见"9.1 基层敷设工程"中基层处理施工要点。

2)设置标高。在四周墙上依给定的标高线返至地坪标高位置，弹出一圈地面水平标高线。根据地面标高线拉水平线做灰饼，横竖灰饼间距为 1.5～2m。如果房间较大，要依地面标高线在房间四周抹出一圈灰筋做标筋；如果是有地漏或排水口的带坡度地面，应以地漏或排水口为中心向四周做坡度标筋。

3)铺水泥砂浆。铺水泥砂浆前，在基层上涂刷一道素水泥浆，刷素水泥浆应与铺砂浆面层相继进行，边刷浆边铺水泥砂浆面层，其配合比(体积比)为水泥：砂子＝1：2，要求水泥砂浆的稠度小于 35mm，摊铺要均匀，用木杠依灰饼(或标筋)顶平面刮平，用木抹子搓平，并随时用 2m 靠尺检查平整度。

4)压光。水泥砂浆面层应分三遍压光，三遍抹压应在水泥砂浆终凝前完成。先用木抹子搓平后，在水泥砂浆初凝前，用铁抹子抹压第一遍，压至出浆为止；待水泥砂浆初凝后(面层上人有脚印，但不下陷)，用铁抹子抹压第二遍，抹压时，将凹处填平，消除气泡、砂眼，压平抹纹，不得漏压，抹压后，表面应平、光；水泥砂浆终凝前(面层上人稍有脚印，但抹压不再有抹纹)，用铁抹子用力将第二遍抹压留下的抹纹全部压平、压实、压光。

5)养护。水泥砂浆面层压光完成 24h 后，铺锯末或其他覆盖材料洒水养护，每天浇水两次，一般养护不少于 7d。

2. 细石混凝土地面施工工艺

（1）施工工序

基层处理→设置标高（做灰饼或标筋）→浇筑混凝土→抹面层、压光→养护。

（2）施工要点

1）基层处理。内容详见"9.1 基层敷设工程"中基层处理施工要点。

2）设置标高。根据地面设计标高，在四周墙上弹一周封闭的水平标高线，依标高线纵横拉水平线，用与面层相同配合比的细石混凝土做灰饼，纵横间距 1.5m。面积较大的房间，还应以做好的灰饼为准抹出标筋。有地漏或排水口的带坡度地面，应以地漏或排水口为中心，向四周做坡度标筋。

3）浇筑混凝土。浇筑混凝土前，在基层上涂刷一道素水泥浆，刷素水泥浆应与浇筑混凝土面层相继进行，随刷浆随铺面层，摊铺均匀，用木杠依灰饼（或标筋）顶平面刮平，随后用平板式振捣器振捣密实，稍收水后即用铁抹子预压一遍，使地面平整，不使石子显露，或用铁滚筒来回交叉辊压 3～5 遍，低洼处用混凝土填补，至表面泛浆呈均匀细花纹状为止，并随时用 2m 靠尺检查平整度。

4）抹面层、压光。先在已润湿的基层面上刷一道素水泥浆，随即摊铺细石混凝土，并用 2m 木杠依标筋刮平，用抹子拍实、搓平，或用铁滚筒反复辊压至出浆。待抹完一个房间后，在细石混凝土表面均匀地撒一层 1∶1（体积比）水泥砂干粉。待干粉吸水后，用 2m 木杠把表面刮平，用木杠刮平时，要抖动手腕把灰浆全部振出，然后用木抹子搓平，用钢抹子抹压第一遍。待面层初凝后（上人有脚印，但不下陷），用铁抹子抹压第二遍，要压平、压实，把表面的凹坑、砂眼全部填实抹平，抹纹要直要浅。在面层终凝前（抹子上去没有明显的抹纹），用铁抹子进行第三遍压光，要用力抹压，把所有抹纹压平压光，使表面密实光洁。

5）养护。面层抹压完 24h 后，浇水养护，养护时间不少于 7d。

3. 现制水磨石地面施工工艺

（1）施工工序

基层处理→设置标高（做灰饼或标筋）→铺抹结合层砂浆→养护→弹分格线、嵌分格条→铺面层石渣浆、辊压、抹平→试磨→粗磨→细磨→磨光→草酸清洗→打蜡上光→养护。

（2）施工要点

1）基层处理。将基层面上的灰渣、杂物、油污清理干净。油污用质量分数为 10％的氢氧化钠水溶液刷洗后再用清水冲干净。基层若有松散处，应作加强处理。预埋在地面内的各种管线应安装固定，地漏、排水口应临时封堵，门框应安装就位。

2）设置标高。在四周墙上依给定的标高线返至地坪标高位置，弹一圈地面水平标高线。根据地面标高线下移12～18mm（面层厚度）拉水平线做结合层灰饼，灰饼 80～100mm 见方，间距 1.5m 左右，待灰饼硬结后，抹宽 80～100mm 的纵横向标筋，间距 1.5m 左右。

3）抹结合层。洒水润湿基层，刷一道素水泥浆，要边刷素水泥浆边抹 1∶3（体积比）水泥砂浆结合层，用 2m 刮尺依标筋刮平，用木抹子拍实、搓平。结合层全部抹完后，养护 24h。

4）弹分格线，嵌分格条。结合层水泥砂浆抗压强度达到 1.2MPa 后，根据设计要求，在结合层上弹分格线、嵌分格条，分格条贴法如图9-4所示。

镶嵌分格条时，将靠尺板平垫在分格线一侧，离线中心1/2分格条厚度，然后取裁割好的分格条紧贴靠尺小面放置在分格线上，分格条要垂直，随后在分格条侧边用素水泥浆抹成30°～45°的小八

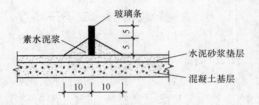

图9-4　分格条贴法(单位:mm)

字。一侧小八字抹完收水后，拆去靠尺抹上另一侧小八字灰。一个方向(纵向或横向)的分格条镶嵌完后，再镶嵌另一个方向(横向或纵向)的分格条。分格条应平直、牢固、接头严密。分格条全部镶嵌完12h后，浇水养护，时间不少于2d。

5)铺面层石渣浆、辊压、抹平。铺面层水泥石渣浆时，先刷一道与面层颜色相同的素水泥浆，随即铺水泥石渣浆，铺设厚度高于分格条顶2mm，再把分格条边四周抹出一抹子宽水泥石渣浆，并用抹子从中间向外边分格条方向揉抹、拍挤，把分格条边上挤满石渣，填平中间的水泥石渣浆，铺抹完成后，用抹子搓平。面层铺完水泥石渣浆后，在表面均匀撒一层石渣，用抹子拍实压平，并用滚筒反复辊压密实，待表面出浆后，再用抹子抹平，24h后浇水养护。

6)试磨、粗磨、细磨。开磨时间要以石渣不松动为准，开磨前应先试磨。水磨石面层宜采用磨石机分遍磨光。第一遍用60～90号粗金刚石磨，边磨边加水，磨至分格条清晰、石渣均匀外露、表面平整为止，用水冲洗干净面层，晾干后，补全脱落石渣，用同色水泥浆满擦一遍，填平砂眼。24h后浇水养护2～3d；第二遍用90～120号金刚石磨，边磨边加水，磨至表面光滑为止，用水冲洗干净面层，晾干后，用同色水泥浆满擦一遍，将砂眼进一步填平。2h后浇水养护2～3d；第三遍用200～220号金刚石磨，边磨边加水，磨至表面石渣粒粒显露、平整光滑、无砂眼细孔为止，用水冲洗干净面层，晾干后，涂草酸溶液一遍。

7)磨光、上蜡。用240～300号油石磨光，磨至出白浆、表面光滑为止，用水冲洗干净，晾干。当地面干燥、发白时，即可进行打蜡。打蜡时，将蜡包在薄布内，在面层上均匀涂一层，待干后，用钉有细帆布或麻布的木块代替油石，装在磨石机上进行研磨，直至光滑洁亮。

8)养护。上蜡以后要及时进行养护。

9.2.3　整体面层地面施工技巧

1. 水泥砂浆地面施工

(1)做灰饼和标筋的砂浆材料及配合比，应与铺抹地面的砂浆相同。如果砂浆过稀，抹压后出现泌水，可以均匀撒少许1:1(体积比)干水泥砂(砂过3mm筛)，然后用木抹子用力抹压，干水泥砂吸水后用铁抹子压平。

(2)如为分格的面层，应在搓平后根据设计要求弹出分格线，并在弹线两侧约200mm范围内，用铁抹子抹压一遍，将靠尺与分格线平行放好，用分格器紧贴靠尺压出分格缝，以后随大面压光，用分格器沿分格缝抹压两遍。分格缝应平直、深浅一致。

(3)地面水泥砂浆的体积比一般为1:2，强度等级不小于M15。地面水泥砂浆所用砂为中砂，泥的质量分数不应大于3%。

(4)当在预制混凝土楼板上抹水泥砂浆地面时，应在基层处理后，在基层上洒水扫浆，用1:3水泥砂浆打底，刮平、搓平后，第二天用1:2.5(体积比)水泥砂浆抹面。

(5)面层砂浆稠度一般为 5～7 度，厚度控制在 12～15mm 为宜。各遍压光要及时、适时，压浆过早起不到每遍压光应起的作用，压光过晚抹压比较困难，而且会破坏其凝结硬化过程，对强度有影响。

(6)当有多间房间同时进行水泥砂浆施工时，可用水准仪按统一标准线要求在每一间房间的门框上弹出基准线。当水泥砂浆面层出现起砂等缺陷时，可用 108 胶水泥浆进行批嵌。

2. 细石混凝土地面施工

(1)抹灰前要对基层进行洒水扫浆，不能有积水现象，并且扫浆量要有计划。

(2)如果房间不大，用大杠能搭通时，抹铺要先从四周边开始；如果房间较大，用大杠不能搭通时，要适当增加灰饼，然后依灰饼做标筋。

(3)三遍抹压均应在水泥终凝前完成，以免影响混凝土强度。

(4)养护时最好在面层上铺锯末或草袋等覆盖物，养护期内不可缺水，要保持潮湿。

(5)浇捣混凝土时一定要按水平基准线找平，并用铁锹将混凝土搓平，然后用平板式振捣器振捣密实。

3. 现制水磨石地面施工

(1)有地漏、排水口的带坡度地面，应以地漏和排水口为中心，向四周做坡度标筋。做灰饼和标筋的砂浆材料及配合比，应与结合层砂浆相同。

(2)分格条的十字交叉处，应在交点的 40～50mm 内不抹小八字灰，如图 9-5 所示。分格线一般间距为 1m。弹线时，应计算好房间四周的镶边宽度，一般先弹房间中部十字线，再依十字线弹其他纵向、横向分格线。如果有图案要求，则按设计要求弹线。

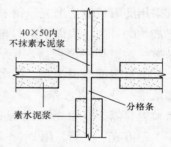

图 9-5　分格条交叉处的施工
（单位：mm）

(3)曲线图案分格条要在直线分格条镶嵌完成后进行。镶嵌时，先按设计要求的图案把铜条或铝条弯好，然后在结合层弹好的图案线上用素水泥浆打点后，把弯好的铜、铝条放上去，并调正位置，用靠尺依镶嵌好的直线分格条调好高低和平整，再分别抹两侧小八字灰。曲线图案分格条镶嵌后，所有上口边要在一个平面上，不能扭翘。

9.2.4　整体面层表面质量缺陷分析处理

1. 水泥砂浆地面面层起砂

由于水泥砂浆配比不当，压光工序安排不当，养护工作不好，或原材料不符合要求。水泥砂浆面层表面出现一层松动的水泥和砂子或成片水泥硬壳脱落，表面粗糙不密实，光滑度差，均会导致表面强度降低，影响外观质量和使用功能。为避免水泥砂浆地面面层起砂，具体防治措施如下：

(1)应严格控制水胶比，水泥砂浆的稠度不应大于 3.5cm。

(2)注意面层三次压光的时间。

(3)重视养护工作，在常温湿润条件下养护，一昼夜后进行洒水养护或予以覆盖。养护时间不低于 7d，且避免上人。

(4)水泥选用普通硅酸盐水泥为宜，强度等级为 32.5 级以上。不同品种、等级的水泥不能混用。

2. 水泥砂浆地面面层出现裂缝

由于地面的基层质量差，砂浆厚度不匀，使用不合格的水泥、砂子材料，水泥地面面积大多未做合格技术处理，地面施工完毕后养护质量不好，及埋在地下的设备管线距水泥地面表面太浅，均会导致水泥砂浆面层出现随温度收缩、干缩及地面下沉等各种类型裂缝，导致面层强度降低，影响整体性，使用功能和外观质量。为避免水泥砂浆地面裂缝，具体防治措施如下：

(1)大面积地面面层铺设应采取分段、分块进行，并根据开间大小，设置适当纵、横向缩缝，以消除杂乱的施工缝和温度裂缝。

(2)水泥砂浆抹压应分三遍进行，水泥初凝前应进行抹压，终凝前应进行压实、压光，以消除早期收缩裂缝；同时要掌握好压光时间，过早压不实，过晚压不平，不出亮光。

(3)面层使用水泥应选用 32.5 级以上、没有过期、没有受潮结块的普通硅酸盐或硅酸盐水泥；砂应采用中粗砂，含泥量应小于 3%（质量分数），砂浆配制应严格计量，搅拌均匀，控制稠度不小于 35mm，以确保达到相应强度及密实性要求。

3. 水泥砂浆地面空鼓

由于垫层(基层)表面不干净，垫层(基层)表面太光滑，处理方法不当，垫层(基层)湿润不足或有积水，使用的水泥、砂子材料不合格，低温条件下施工，无防寒保暖措施，地面受冻；水泥砂浆地面施工完毕后，在面层与底层之间、底层与基层之间出现空鼓，用小锤敲击时有空鼓声，表面常伴有裂缝。由于出现空鼓、裂缝，严重时会导致其剥落、破坏。为避免水泥砂浆地面出现空鼓现象，实施过程中具体防治措施如下：

(1)严格控制垫层(基层)清理情况，应将结构表面因墙面抹灰掉下的水泥砂浆、设备安装留下的油污、杂物清理干净。

(2)垫层(基层)过于光滑时则应先对其进行凿毛处理；对凹凸过大的基层应进行剔凿，使面层砂浆薄厚一致。

(3)提前一天洒水湿润，刷素水泥浆或涂刷界面处理剂，应随刷随抹灰。

(4)低温条件下施工，应注意工作环境温度，低于 5℃时不得施工。

4. 现浇水磨石地面石子及分格条显露不清

由于面层水泥石子浆的铺设厚度不正确，水泥石子浆的配合比不正确，面层铺设厚度与石子粒径不一致，水磨石地面施工前，未准备好一定数量的磨石机，磨光时间过迟或铺设厚度较厚，均会导致地面石子及分格条显露不清，分格条处呈一条纯水泥斑带，外形不美观。为避免出现此类问题，实施过程中具体防治措施如下：

(1)控制面层水泥石子浆的铺设厚度，虚铺高度一般比分格条高出 5mm 为宜，待用滚筒压实后，则比分格条高出约 1mm。第一遍磨完后，分格条就能全部清晰外露。

(2)掌握好水泥石子浆的配合比，如采用滚压工艺，当不再干撒石子时，水泥∶石子为 1∶2.8～1∶3(体积比)；当采用干撒滚压工艺时，水泥∶石子为 1∶1.5，干撒石子数量控制在 9.5～10.5kg/m²。

(3)面层铺设厚度应与石子粒径相一致：小八厘为 10～12mm，中八厘为 12～15mm，掺有一定数量大八厘的为 15～18mm，掺有一定数量一分半的为 18～20mm。

5. 现制水磨石地面裂缝空鼓

由于回填土不实，垫层厚薄不一，材料收缩不稳定，暗铺管线过高，结构沉降不稳定，荷载过于集中，基层清理不干净，预制板灌缝不密实，底灰未达到一定强度就急于抹面层，水泥石渣浆中水泥过多，骨料过少，收缩性大，稳定性差，产生翘边，均会导致现制水磨石地面施工完后，在面层与底层之间出现空鼓，用小锤敲击时有空鼓声，表面伴有裂缝。为避免出现此类问题，具体防治措施如下：

（1）回填土应分层夯实，混凝土垫层应认真养护。待基层收缩稳定后，再做面层，较大面积垫层应分块断开；也可采取适当的配筋措施。采用预应力圆孔板坐浆安装时，楼板端头及两侧灌缝应采用不低于 C18 级的细石混凝土。

（2）门洞处宜在洞口两边镶贴分格条。

（3）认真清理基层，预制板缝须用细石混凝土填灌严密。

（4）暗铺管道线不宜太集中，上部至少应有 2cm 厚混凝土保护层。

（5）合理安排工序，采用干硬性混凝土和砂浆。

6. 彩色水磨石表面颜色不匀，外观质量差

由于罩面用的水泥石渣浆所用原材料没有使用同一规格、同一批号和同一配合比，兑色灰时没有统一集中配料，石子清洗不干净，保管不好，色浆颜色与基层颜色不一致，砂眼多，均会导致彩色水磨石地面彩色石子分布不匀，造成地面颜色深浅不一，外观质量差。为避免出现此类问题，具体防治措施如下：

（1）严格用料要求。对同一部位、同一类型地面所需的材料（如水泥、石子、颜料等），应使用同一厂家、同一批号的材料，一次进场，以确保面层色泽一致。

（2）认真做好配料工作。施工前，应根据整个地面所需的用量，事先一次配足。配料时应注意计量正确，拌和均匀，不能只用铁铲拌和，还要用筛子筛匀。水泥和颜料拌和均匀后，仍用水泥袋每包按一定重量装起来，待日后使用，以免水泥暴露在空气中受潮变质。石子拌和筛匀后，应集中贮存待用。施工时采取这种方法不仅速度快，也容易保证地面颜色深浅一致，彩色石子分布均匀。

（3）外观质量要求较高的彩色水磨石地面，施工前应先做若干小样，经建设单位、设计单位、监理单位和施工单位等商定其最佳的式样后再行施工。

7. 水磨石面层表面不平整、光洁度差，有细孔

由于没有从楼道统一往各房间引水平线，各房间标高误差较大，引起房间门口与楼道交接处不平整。墙面和地面四周镶边处水泥石渣浆粒径较大，机器磨不到的地方，人工不易磨平，均会导致水磨石面层表面粗糙，有明显的磨石凹痕，细洞眼多，光亮度差，从而影响面层的外观质量。为避免出现此类问题，具体防治措施如下：

（1）房间四周须用分格条镶边，石子采用中、小八厘，机器磨不到的地方，人工也可以磨到。

（2）水磨石地面水平标高应由楼道往各房间内统一引水平线。铺设面层石渣浆时，门口中间可比门框脚边稍高 1～2mm，使机磨部位与门框边角人工磨平的接槎处平整一致。

（3）地面采用机磨时，铜分格条处应多磨细磨，使铜条全露出后再前进。

（4）坚持"三磨二浆"法，每次磨完，应冲洗洁净、晾干，补浆应用擦浆法，填实细孔，涂草酸后用 320～340 号油石再细磨一遍。

8. 水磨石表面石渣分布不均匀，镶条显露不清

由于镶条黏贴方法不正确，两边砂浆黏贴高度太高，十字交叉处不留空隙，水泥石渣浆拌和不匀，稠度过大，石子比例太多，铺设厚度过高，超过镶条过多，所用磨石号数过大，磨光时用水过多，分格条不易磨出或镶条上口面低于水磨石面层水平标高，开磨时面层强度过高等因素影响，水磨石面层磨光后，表面石渣分布不均匀，镶条不清晰，不显露。为避免出现此类问题，实施过程中应注意以下几项：

(1)黏贴镶条时，素水泥浆的黏结高度应保证"黏七露三"，分格十字交叉应留出 2～3cm 的空隙。

(2)面层水泥石渣浆以半干硬性为好，稠度约为 6cm。铺设水泥石渣浆后，在面层表面均匀撒上一层干石子，压实压平，然后用滚筒滚压。

(3)控制面层水泥石渣浆的铺设厚度，滚筒压实后以高出分格条 1mm 左右为宜。

(4)面层铺设速度应与磨光速度相协调，第一遍磨光应采用 60～90 号粗金刚砂磨石，浇水量不宜过大，使面层保持一定浓度的磨浆水。

(5)磨石机由熟练工人掌握打磨，边磨边测定水平度。

9. 水磨石地面接槎处不严密

由于施工现浇水磨石地面时，未对相邻接部位地面的做法进行详细了解；摊铺现浇水磨石的水泥石子浆时，接槎方法不当；铺接相邻接处的板块地面时，未将接合处处理干净；室内水磨石地面与阳台、楼梯、卫生间等处地面接槎部位不严丝合缝；往往需要进行二次整修补抹，形成明显的施工缝，影响观感。为避免出现此类问题，施工过程中应注意以下事项：

(1)施工现浇水磨石地面前，应对相邻接部位地面的做法进行详细了解，事先制订一个较完善的接槎措施。

(2)摊铺现浇水磨石地面的水泥石子浆时，在接槎处应多铺出 30～50mm 的接槎余量，端部甩槎处用带坡度的挡板留成反槎，如图 9-6、图 9-7 所示。到铺贴相邻部位板块地面时，用无齿锯锯掉多余的接槎余量，这样拼接的缝就能严丝合缝。

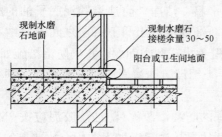 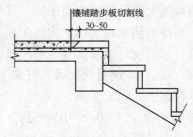

图 9-6 现制水磨石地面与阳台或卫生间地面邻接时接槎做法(单位:mm)　　图 9-7 现制水磨石地面与楼梯踏步邻接处接槎做法(单位:mm)

(3)无齿锯锯割时，动作要轻、细，切忌猛干，防止米石崩裂，造成豁口等缺陷。锯割完成后，应用 200 号以上细砂轮将棱角处及切割面蘸水磨光、磨亮。

(4)铺接相邻接处的板块地面时，应将结合处清理干净，并充分洒水湿润，涂刷水泥浆，以使其结合牢固。铺设后，应做好成品保护，防止过早踩踏造成松动等弊病。

9.2.5 整体面层操作质量缺陷分析处理

1. 水泥混凝土板面层在接缝处产生裂缝

由于未浇筑板缝混凝土，未将板面清扫干净，在预制钢筋混凝土楼板上铺细石混凝土地面前，横竖板缝混凝土未灌实，板面浇筑细石混凝土后，由于板之间有孔隙，未连成一个整体，独立板承受荷载后有挠度产生，板面层在接缝处产生裂缝。为避免出现此类问题，施工过程中应注意以下几项：

（1）预制钢筋混凝土楼板安装经验收合格后，应浇筑板缝混凝土（一般板缝为30~40mm宽），缝底要支顶模板，缝内混凝土要插捣密实。

（2）在浇筑板上细石混凝土面层前，须将板面清扫干净后，洒清水湿润。

2. 细石混凝土或水泥砂浆面层无法压光

在细石混凝土或水泥砂浆面层施工过程中，由于砂浆水胶比太大，造成面层水分太大无法进行压光。故施工中应严格控制砂浆水胶比，稠度不大于35mm。在做地面时，如果面层水分太大时，可在表面撒一层1∶1干拌水泥砂子拌和料，待面层吸水后，先用木抹子抹压，然后再用铁抹子进行压光。

3. 细石混凝土或水泥砂浆面层表面不光、起灰、脱皮和裂缝

由于在砂浆终凝前尚未压光，造成表面不光有抹纹，如果砂浆已终凝过再继续压光，会造成面层起灰、脱皮和裂缝。故施工中应严格遵守操作工艺。在水泥砂浆终凝前进行第三遍压光，铁抹子抹上去不再出现抹纹时，用铁抹子把第二遍抹压时留下的全部抹纹压平、压实和压光。

4. 预制水磨石板块地面空鼓

预制水磨石板块铺砌的砂浆是干硬性的，若不清理干净浮灰并浸水湿润，水分被预制磨石板块底面吸收，影响黏结质量，也会导致板块地面空鼓。故在铺砌预制水磨石板块之前，先将背面浮土擦净。用水湿润，铺砌时表面必须无明水。

9.2.6 水泥类基层铺设防油渗混凝土面层表面不平整、洁净

在隔离层上铺设防油渗面层时，其表面不平整、洁净，防油渗胶泥底子油的配制方法不正确，不涂刷同类底子油，均会使隔离层或防油渗混凝土与下一层之间因黏结不牢而剥离或起拱，从而使防油渗混凝土出现劈裂。为避免出现此类问题，正确防治措施如下：

（1）在水泥类基层上设置隔离层或在隔离层上铺设防油渗面层时，其表面必须平整、洁净，不得有起砂、脱皮现象。

（2）防油渗胶泥底子油的配制是将已熬制好的防油渗胶泥（防油渗胶泥应按产品质量标准和使用说明书配置）自然冷却到85℃~90℃后边搅拌边缓慢加入按配合比要求的二甲苯和环己酮混合剂（切勿近水），并将其搅拌至胶泥全部溶解即成底子油，当暂时存放时，应置于有盖的容器中，以防止溶剂挥发。

（3）如在水泥类基层上直接铺设防油渗混凝土面层，可在基层上满涂刷防油渗水泥浆结合层一遍，然后边刷边铺设防油渗混凝土。防油渗水泥浆的配制方法是：将氯乙烯-偏氯乙烯混合乳液和水，按1∶1配合比搅拌均匀后，边搅拌边加入水泥，按要求加入量加入后，充分拌和后即可使用。

9.2.7 防油渗混凝土面层内铺设管线处出现裂缝、渗油

由于防油渗混凝土面层内铺设有管线，凡露出面层的管线处未采用防油渗处理及连接处未做泛水，而防油渗混凝土面层厚度较薄，埋设管线会局部削弱防油渗混凝土面层的截

面，在管线处易出现裂缝，造成油渗透，降低防油渗功能。为避免出现此类问题，具体防治措施如下：

（1）防油渗混凝土面层内不得铺设管线。

（2）凡露出面层的电线管、接线盒、预埋套管和地脚螺栓等均应采用防油渗胶泥或环氧树脂进行防腐处理。

（3）与墙、柱、变形缝及孔洞等连接处应做泛水处理。

9.3 板块面层铺设工程

9.3.1 板块面层铺设基本构造

1. 陶瓷锦砖面层构造

陶瓷锦砖面层构造如图 9-8 所示。

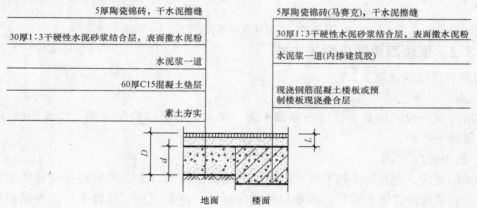

图 9-8 陶瓷锦砖面层构造图（单位：mm）

2. 地砖面层构造

地砖面层构造如图 9-9 所示。

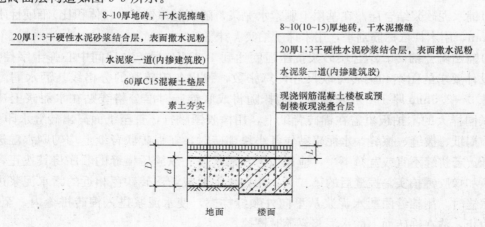

图 9-9 地砖面层构造图（单位：mm）

3. 石材面层构造

石材面层构造如图 9-10 所示。

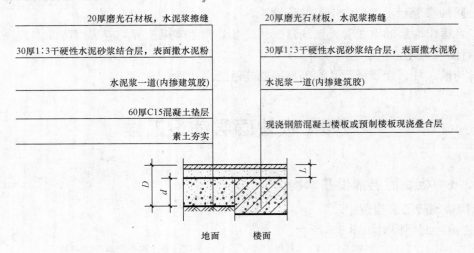

图 9-10 石材面层构造图(单位:mm)

9.3.2 板块面层铺设施工工艺

1. 陶瓷锦砖铺设施工工艺

(1)施工工序

基层清理→设置标高、弹线→刷素水泥、铺水泥砂浆结合层→铺贴陶瓷锦砖→揭纸、拨缝、擦缝→养护。

(2)施工要点

1)基层清理。将基层清扫干净,临时堵严地漏、排水口等,同时根据设计要求的铺贴图案,在各联锦砖背纸上编号,并依编号顺序堆放。色差明显、接缝不匀、有缺棱掉角的应予以剔除。

2)设标高、弹线。根据设计要求弹出陶瓷锦砖结合层、面层标高线,并做结合层灰饼和标筋。

3)铺水泥砂浆结合层。在基层上刷素水泥浆,随刷随摊铺1:4(体积比)干硬性水泥砂浆 20mm,用木杠依标筋刮平,用木抹子拍实、抹平。

4)铺贴陶瓷锦砖。结合层砂浆抗压强度达到 1.2MPa 后,在房间中心弹十字控制线,根据设计要求的图案和锦砖每联尺寸计算张数,弹出各锦砖联的分格线。洒水润湿结合层,抹 2~2.5mm 厚 108 胶水泥浆,随抹随将成联锦砖对准分格线贴在水泥浆上,用与锦砖联同样大的木拍板覆盖在锦砖背纸上,用橡胶锤敲打,直至纸面露出砖缝水印为止。

5)揭纸、拨缝、擦缝。水泥浆黏住各小块锦砖时,在锦砖联背纸上均匀刷水湿透,揭去背纸。若拼缝不直或宽窄不一,应用拨刀和靠尺按先纵缝后横缝的顺序将其拨正,再用木拍板和橡胶锤拍实。拨缝后的第二天,用白水泥浆或与锦砖颜色相近的素水泥浆进行擦缝。擦缝时,用棉纱团蘸水泥浆从里向外顺缝揉擦,使水泥浆进入锦砖拼缝内,至擦满、擦实为止,沾在锦砖面上的水泥浆要随时擦掉。

6)养护。锦砖擦缝 24h 后,铺锯末或其他覆盖材料并进行洒水养护,常温下养护不少于 7d。

2. 地面瓷砖铺设施工工艺

(1)施工工序

基层处理→设标高→铺抹结合层砂浆→弹控制线→铺缸砖→勾缝、擦缝→养护。

(2)施工要点

1)基层处理。将基层面清扫干净，并洒水润湿。

2)设标高。弹出结合层的标高线，做灰饼和标筋，灰饼间距 1.5m。有地漏、排水口的地面，由四周向地漏方向做放射状坡度标筋。

3)铺抹结合层砂浆。在基层上刷素水泥浆，边刷边铺抹 1∶4(体积比)干硬性水泥砂浆 20～25mm 厚，用木杠依标筋刮平，用木抹子拍实、搓平，24h 后浇水养护。

4)弹控制线。根据设计要求和缸砖规格，确定缸砖铺贴的缝隙宽度。当设计无要求时，紧密铺贴的缝宽不大于 1mm，虚缝铺贴的缝宽为 5～10mm。根据确定的砖数、缝宽、非整砖排放方式，在结合层上弹好纵横控制线，一般每四块砖弹一条控制线。

5)铺贴瓷砖。铺贴瓷砖一般从门口开始，先纵向铺 2～3 行砖，找好位置和标高，并以此拉水平标高线，从里向外退着铺贴。铺砖时，在瓷砖背面抹素水泥浆，跟线铺贴在结合层上，找正、找直、找方后，用木锤或橡胶锤敲实，并用水平尺随时检查铺贴的水平度，高于或低于质量验收标准的规定时，应取出瓷砖，重新铲低或填高铺贴。

6)勾缝、擦缝。瓷砖铺贴完 24h 内勾缝、擦缝。勾缝用于缝隙较宽的瓷砖面，先将缝隙清理干净，刷水润湿，用 1∶1(体积比)水泥细砂浆勾入缝内不小于缝深的 1/3，勾缝面略低于瓷砖面，并应密实、平整、光滑，最后将面层余浆擦净。擦缝用于不留缝隙或留很窄缝隙的瓷砖面，用浆壶往缝隙处浇水泥浆，撒干水泥，用棉纱揉擦，缝隙擦满密实后，擦净面层余浆。

7)养护。瓷砖铺贴完 24h 后，洒水养护 7d。

3. 石材铺设施工工艺

(1)施工工序

基层处理和施工准备→设置标高→预排→板材铺贴→养护。

(2)施工要点

1)基层处理。将基层面上的灰渣、杂物、油污清理干净。油污用质量分数为 10% 的火碱水溶液刷洗后用清水冲干净。基层若有松散处，应做加强处理。预埋在地面内的各种管线应安装固定，地漏、排水口应临时封堵，门框应安装就位。

2)设置标高。在四周墙上依给定的标高线返至地坪标高位置，弹一圈地面水平标高线，以此控制面层的厚度。

3)预排。天然石材地面在施工前应进行预排，按规格、尺寸、色差等对板材进行挑选，预排完成后应进行编号备用。

4)板材铺贴。预排完成后即可进行大面积铺贴，可采用水泥砂或水泥砂浆铺贴，由里向外进行。当采用水泥砂铺贴时，先把水泥砂洒水干拌均匀，然后平铺于地面上，再把板材平铺在水泥砂层上，用皮锤子用力敲击板面，使板材压实，并适时掀起板材，检查板底的平整情况，如有缺水泥砂处，应及时填补。当一排板材干铺完成后把板材掀起，在水泥砂上浇筑水泥浆，随后重新铺上板材，再用皮锤子用力敲击板面，使板材压实。

5)养护。板材铺设完成后，应及时洒水养护，待结合层水泥砂浆强度达到要求后，方可打蜡，上人行走。

9.3.3 板块面层铺设施工技巧

1. 陶瓷锦砖地面施工技巧

(1)铺贴陶瓷锦砖前，应将其背面的灰尘清扫干净，刷水湿润，并在结合层上均匀地撒些干水泥粉，稍洒水后立即铺贴。清理防水基层时要防止损坏防水层面，以免引起面层渗水，影响质量。有地漏、排水口的带坡度地面，按设计要求做成坡度标筋。

(2)铺设陶瓷锦砖时不宜拼缝过紧，宜留缝 $1\sim3$ mm，四周与墙体间留有 $2\sim3$ mm 的空隙。铺贴锦砖应按房间一次连续操作，且应从里向外沿控制线退着进行。每贴一块锦砖联，应用 2m 靠尺检查平整度。整间铺贴完，应检查、修整四周边角及门口与其他地面的接槎是否平整。

(3)铺贴陶瓷锦砖应在地面垫层及其中预埋管线、防水层施工、门框固定等工序完成后再进行。如果有锦砖颗粒黏贴不牢，应用水泥浆重新黏贴、拍实。

2. 瓷砖地面铺设施工技巧

(1)铺砖前，缸砖应浸水湿润，晾干后备用。弹控制线时，应以房间中线为基准，从纵横两个方向排尺寸。

(2)横向平行于门口的第一排应为整砖，非整砖排在靠墙位置；纵向垂直于门口，非整砖排在两墙边。纵横方向一般每隔四块砖弹一条控制线，以便于保证质量。

(3)在基层上扫好水泥浆后，应按地面标高留出缸砖厚度做灰饼。满铺镶贴施工时不需要弹线，应从门口处往里铺，出现非整砖时用切割机切割。

3. 石材铺设施工技巧

(1)当天然石材地面的铺贴采用水泥砂时，其体积比为 $1:4\sim1:6$，厚度为 $20\sim30$ mm；当采用水泥砂浆时，厚度为 $10\sim15$ mm。铺贴天然石材面层时，应先用水浸湿，或用扫帚扫除表面灰尘，待擦干或表面晾干后方可铺贴。

(2)结合层与板材应分段同时铺贴，铺贴时应采用水泥浆或干铺水泥砂洒水作黏结剂。当设计无规定时，板材间的缝隙宽度不应大于 1mm。铺贴天然石材时应随时用 2m 靠尺检查表面的平整情况。

(3)铺贴的板材应表面平整、线路顺直、镶嵌正确，板块无裂纹、掉角、缺棱等缺陷。当有柱子时，应先铺设柱与柱的中间部分，然后向两边展开。板材铺设后，次日用素水泥浆嵌缝 2/3 高度，再用与面板相同颜色的水泥浆擦缝，然后用干锯末拭擦干净。

9.3.4 花岗石地面镶贴改进做法

花岗石地面镶贴传统上采用砂浆铺贴方法，这种施工方法较慢，材料耗费多，而且难以保证质量，容易发生空鼓等现象。可在花岗石饰面镶贴施工中，采用改进后的镶贴技术，避免空鼓，保证质量。具体施工方法如下：

(1)将基层清理干净，冲洗后充分浇水湿润，然后根据弹好的水平控制线贴饼充筋。有排水坡度时，从地漏处开始以放射线向四周充筋。

（2）扫素水泥浆后，用水泥∶砂∶豆石＝1∶2∶3（或1∶2.5∶2）干硬性细石混凝土满铺，随后用石磙碾实压平，用2m长靠尺检查垫层平整度。如发现不平时，应用1∶2干硬性砂浆补平。

（3）在检查垫层的平整度和压实度均符合要求后，按房间找方、放线，同时在花岗石背面均匀抹2mm厚素水泥浆，并按放线尺寸拉线、顺序铺贴，每铺贴一块，用水平尺寸检查其平整度以及接头高低和错缝等是不是不符合要求。如发现不平时，用橡胶榔头轻轻敲击，直到符合标准为止。

（4）饰面板镶贴2d后，擦缝养护一星期后再清理、打蜡和保养。

9.3.5　砖面层铺设质量缺陷分析处理

1. 砖面层地面空鼓

结合层施工时，由于水泥素浆过干或漏刷，结合层砂浆太稀，或黏结浆处理不当，板块湿润不够，低温下施工无防寒保暖措施，地面受冻，均会造成砖面层地面铺设完成后，表面出现空鼓、起拱现象。其正确做法如下：

（1）铺结合层水泥砂浆时，基层上水泥素浆应刷匀，不漏刷，不积水，不干燥，随刷随摊铺结合层。

（2）结合层必须采用干硬性砂浆，铺黏结浆采用湿浆板刮浆法或撒干水泥时应浇湿，铺贴后，砖必须压紧。

（3）常温下块材铺好1d后洒水养护，养护时间不低于7d，且避免上人行走。

（4）低温条件下施工，应注意工作环境温度，低于5℃时施工后应及时采取防寒保暖措施，防止地面受冻。

2. 砖面层铺贴不平整、缝对不齐

由于材料本身尺寸不一致，翘曲、变形，铺贴时标高控制不准，铺贴时分格线不准确，没靠线操作，均会造成砖面层砖块间不平整、不对缝，影响砖面层外观质量，达不到设计要求。为避免出现此类问题，具体防治措施如下：

（1）严格把关，删除不合格产品。

（2）个别厚薄不均者，可用砂轮打磨。

（3）铺前应准确确定标高，铺好标准块，弹好十字线，从中间向四周或后退方向铺贴。

（4）接缝处必须拉通线控制，铺贴时靠线，并用水平尺随时检查平整度。

3. 砖块铺砌形式、花色不一致

由于砖面层铺砌方法选用不当，铺砌形式花色选用不正确，砖块参差不齐，均会影响铺设紧密度和外观质量，故实施过程中的正确铺设方法如下：

（1）砖面层铺砌方法分平铺和侧铺两种。

（2）铺砌形式、花色（图案）常用的有直缝式、席纹式、人字式、花式、对角式等，如图9-11所示。

（3）铺砌时要求砖外形尺寸一致，排列对称、紧密、整齐，表面齐平，缝隙顺直，大小均匀，图案美观、大方。

(4)采用"人字式"铺砌时，应将边缘一行砖加工成 45°角，并与墙面和地板边缘紧密连接。

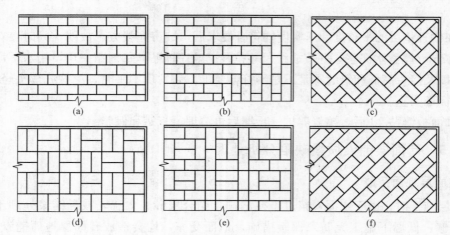

图 9-11　砖面层铺砌形式花色

(a)直缝式；(b)席纹式；(c)人字式；(d)、(e)花式；(f)对角式

2. 陶瓷锦砖面层质量缺陷分析处理

如果结合层砂浆摊铺后未及时铺贴陶瓷锦砖，未认真压实，门口等部位踩踏过早，均会导致铺好的陶瓷锦砖面层在基层与找平层、找平层与面层之间局部出现空鼓和脱层现象，影响地面的整体性、使用效果和寿命。其正确做法如下：

(1)结合层砂浆摊铺完后，接着铺贴陶瓷锦砖。

(2)撒干水泥后，应洒水湿润，同时陶瓷锦砖背面应刷湿。

(3)每铺贴一联，应认真拍实至素水泥浆挤出，门口铺贴后应垫板过人。

9.3.6　石材面层质量缺陷分析处理

1. 大理石面层铺设后颜色、花纹、图案和纹理零乱

大理石有天然花纹，可以拼成美丽的图案或者按照纹理进行拼排形成美丽的花纹。如果大理石板块材料的质量要求不符合规范要求，铺设前板材未按设计要求处理，施工时随便拼贴，必将显得零乱，整体达不到艺术效果。

故大理石和花岗石板块材料的质量要求应符合国家现行标准《天然大理石建筑板材》(GB 19766—2005)和《天然花岗石建筑板材》(GB/T 18601—2009)的规定。铺设前板材应按设计要求，根据石材的颜色、花纹、图案、纹理等试拼编号；当板材有裂缝、掉角、翘曲和表面缺陷时应予剔除；品种不同的板材不得混杂使用。

2. 大理石面层铺设完成后，不进行灌缝、擦缝

由于在大理石面层铺砌后未进行灌浆擦缝，材料拌和不均匀，灌浆后未将表面水泥浆擦干净。而大理石面层板块间接缝较严，一般还存在不大于 1mm 的缝隙，如果在铺贴完成后不进行灌缝、擦缝，打蜡后，将会有明显的黑缝影响观感效果，长时间使用后，还会造成板块松动。故正确防治措施如下：

(1)在大理石面层铺砌后 1～2d 应进行灌浆擦缝。

（2）根据大理石颜色，选择相同颜色的矿物颜料和水泥（或白水泥）拌和均匀，调成 1：1 稀水泥浆，用浆壶徐徐灌入大理石板块之间的缝隙中，可分几次进行，并用长把刮板把流出的水泥浆刮入缝隙中，直至灌满为止，多余的水泥浆应立即擦去。

（3）灌浆 1～2h 后，用棉丝团蘸原水泥浆擦缝，与板面擦平，同时将板面上的水泥浆擦净，使面层表面洁净、平整、坚实。

3. 大理石板面层铺设完成后出现空鼓

由于地面基层未清理干净并充分湿润，板块水泥砂浆结合层一次铺得过厚，板块铺设后未得到很好养护，均会造成大理石铺设完成后，板与基层黏结不牢，人走动时有空鼓声或板块松动，有的板块断裂，造成面层的整体强度和耐久性降低。故正确的防治措施如下：

（1）地面基层必须认真清理干净，并充分湿润，以保证砂浆结合层与基层良好结合，同时水泥浆黏结层应涂刷均匀；板块背面的浮灰杂物必须清扫干净，使用前应用水湿润，待表面稍晾干后再进行铺设。

（2）板块水泥砂浆结合层一次不应铺得过厚，这样放上板块后，砂浆底部不易砸实，往往会引起局部空鼓。板块铺贴宜两次成活，第一次试铺放后，用橡胶槌敲击使结合层砂浆平整密实，根据槌击的空实声，搬起板块，增减砂浆，浇一层水胶比为 0.5 左右的水泥浆，再安铺板块，四角平稳落地砸实，避免砸边角，以防引起空鼓。

（3）板块铺设 24h 后应洒水养护 1～2 次，1～2d 后进行灌浆擦缝；灌缝 24h 再浇水养护，然后覆盖锯末等保护成品进行养护；养护期间禁止上人走动，以保证板块与砂浆黏结牢固。

4. 铺好的板块地面接缝不平，缝不匀

由于铺设前未正确引进标高线，分格弹线不正确，铺设时未先铺贴好十字线交叉处最中间的 1 块，板块本身几何尺寸未符合规范要求，未对明显大小不一的接缝进行处理，铺设后未做好成品保护，均会导致铺好的板块地面往往在门口与楼道相接处出现接缝不平，或纵横方向缝子不均，观感质量差。故正确防治措施如下：

（1）必须由专人负责从楼道统一往各房间内引进标高线，房间内应四边取中，在地面上弹出十字线（或在地面标高处拉好十字线）。分格弹线应正确。

（2）铺设时，应先铺贴好十字线交叉处最中间的 1 块作为标准块；如以十字线为中缝时，可在十字线交叉点对角铺设两块标准块。标准块为整个房间的水平标准及经纬标准，应用 90°角尺及水平尺细致校正。

（3）板块本身几何尺寸应符合规范要求，凡有翘曲、拱背、宽窄不方正等缺陷时，应事先套尺检查，挑出不用，或分档次后分别使用。尺寸误差较大的，裁割后用在边角等适当部位。

（4）对明显大小不一的接缝，可在砂浆达到一定强度后，用手提切割机对接缝进行切割处理。切割时，手提切割机应用靠尺顺直，切割动作要轻细，防止动作失误造成掉角、裂缝和豁口等弊病。切割后，接缝应宽窄均匀，平直美观。

（5）地面铺设后，在养护期内禁止上人活动，做好成品保护工作。

5. 料石面层出现松动、下陷

由于铺设料石面层前未将表面基土或被扰动土夯实、密实，料石面层铺设未错缝组砌，块石面层未用碎石嵌缝碾压密实，料石面层未待碾压夯实或经养护后就上人，会导致料石地面使用后局部产生松动、不均匀下陷现象，降低了面层的受力功能和耐久性，同时也影响美观。其正确做法如下：

（1）铺设料石面层前，应将表面基土或被扰动土夯实或压实两遍，使其密实、平整。

（2）铺设料石面层应错缝组砌，缝隙宽窄均匀。

（3）块石面层应用碎石嵌缝碾压密实。

（4）用砂或水泥砂浆作结合层的料石面层应待碾压夯击密实或经养护后始可上人，以防止造成松动和下陷。

6. 料石面层铺设组砌出现十字缝、通缝

铺设料石面层时，随意、不合理组砌，排列不符合规范要求，出现大量十字缝、通缝。这样易造成料石镶嵌不牢固，面层整体性和刚性变差，强度降低，影响使用功能和寿命。故在铺设料石面层时，应避免出现十字缝。条石应按规格尺寸分类，并垂直于行走方向拉线铺砌成行。相邻两行的错缝应为条石长度的 1/3～1/2。铺砌时方向和坡度要正确。

铺砌在砂垫层上的块石面层，砂垫层夯实后厚度不应小于 60mm，石料的大面应朝上，块石力求互相靠紧，缝隙互相错开，应尽量避免通缝，实难避免时，不得超过两块石料。块石嵌入砂垫层的深度不应小于石料厚度的 1/3。

9.4 木竹面层铺设工程

9.4.1 木竹面层基本构造

1. 实木地板

实木地板基本构造如图 9-12 所示。

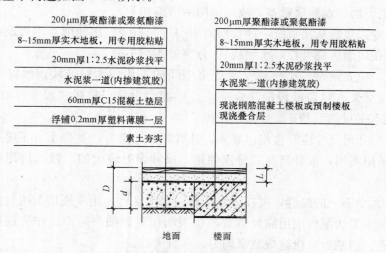

图 9-12 实木地板做法构造图（单位：mm）

2. 复合地板

复合地板构造如图 9-13 所示。

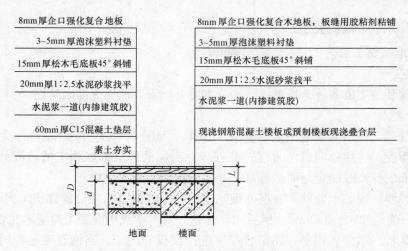

图 9-13　复合地板做法构造图（单位：mm）

3. 软木地板

软木地板构造如图 9-14 所示。

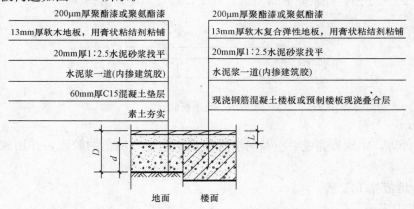

图 9-14　软木地板做法构造图（单位：mm）

4. 竹木地板

竹木地板构造如图 9-15 所示。

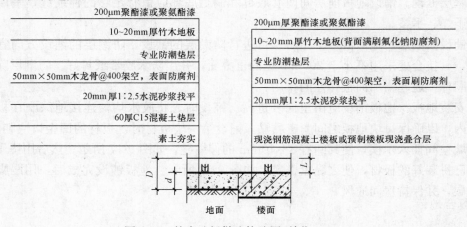

图 9-15　竹木地板做法构造图（单位：mm）

9.4.2　木竹面层施工工艺

1. 实木地板施工工艺

(1)施工工序

基层处理和施工准备→分格弹线、安装木龙骨→安装地板→饰面处理。

(2)施工要点

1)基层处理。基层表面应平整、坚硬、洁净、干燥、不起砂；与厕浴间、厨房等潮湿场所相邻的木质面层连接处应做防水(防潮)处理；底层地面应采取相应的防潮处理。根据设计要求和墙面的标高线确定地面的标高，并在四周墙上弹水平线。

2)分格弹线、安装木龙骨。基层处理完成后，在地面上相应位置弹出木龙骨的位置线，木龙骨间距一般为 200～300mm，然后用电锤钻孔塞木楔或用混凝土固定木龙骨。

3)安装地板。木龙骨调平、固定后即可进行面板的施工。当铺设毛地板时，每块毛地板与其下的木龙骨各用两根钉子固定，钉子的长度为板厚的 2.5 倍；铺设面板时可用胶黏贴或用钉固定，如图 9-16 所示。当采用单层板时，面板应钉牢于每根木龙骨上，钉子的长度为板厚的 2～2.5 倍，并从侧面斜向钉入板中，钉头不应外露。

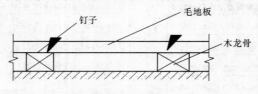

图 9-16　毛地板的固定

4)饰面处理。木地板完成后应及时清理表面的灰尘和溢出的胶水，并用软纸板或夹板进行覆盖。

2. 复合地板施工工艺

(1)施工工序

基层处理→铺设防潮层→安装地板→细部处理。

(2)施工要点

1)基层处理。铺设地板前房间门套底部和橱柜底部应留有足够的伸缩缝，基层表面应洁净、干燥、平整。

2)铺设防潮层。地面清理干净后即可进行防潮层的铺设，防潮层的铺设方向宜与面板相垂直，其接合处采用不小于 200mm 宽的重叠面，并用防水胶带纸封好。防潮层除了防止面板受潮外，还起增加面板弹性的作用。

3)安装地板。地板铺设应由里向外进行。铺设时先将胶水均匀连接地涂刷在板两边的凹企口内，以确保每块地板之间紧密黏贴。铺设第一块板材时，板材的凹企口应朝向墙面，板材与墙壁间插入木楔，使其间有 8～10mm 的伸缩缝，如图 9-17 所示；然后用锤子和硬木块轻敲已拼装好的板材，使之黏紧密实，如图 9-18 所示。地板铺设完成后，用踢脚线封盖地板面层，并保持房间通风。

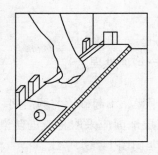 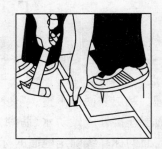

图 9-17　墙、板间空隙处的施工　　　　图 9-18　轻敲已拼装好的板材

4)细部处理。对于房间门口及不同高度的地面应收口盖板封压,如图 9-19 所示;当地板铺到墙边或其他障碍物旁,要铺设的空间大于踢脚板,而无法用地板块嵌补时,可用贴靠扣板封压,如图 9-20 所示。

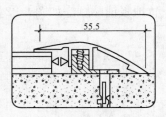 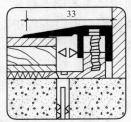

图 9-19　不同高度的收口处理　　　　图 9-20　墙边或其他障碍物旁的收口处理
　　　　（单位:mm）　　　　　　　　　　　　　（单位:mm）

3. 软木地板

(1)施工工序

基层处理→分格弹线→下料预铺→涂胶铺贴→饰面处理。

(2)施工要点

1)基层处理。水泥砂浆和混凝土基层应具有一定的强度;木基层应具有较好的刚度。所有铺设的基层必须平整,新、旧地面均要清洗,除去粉尘、污垢。

2)分格弹线。铺设前应根据设计要求弹出房间铺设的基准线,一般先在房间弹出十字中心线,使两中心线保持垂直。

3)下料预铺。根据弹好的基准线,先进行试铺,试铺完的地板应进行编号,以便正式施工时使用。

4)涂胶铺贴。铺设宜从十字中心线处开始,先铺贴地面的 1/4 部分。铺贴前须用湿抹布将地板涂胶面浮灰擦净,然后将胶黏剂涂于地板粗面边缘及对角线夹角中间点进行线涂和点涂。涂胶 1~2min 后按地板编号依次铺贴,并用橡胶锤轻击,使其牢固地黏贴于地面上,软木地板铺贴顺序如图 9-21 所示。

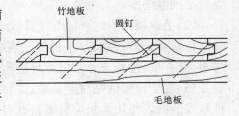

图 9-21　软木地板铺贴顺序

5)饰面处理。铺设完成后应用大白粉和与地板颜色相似的颜料配制成的油性腻子批嵌地板缝隙,刮平、磨光、干燥后按设计要求刷涂油漆。

4. 竹地板

（1）施工工序

基层处理→分格弹线、安装木龙骨→安装地板→饰面处理。

（2）施工要点

1）基层处理。基层表面应平整、坚硬、洁净、干燥、不起砂；与厕浴间、厨房等潮湿场所相邻的木质面层连接处应做防水（防潮）处理；底层地面应采取相应的防潮处理措施。根据设计要求和墙面的标高线确定地面的标高，并在四周墙上弹水平线。

2）分格弹线、安装木龙骨。基层处理完成后，在地面上相应位置弹出木龙骨的位置线，木龙骨间距一般为 200～300mm，然后用电锤钻孔塞木楔或用混凝土固定木龙骨。

3）安装地板。木龙骨调平、固定后即可进行竹地板面板的施工。当铺设毛地板时，每块毛地板与其下的木龙骨各用两根钉子固定，钉子的长度为板厚的 2.5 倍；面板铺设时可用胶黏贴或用钉固定。当采用单层板时，面板应钉牢于每根木龙骨上，钉子的长度为板厚的 2～2.5 倍，并从侧面斜向钉入板中，钉头不应外露，竹地板铺贴顺序如图 9-22 所示。

图 9-22　竹地板铺贴顺序

4）饰面处理。地板完成后应及时清理表面的灰尘和溢出的胶水，并用软纸板或夹板进行覆盖。

9.4.3　木竹面层施工技巧

1. 实木地板施工技巧

（1）地板施工前应预先进行检查和挑选，将有节疤、劈裂、弯曲等缺陷及加工不合格的剔除，地板的花纹和色泽力求一致。安装木龙骨前应预先在墙面上弹好地板面层的控制线，以便于龙骨的固定。木龙骨与墙面间应留有不小于 30mm 的缝隙，以防木龙骨膨胀和通风。龙骨必须经防腐、防虫处理。

（2）毛地板铺设时，应与龙骨成 30°或 45°角斜向钉牢，并使其髓心向上，板与板之间的缝隙控制在 3mm 左右，毛地板与墙面间应留有 10～20mm 的缝隙。毛地板铺设完成后，应将表面刨平，经检查合格后方可进行面层的施工。

（3）面层地板铺贴时应从靠近门处向里进行，以免将地板的收口放在门口。单层企口木地板安装时，每块地板应排紧，并钉牢在其下的每根龙骨上，钉帽砸扁或用专用地板钉固定，从侧面斜向钉入，如图 9-23 所示。

（4）地板与墙体间的缝隙应用踢脚板进行遮盖，如图 9-24 所示。

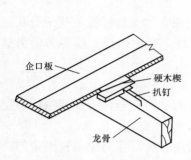

图 9-23　单层企口板安装

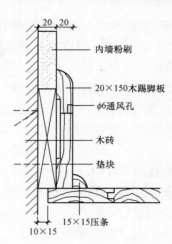

图 9-24　木踢脚板设置(单位:mm)

(5)地板木龙骨铺设后,应经隐蔽验收合格后方可铺设毛地板或面层。木地板施工必须合理安排工序,门厅或带阳台房间的木地板,门口要采取措施,以免雨水倒流。

(6)地板面层留通气孔,每间不少于两处,踢脚板上通气孔每边不少于两处,通气孔的直径一般为12mm。

(7)当地面不平整时,可在龙骨底部用斜木方或夹板条加以填实,并用钉子固定于龙骨上,以保证龙骨上口的平整。为防止木龙骨的松动,龙骨间距一般应不超过成人的一脚长度(300mm),避免地板直接受力而引起龙骨的松动。

(8)为防止潮气侵蚀,可在毛地板上干铺一层沥青油毡或在木龙骨间撒一些干石灰;为防止素木板地板的变形,地板的含水率应与当地的平均含水率相同,同时安装前可先在地板的背面涂刷一遍清漆,以免地板变形。

2. 复合地板施工技巧

(1)复合地板的基层应平整,如有高低不平或凹陷处,应及时用水泥砂浆进行修补,以免表面不平整。

(2)当地面高低相差较大时,可在基层上满钉一层多层板,但其强度必须符合要求,以免引起面层被破坏。

(3)为保证工程质量,镶入墙边的木楔应在整体地板拼装24h后方可拆除,同样最后一块板也要与墙面保持8~10mm的缝隙,以免地板收缩而引起地板起鼓。

(4)拼装第二行时,应首先使用第一行剩下的板材,同时为保证地板的整体稳固性,板材的拼接长度不得小于300mm。

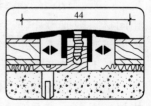

(5)复合地板面层的面积达70m²或房间长度达8m时,应每隔8m设置伸缩缝,并用过渡盖板装饰,如图9-25所示。

图 9-25　伸缩缝处的处理(单位:mm)

3. 竹地板施工技巧

(1)竹地板施工前应预先进行检查和挑选,将有劈裂、弯曲等缺陷及加工不合格的板剔除,竹地板的花纹和色泽力求一致。安装木龙骨前应预先在墙面

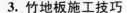

上弹好地板面层的控制线，以便于龙骨的固定。

（2）当地面不平整时，可在龙骨底部用斜木方或夹板条加以填实，并用钢钉固定于龙骨上，以保证龙骨上口的平整。木龙骨与墙面间应留有不小于 30mm 的缝隙，以防木龙骨膨胀和通风。龙骨必须经防腐、防虫处理。

（3）为防止潮气侵蚀，可在毛地板上干铺一层沥青油毡或在木龙骨间撒一些干石灰；为防止木龙骨的松动，龙骨间距一般应不超过成人单足的宽度，避免地板直接受力而引起龙骨的松动。

4. 软木地板施工技巧

（1）基层处理时，如遇到地面不平整或有高级装饰要求时，可在地面上加铺一层多层板或细木工板，并固定牢固。

（2）高档房间施工时，最好先铺上一层 9～12mm 厚的多层板，并用短钢钉固定好，以提高基层的平整度。

（3）施工前应先试摆未涂胶的软木地板，使其一边不经切割或避免沿墙出现细条，试摆符合要求后，才能进行大面积施工。

9.4.4 实木地板质量缺陷分析处理

1. 实木地板面层拼缝不严

由于制造地板条的木材未经过蒸煮和脱脂处理，地板条拼装前，未经严格挑选，铺设前房间未弹线找方，嵌缝方法不当。致使实木地板面层板缝不严，板缝宽度大于 0.3mm，影响外观质量。为避免出现此类问题，正确防治措施如下：

（1）制造地板条的木材应经过蒸煮和脱脂处理，含水率限值应符合规范要求，一般北方不大于 10%，南方不大于 15%，其他地区不大于 12%。材料进场后必须存放在干燥通风的室内。

（2）地板条拼装前，须经严格挑选，有腐朽、节疤、劈裂、翘曲等瑕疵者应剔除，宽窄不一、企口不符合要求的应经修理再用。长条地板条有顺弯者应刨直，有死弯者应从死弯处截断，适当修整后使用。

（3）为使地板面层铺设严密，铺设前房间应弹线找方，并弹出地板周边线。踢脚板根部有凹形槽的，周圈先钉凹形槽。

（4）缝隙小于 1mm 时，用同种木料的锯末加树脂胶和腻子嵌缝。缝隙大于 1mm 时，用相同材料刨成薄片（成刀背形），蘸胶后嵌入缝内刨平。如修补的面积较大，影响美观，可将烫蜡改为油漆，并加深地板的颜色。

2. 地板表面戗槎

由于刨地板走速太慢，刨地板吃刀太深，未按木纹方向刨削，致使木地板戗槎，出现成片的毛刺，或呈现异常粗糙的表面。尤其在地板上油烫蜡后更为明显，影响外观质量。具体防治措施如下：

（1）刨地板机的走速应适中，不能太慢；如发现异常，应及时调整。

（2）刨地机吃刀不能太深，吃浅一点，多刨几次。

（3）有条件的情况下，尽量按顺着木纹的方向刨削，有利于保证木地板表面平整。

（4）用机器磨光时砂布要先粗后细，要绷紧绷平，按顺序进行，不要乱磨，不应随意停留，必须停留时先要停转；人工净面要用细刨认真刨平，再用砂纸打光。

3. 地板颜色不一致

如果铺设前未对地板条进行挑选、编号，对颜色不同的地板条搭配不当，未对颜色过分混杂的地板适当加深油漆颜色予以掩盖，采用沥青胶结料或其他黏结剂黏贴地板时，涂胶太厚。或者木地板所用材料的树种不完全相同，即使树种相同颜色也不尽一致，都会影响木地板的美观。具体防治措施如下：

(1)铺设前应对地板条先挑选，按规格、颜色分类编号，相同颜色用于同一房间。

(2)如一个号的地板条不足一个房间时，可调配使用，颜色由浅入深或由深入浅逐渐过渡，并注意使颜色深的用于光线强的部位，颜色浅的用于光线弱的部位，使色调得到调整。

(3)对颜色过分混杂的，应适当加深地板油漆颜色，将杂色予以掩盖。

(4)采用沥青胶结料或其他黏结剂黏贴地板时，涂胶不宜过厚，溢出表面的黏结料应随即刮去擦净。

9.4.5　复合地板铺设质量缺陷分析处理

1. 复合地板面层铺装不牢固致使出现黏结不牢、空鼓现象

复合地板面层铺装黏结不牢、出现空鼓，就会影响面层的整体性和持久强度，降低其使用功能和使用寿命。

(1)原因分析

1)毛地板、衬垫层、地板黏贴面未清理干净。

2)使用的黏结剂不符合现行标准要求。

3)点铺数量、胶量过少。

4)铺毛地板含水率过大。

5)地板与墙之间的空隙过大。

(2)正确做法

1)毛地板、衬垫层、地板黏贴面必须清理干净。

2)使用的黏结剂应符合现行产品标准规定并应经检验合格；不得使用黏结强度低、过期变质的黏结剂。

3)点铺数量、胶量不应过少，并要求各点黏结均匀一致；铺好的面层应待黏结剂养护1~2d凝固后，方可上人。

4)铺毛地板应控制含水率不大于12%，板与板之间应拉开 3~5mm 的缝隙，木材髓心应向上，表面应刨平。

5)与墙之间应留 8~12mm 的空隙，以减少墙体中吸收水分，并保持一定的通风条件，以调节因湿度、温度变形而引起的鼓胀和面层空鼓。

2. 复合地板面层接头不错开，缝隙不严密，表面不洁净

由于复合地板面层铺设相邻板接头不错开，板间缝隙过大，不严密，与墙间不留缝隙，表面被黏结剂污染等，均会造成面层的整体性和刚度变差，表面不美观，影响使用效果。其正确做法如下：

(1)复合地板面层相邻板接头位置应错开不小于 300mm 距离，以保证互相嵌固，增强整体性和刚度。

(2)复合地板四周离墙应保证有 10～20mm 空隙，以调节因温度、湿度而引起的伸缩变形并保持干燥。

(3)铺装地板时黏结剂应涂抹均匀，并控制板缝宽度，允许偏差为 0.5mm；铺板时板面上多余黏结剂要立即处理，以防污染地板面层，同时应加强成品的保护。

9.4.6 竹地板铺设质量缺陷分析处理

由于竹子抗劈裂性差，直接用钉子钉入易将竹地板劈裂损坏，难以固定牢固，将降低面层的整体性，影响外观和耐久性。为避免出现此类问题，正确做法如下：

(1)铺装竹地板面层时，固定竹地板应先在板的母槽里成 45°角用装饰枪或电钻钻好钉眼，再用钉子或螺钉斜钉在龙骨上，钉长为板厚的 2.0～2.5 倍，钉间距宜为 250mm 左右，且每块竹地板至少钉两个钉，钉帽要砸扁，企口条板要钉牢排紧。

(2)企口板的接头要在龙骨上，接头互相错开 300mm，板与板之间应排紧；板缝宜控制在 1mm 左右，可根据季节不同适当调整，冬季不宜太紧，夏季不宜太松。

(3)钉完竹地板在拼缝中涂入少许地板蜡即可；锯开的竹地板、锯面用油漆封好；素板铺装完毕后应上光打蜡。

第10章 细部工程

10.1 橱柜制作与安装工程

10.1.1 橱柜制作安装施工工艺

1. 施工工序

制作橱柜→安装橱柜。

2. 施工要点

(1)制作橱柜。制作木橱柜所用的材料必须符合设计要求,木橱柜的防潮、防腐、防火处理必须符合规范要求,橱柜的规格应尽量和面板的模数相吻合,以节约材料。

(2)安装橱柜。安装木橱柜时要做到安装牢固,柜扇截口顺直,刨面平整光滑,活扇安装应开关灵活、稳定、无回弹和侧倾。柜的盖口板、压缝条压边尺寸要一致。

10.1.2 橱柜安装施工技巧

(1)为防止木橱柜被损坏,在地面施工时,可先在地上做木橱柜的底座,待地面完成后,再将木橱柜固定于底座上。

(2)木橱柜门的宽度宜符合夹板的模数要求,以400~600mm为宜,以便于节约材料。

(3)安装木橱柜门时,应先将合页安装在门上,然后再将门固定,这样便于安装。

(4)当橱柜壁为纤维板,合页固定不牢时,可先用电钻钻孔,塞入木楔,然后再用木螺钉拧紧。

10.1.3 橱柜材料质量不符合要求

橱柜制作与安装所用材料的材质、规格和性能等不符合设计要求,将严重影响橱柜制作与安装的质量。故正确做法如下:

(1)制作与安装橱柜所用材料的材质和规格、木材的燃烧性能等级和含水率、花岗石的放射性及人造木板的甲醛含量应符合设计要求及国家现行标准的有关规定。

(2)木方料。木方料是用于制作骨架的基本材料,应选用木质较好、无腐朽、不潮湿、无扭曲变形的合格材料,含水率不大于12%。

(3)胶合板。胶合板应选择不潮湿、无脱胶开裂的板材;饰面胶合板应选择木纹流畅、色泽纹理一致、无疤痕、无脱胶、无空鼓的板材。胶合木结构板材质标准应符合表10-1的规定。

表 10-1　胶合板木结构板材质标准

项次	缺 陷 名 称	材质等级		
		Ⅰb	Ⅱb	Ⅲb
1	腐朽	不允许	不允许	不允许
2	木节 (1)在构件任一面 200mm 长度上所有木节尺寸的总和不得大于所在面宽的数值； (2)在木板指接及其两端各 100mm 范围内	1/3 不允许	2/5 不允许	1/2 不允许
3	斜纹 任何 1m 材长上平均倾斜高度，不得大于/mm	50	80	150
4	髓心	不允许	不允许	不允许
5	裂缝 (1)在木板窄面上的裂缝，其深度(有对面裂缝用两者之和)不得大于板宽的 (2)在木板宽面上的裂缝，其深度(有对面裂缝用两者之和)不得大于板厚的	1/4 不限	1/3 不限	1/2 对侧立腹板工字梁的腹板：1/3，对其他板材不限
6	虫蛀	允许有表面虫沟，不得有虫眼		
7	涡纹 在木板指接及其两端各 100mm 范围内	不允许	不允许	不允许

注：①按标准选材配料时，尚应注意避免在制成的胶合构件的连接受剪面上有裂缝。

②对于有过大缺陷的木材，可截去缺陷部分，经重新接长后按所定级别使用。

(4)配件。根据家具的连接方式选择五金配件，如拉手、铰链、镶边条等。并按家具的造型与色彩选择五金配件，以适合各种彩色家具使用。

(5)橱柜制作与安装所用材料进场前必须认真检验。

10.1.4　橱柜安装时不弹线套方、不找正

安装橱柜时不弹线套方、找正吊直，致使橱柜安装不平、不正，造成橱柜边框与墙缝、与楼板底缝大小不一，同时还容易造成橱柜框架翘曲(皮棱)、框扇关不严或局部不严，影响观感质量和使用功能。为避免该质量缺陷，正确的防治措施如下：

(1)利用室内统一标高线和柜的尺寸，弹出柜框安装线。

(2)框架固定前应先校正、套方、吊直，核对标高、尺寸、位置准确无误后，才可进行固定。

(3)如果遇到基体施工留洞不准，导致墙不方正，或楼板底高低不平时，不能在安装框时顺墙、板走，由此所造成的墙和板不平、不正问题应单独处理。

(4)弹线找方正后再进行检查，发现问题应及时解决。

10.1.5 橱柜变形翘曲

由于木材、板材的挑选不严格、湿度大，操作时不注意木材的天然缺陷，操作工艺掌握不好，均会导致橱柜发生变形翘曲现象，影响橱柜的美观及使用功能。正确的防治措施如下：

(1)所用材料要经过挑选，木材要特别注意检测含水率，现场能够准确测定的，则其值以小于 12% 为好。

(2)木材要避免节子、斜裂等天然缺陷。

(3)人造板应用不潮湿、无空鼓、无脱胶开裂的板材。

(4)木龙骨需要开槽时则要双面错开，槽深为龙骨的一半。

(5)现场黏贴夹板时，操作平台必须呈水平状，重物要适当。

10.1.6 压条宽窄不一，颜色不一，接缝明显

盖口条和压缝条的规格、尺寸不符合设计要求，盖口条和压缝条进场后未涂刷底油漆，安装盖、压条时未认真操作，将造成压条宽窄不一，颜色不一、接缝明显，影响观感质量。故正确做法如下：

(1)盖口条和压缝条的规格、尺寸应符合设计要求，进场时要进行核对。

(2)盖口条、压缝条进场后各面应涂刷底油漆一道，存放应平整，保持通风。

(3)安装涂刷过清漆的柜子盖压条时，要注意材料颜色匹配，色差大的应挑出来，并进行修色处理。

(4)安装盖、压条时要仔细认真，做到接缝平整严密，拐角处做成八字角。

10.1.7 框扇开关不灵活

由于未正确选用合页及安装用螺钉，扇与框对扇缝隙不均匀，口扇不密封，致使框扇开关不灵活，将影响其使用功能。故正确做法如下：

(1)正确选用合页及安装用螺钉。合页的规格尺寸应根据框扇大小选用；螺钉的规格、数量应与合页配套。

(2)扇与框架对扇缝隙要求均匀，上缝要小；夏季安装时缝隙可适当减小 0.5mm，冬季安装时缝隙要放大 0.5mm，以防冬夏变形。

(3)柜子在刷交活油前要再认真检查一遍，发现有不灵活的活扇要修理后再刷交活油。

10.2 窗帘盒、窗台板和暖气罩制作与安装工程

10.2.1 窗帘盒基本构造

窗帘盒设置在窗的上口，主要用来吊挂窗帘，并对窗帘导轨等构件起遮挡作用，所以也有美化居室的作用。窗帘盒的长度一般以窗帘拉开后不影响采光面积为准，一般为洞口宽度＋300mm 左右(洞口两侧各 150mm 左右)；深度(即出挑尺寸)与所选用窗帘材料的厚薄和窗帘的层数有关，一般为 120～200mm，保证在拉扯每层窗帘时互不牵动。窗帘盒的构造如图 10-1、图 10-2 所示。

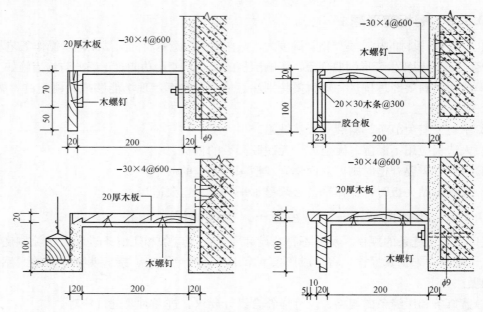

图 10-1 窗帘盒构造(一)(单位:mm)

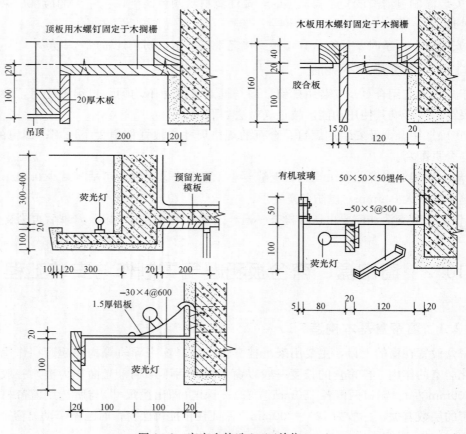

图 10-2 窗帘盒构造(二)(单位:mm)

吊挂窗帘的方式有三种：软战式、棍式和轨道式。单轨明窗帘盒结构尺寸如图 10-3 所示；单轨暗窗帘盒结构尺寸如图 10-4 所示。

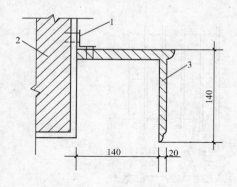

图 10-3 单轨明窗帘盒(单位:mm)
1—角钢；2—墙体；3—窗帘盒

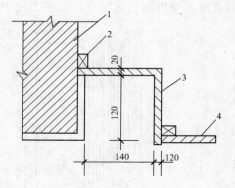

图 10-4 单轨暗窗帘盒(单位:mm)
1—墙体；2—木档；3—窗帘盒；4—吊顶面板

10.2.2 暖气罩基本构造

暖气散热器多设于窗前，暖气罩多与窗台板等连在一起。常用的布罩方法有窗台下式、沿墙式、嵌入式和独立式等。暖气罩既要能保证室内均匀散热，又要造型美观，具有一定的装饰效果。

1. 木制暖气罩

木制暖气罩是采用硬木条、胶合板等做成格片状；也可以采用上下留空的形式。木制暖气罩舒适感较好，如图 10-5 所示。

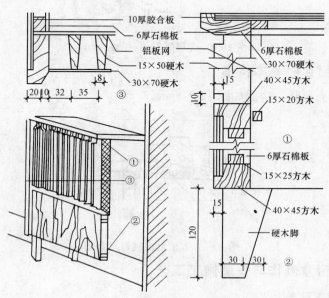

图 10-5 木制暖气罩(单位:mm)

2. 金属暖气罩

金属暖气罩采用钢或铝合金等金属板冲压打孔，或采用格片等方式制成暖气罩。它具有性能良好、坚固耐用等特点，如图 10-6 所示。

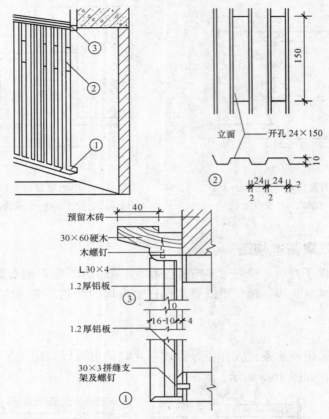

图 10-6　金属暖气罩(单位:mm)

10.2.3　木窗台板基本构造

木窗台板的截面形状、构造如图 10-7 所示。

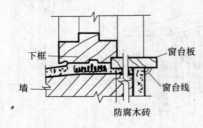

图 10-7　木窗台板装钉示意图

10.2.4　窗帘盒制作与安装施工工艺

(一)窗帘盒制作要点

木窗帘盒可以有多种形式，总结归纳其制作要点如下：

(1)制作木窗帘盒时，首先根据施工图或标准图的要求进行选料、配料，先加工成半成品，再细致加工成型。

（2）在加工时，多层胶合板按设计施工图要求下料，细刨净面。需要起线时，多采用黏贴木线的方法。线条要光滑顺直、深浅一致，线型要清秀。

（3）根据图纸进行组装。组装时，先抹胶，再用钉条钉牢，将溢胶及时擦净。不得有明榫，不得露钉帽。

（4）如采用金属管、木棍、钢筋棍作窗帘杆时，在窗帘盒两端头板上钻孔，孔径大小应与金属管、木棍、钢筋棍的直径一致。镀锌铁丝不能用于悬挂窗帘。

（5）目前，窗帘盒常在工厂用机械加工成半成品，在现场组装即可。

（二）窗帘盒安装要点

1. 施工准备

（1）在安装窗帘轨道前，应先检查其轨道是否平直，如果有弯曲，应调直后再安装，使其在一条直线上，以便于使用。明窗帘盒宜先安装轨道，暗窗帘盒可后安装轨道。当窗宽大于 1.2m 时，窗帘轨中间应断开，断头处煨弯错开，弯曲度应平缓，搭接长度不少于 200mm。

（2）根据室内 50cm 高的标准水平线往上量，确定窗帘盒安装的标高。在同一墙面上有几个窗帘盒，安装时应拉通线，使其高度一致。将窗帘盒的中线对准窗洞口中线，使其两端伸出洞口的长度尺寸相同。用水平尺检查，使其两端高度一致。窗帘盒靠墙部分应与墙面紧贴，无缝隙。如墙面局部不平，应刨盖板加以调整。根据预埋铁件的位置，在盖板上钻孔，用平头机螺栓加垫圈拧紧。如果挂较重的窗帘时，安装明装窗帘盒轨道采用平头机螺丝钉；安装暗装窗帘盒轨道时，小角应加密，木螺丝钉不应小于 $1\frac{1}{4}$ in。

（3）窗帘盒的尺寸包括净宽度和净高度。在安装前，根据施工图对窗帘层次的要求来检查这两个净尺寸是否合适。如果宽度不足时，会造成布窗帘过紧，不好拉动闭启；反之，宽度过大，窗帘与窗帘盒间因空隙过大破坏美观。如果净高度不足时，不能起到遮挡窗帘上结构的作用；反之，高度过高时，会造成窗帘盒的下坠感。

（4）下料时，单层窗帘的窗帘盒净宽度一般为 100～120mm，双层窗帘的窗帘盒净宽度一般为 140～160mm。窗帘盒的净高度要根据不同的窗帘来定。一般布料窗帘，其窗帘盒的净高为 120mm 左右，垂直百叶窗帘和铝合金百叶窗帘的窗帘盒净高度一般为 150mm 左右。

窗帘盒的长度由窗洞口的宽度来决定。一般窗帘盒的长度比窗洞口的宽度大 300mm或 360mm。

2. 明窗帘盒安装

（1）施工工序

定位画线→打孔→固定窗帘盒。

（2）施工要点

1）定位画线。将施工图中窗帘盒的具体位置画在墙面上，用木螺钉把两个铁脚固定于窗帘盒顶面的两端。按窗帘盒的定位位置和两个铁脚的间距，画出墙面固定铁脚的孔位。

2）打孔。用冲击钻在墙面画线位置打孔。如用 M6 膨胀螺钉固定窗帘盒，需用 $\phi 8.5$ 冲击孔头，孔深大于 40mm；如用木楔木螺钉固定，其打孔直径必须大于 $\phi 18$，孔深大于 50mm。

3)固定窗帘盒。常用固定窗帘盒的方法是膨胀螺栓或木楔配木螺钉固定法。膨胀螺栓是将连接于窗帘盒上面的铁脚固定在墙面上，而铁脚又用木螺钉连接在窗帘盒的木结构上。一般情况下，塑料窗帘盒、铝合金窗帘盒其自身都具有固定耳，可通过固定耳将窗帘盒用膨胀螺栓或木螺钉固定于墙面。常见窗帘盒的固定方法如图 10-8 所示。

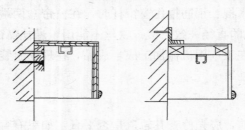

图 10-8 常见窗帘盒的固定方法

3. 暗装窗帘盒安装

暗装形式的窗帘盒，其主要特点是与吊顶部分结合在一起。常见的有内藏式和外接式两种，具体如下：

(1)暗装内藏式窗帘盒。窗帘盒需要在吊顶施工时一并做好，其主要形式是在窗顶部位的吊顶处作出一条凹槽，以便在此安装窗帘导轨，如图 10-9 所示。

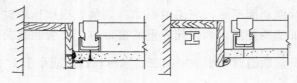

图 10-9 暗装内藏式窗帘盒

(2)暗装外接式窗帘盒。外接式是在平面吊顶上做出一条通贯墙面长度的遮挡板，窗帘就装在吊顶平面上，如图 10-10 所示。但由于施工质量难以控制，目前较少采用。

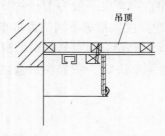

图 10-10 暗装外接式窗帘盒

4. 落地窗帘盒安装

(1)施工工序

钉木楔→制作骨架→贴里层面板→钉垫板→安窗帘杆→安装骨架→钉外层面板→装饰。

(2)施工要点

1)钉木楔。沿立板与墙、顶棚中心线每隔 500mm 作一标记，在标记处用电钻钻孔，孔径 14mm，深 50mm，再打入直径 16mm 木楔，用刀切平表面。

2)制作骨架。木骨架由 24mm×24mm 的上下横方和立方组成，立方间距 350mm。制作时横方与立方用 65mm 铁钉结合。骨架表面要刨光，不允许有毛刺和锤印。横、立方向应互相垂直，对角线偏差不大于 5mm。

3)钉里层面板。骨架面层分里、外两层，选用三层胶合板。根据已完工的骨架尺寸下料，用净刨将板的四周刨光，接着可上胶贴板。为方便安装，先贴里层面板。安装过程如下：清除骨架、面层板表面的木屑、尘土，随后各刷一层白乳胶，再把里层面板贴上，贴板后沿四边用 10mm 铁钉临时固定，铁钉间距 120mm，以避免上胶后面板翘曲、离缝。

4)钉垫板。垫板为 100mm×100mm×20mm 木方，主要用作安装窗帘杆，同样，采用墙上预埋木楔铁钉固定做法，每块垫板下钉两个木楔即可。

5)安装窗帘杆。窗帘杆有单轨式或双轨式，单轨式比较实用。窗帘杆安装简便，如房间净宽大于 3.0m 时，为保持轨道平面一致，窗帘轨中心处需增设一支点。

6)安装骨架。先检查骨架里层面板是否牢固，如黏贴牢固，即可拆除临时固定的铁钉，取钉时要小心，不能硬拔。再检查预留木楔位置是否准确，然后拉通线安装，骨架与预埋木楔用 75mm 铁钉固定。先固定顶棚部分，然后固定两侧。安装后，骨架立面应平整，并垂直顶棚面，不允许倾斜，误差不大于 3mm，做到随时安装随时修正。

7)钉外层面板。外层面板与骨架四周应吻合，保持整齐、规正。其操作方法与钉里层面板相同。

8)装饰。只需对落地窗帘盒立板进行装饰。可采用与室内顶棚和墙面相同做法，使窗帘盒成为顶棚、墙面的延续，如贴壁纸、墙布或做多彩喷涂。但也可根据自己的爱好，对室内家具、顶棚和墙面的色彩进行油漆涂饰。

10.2.5　窗台板安装施工工艺

(1)施工工序

定位→拼接→固定→防腐。

(2)施工要点

1)定位。在窗台墙上，预先砌入防腐木砖，木砖间距 500mm 左右，每樘窗不少于两块。

①在窗框的下框裁口或打槽，槽宽 10mm、深 12mm。

②将窗台板刨光起线后，放在窗台墙顶上居中，里边嵌入下框槽内。

③窗台板的长度一般比窗樘宽度长 120mm 左右，两端伸出的长度应一致；在同一房间内同标高的窗台板应拉线找平找齐，使其标高一致，突出墙面尺寸一致。

④窗台板上表面向室内略有倾斜(即泛水)，坡度约 1%。

2)拼接。如果窗台板的宽度大于 150mm，拼接时，背面应穿暗带，防止翘曲。

3)固定。用明钉将窗台板与木砖钉牢，钉帽砸扁，顺木纹冲入板的表面，在窗台板的下面与墙交角处，要钉窗台线(三角压条)。窗台线预先刨光，按窗台长度两端刨成弧形线角，用明钉与窗台板斜向钉牢，钉帽砸扁，冲入板内。

4)防腐。木窗台板的厚度为 25mm，表面应刷油漆，木砖和垫木均应做防腐处理。

10.2.6　窗帘盒安装施工技巧

(1)安装窗帘盒应在顶棚、墙面、门窗、地面等装饰完工后进行。当窗帘盒较大需要拼接时，应从背面用木龙骨或角铁进行加固，以防止安装过程中出现断裂。

(2)窗帘盒宽度如设计无要求应适当大一些，一般在200mm左右，以便于轨道的安装。窗帘盒所用的木材宜采用不易开裂变形、收缩小的软性材料，其含水率必须控制在设计要求以内。

(3)安装窗帘盒时应以下口为准拉通线，将窗帘盒两端固定在端板上，且与墙面垂直，上部可找到顶棚底，内侧板中间应用铁件预埋固定，以防止窗帘盒倾覆。窗帘盒的顶板不宜太薄，一般不小于15mm，以便于安装窗帘轨道。

(4)对于内部不需再装饰的窗帘盒，为便于窗帘轨道的安装，也可以先将窗帘轨道安装好后再固定窗帘盒。

10.2.7　窗台板安装施工技巧

(1)安装窗台板时，可先锯好开口，然后按窗框下冒头的铲口将木砖与窗台板填平。

(2)窗台板与墙面交角处，可钉上预先刨光的窗台线，钉帽砸扁后钉牢冲入板内。

(3)安装窗台板前，应按标高填平固定点。在同一房间内，应按相同的标高安装窗台板，并各自保持水平。两侧伸出窗洞的长度应一致。

(4)窗台板外侧应紧贴窗框，板内侧和两端上口应刨小圆角，底部可钉阴角小线条进行装饰。

(5)水磨石窗台板应用范围为600～2400mm，窗台板净跨比洞口少10mm，板厚为40mm。应用于240mm墙时，窗台板宽度为140mm；应用于360mm墙时，窗台板宽度为200mm或260mm；应用于490mm墙时，窗台板宽度为330mm。

(6)水磨石窗台板的安装采用角铁支架，其中距为500mm，混凝土窗台梁端部应伸入墙内120mm；若端部为钢筋混凝土柱时，应留插铁。

10.2.8　窗帘盒、窗台板和暖气罩材料不符合要求

窗帘盒、窗台板和暖气罩制作与安装所用材料的材质、规格和性能等不符合设计要求，材料进场前未认真进行检验，都将影响窗帘盒、窗台板和暖气罩制作与安装的质量。故实施过程中正确做法如下：

(1)制作与安装窗帘盒所使用的材料和规格、木材的阻燃性能等级和含水率(含水率不大于12%)及人造夹板的甲醛含量应符合设计要求和国家现行标准的有关规定。

(2)制作与安装窗台板所使用的材料和规格、木材的燃烧性能等级和含水率及人造板的甲醛含量应符合设计要求和国家现行标准的有关规定。

(3)制作与安装暖气罩所使用的材料和规格、木材的燃烧性能等级和含水率及人造板的甲醛含量应符合设计要求和国家现行标准的有关规定。制作暖气罩的龙骨使用木材应符合设计要求。

(4)木龙骨料及饰面材料应符合细木装修的标准，材料无缺陷，含水率低于12%，胶合板含水率低于8%。

(5)木方料是用于制作骨架的基本材料，应选用木质较好、无腐朽、无扭曲变形的合格

材料，含水率不大于 12％。

(6)防腐剂、油漆、钉子等各种小五金必须符合设计要求。

10.2.9　窗帘盒变形、弯曲

由于木材含水率控制不好，安装时确定标高水平位置不用基准线，不拉通线，控制不准，用料尺寸偏小，均会导致安装窗帘盒时，发生单个窗帘盒高低不平，一头高一头低，窗帘盒两端伸出窗口的长度不一致等变形、弯曲现象，影响窗帘盒的美观及使用效果。故具体的防治措施如下：

(1)宜选用不宜开裂变形、收缩小的木材制作，其含水率必须控制在 12％以内。

(2)同一墙面上有若干个窗帘盒时，要拉通线找平。

(3)洞口或预埋件位置不准时，应先予以调整，使预埋连接件处于同一水平位置上。

(4)安装窗帘盒前，先将窗框的边线用方尺引到墙皮上，再在窗帘盒上画好窗框的位置线，安装时使二者重合。

(5)窗帘杆安装在顶盖板上时，为了保证其强度和刚度，顶盖板的厚度不宜小于 15mm。

10.2.10　窗台板与墙面、窗框不一致

由于安装框时距内墙抹灰面尺寸不一致，预留窗洞口不准确，窗框下冒头内侧没有裁口，均会导致窗台板挑出墙面的尺寸不同、宽窄不一，窗台板两端伸出窗框的长度不一致，影响美观。故具体的防治措施如下：

(1)安窗框时距内墙抹灰面尺寸应一致。

(2)预留窗洞口要准确，以保证抹灰厚度一致。

(3)木窗台板的截面形状、构造尺寸按施工图施工，如图 10-11 所示。

(4)在窗框的下框裁口或打槽，槽宽度为 10mm，深度为 12mm。将窗台板刨光起线后，放在窗台墙顶上居中，里边嵌入下框槽内。

(5)窗台板的长度一般比窗樘宽度长 120mm 左右，两端伸出的长度应一致；在同一房间内同标高的窗台板应拉线找平、找齐，使其标高一致，突出墙面尺寸应一致。

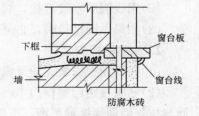

图 10-11　木窗台板装钉示意图

10.2.11　暖气罩制作粗糙，翘曲

由于暖气罩较大而骨架较小，暖气罩进场后未进行检查验收，木材含水率大等原因，致使暖气罩制作粗糙，翘曲不平，影响美观及使用功能。故正确做法如下：

(1)较大的散热器罩最好采用金属骨架。散热罩侧面板可使用五合板。顶面应加大悬板底衬，面饰板用三合板。安装面饰板前应在暖气罩框架外侧刷乳胶，面饰板对正后用射钉固定在木龙骨上，面板应预留出散热罩位置，边缘与框架平齐。

(2)散热罩制作所用木材应采用干燥料。

(3)散热器进场前要进行检查验收，其材料的品种、材质、规格、颜色应符合设计要求，不允许有扭曲变形，发现有缺陷时应进行修理后再安装，对制作过于粗糙或扭曲变形严重者应作退货处理。

10.3 门窗套制作与安装工程

10.3.1 门窗套贴脸构造

门窗套贴脸构造如图 10-12 所示。

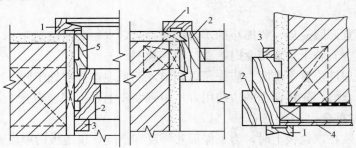

图 10-12 门窗套贴脸构造

1—贴脸；2—樘子；3—12×12 木压条；4—胶合板墙裙；5—筒子板

10.3.2 门窗套制作与安装施工工艺

1. 木贴脸板制作

(1)首先检查配料的规格、质量和数量，符合要求后，用粗刨刮一遍。再用细刨刨光，先刨大面，后刨小面，刨得平直、光滑。背面打凹槽。

(2)用线刨顺木纹起线，线条要深浅一致，清晰、美观。

(3)如果做圆贴脸时，必须先套出样板，然后根据样板画线刮料。

2. 木贴脸板安装

(1)在门窗框安装完毕及墙面做好后即可装钉。

(2)贴脸板距门窗口边 15～20mm。贴脸板的宽度大于 80mm 时，其接头应做暗榫，四周与抹灰墙面须接触严密，搭盖墙的宽度一般为 20mm，最少不应少于 10mm。

(3)装钉贴脸板，一般是先钉横向的，后钉竖向的。先量出横向贴脸板所需的长度，两端锯成 45°斜角(即割角)，紧贴在框的上坎上，其两端伸出的长度应一致。将钉帽砸扁，顺木纹冲入板表面 1～3mm，钉长宜为板厚的两倍，钉距不大于 500mm，接着量出竖向贴脸板长度，钉在边框上。

(4)贴脸板下部宜设贴脸墩，贴脸墩要稍厚于踢脚板。不设贴脸墩时，贴脸板的厚度不能小于踢脚板的厚度，以免踢脚板冒出而影响美观。

(5)横竖贴脸板的线条要对正，割角应准确平整，对缝严密，安装牢固。

10.3.3 门窗套施工技巧

(1)贴脸板安装应在门窗框安装完毕、墙面涂料工程施工前进行。贴脸板的厚度不能小于踢脚板厚度，以免踢脚板冒出而影响美观。安装贴脸板时，横竖线条要对正，割角应准确平整，对缝严密，安装牢固。

（2）为防止贴脸板被污染，安装前宜先刷封闭底漆一遍。加工贴脸板时应先刨大面，后刨小面，刨得平直光滑，背面应打凹槽。贴脸板与踢脚线交接处宜先安装贴脸板，后安装踢脚线。

（3）为便于施工，宜先安装横向短的，后安装两侧长的，这样收口于与地面连接处，不影响美观。贴脸板的横向与竖向均应遮盖墙面不小于 10mm，安装横向贴脸板时，其两端头离门窗框梃的距离要一致，用钉帽砸扁的钉子固定牢固。

（4）饰面为清水漆时，固定贴脸板宜用直钉，这样钉眼小，不影响饰面装饰效果；当饰面为混色漆时，固定贴脸板宜用扁头钉，这样固定牢固。

（5）装钉贴脸板的钉子，其长度为板厚的两倍，钉帽砸扁顺纹冲入板内 1～3mm。贴脸板固定后，应用细刨将接头部位刨削平整、光滑。钻孔塞木楔后，应用铅笔在板的遮盖区域外标明木楔的位置。

10.3.4　门窗套所用材料质量不符合要求

由于制作与安装门窗套所使用材料的材质、规格、性能、含水率等不符合设计要求，材料进场后，未认真检验，将影响门窗套的质量及使用功能。故安装时应注意以下事项：

（1）制作与安装门窗套所使用材料的材质、规格、花纹和颜色、木材的燃烧性能等级和含水率、花岗石的放射性及人造木板的甲醛含量应符合设计要求及国家现行标准的有关规定。

（2）制作门窗套所使用的木材应采用干燥的木材，含水率不应大于 12％。腐朽、虫蛀的木材不能使用。

（3）胶合板应选择不潮湿且无脱胶、开裂、空鼓的板材。

（4）饰面胶合板应选择木纹美观、色泽一致、无疤痕、不潮湿、无脱胶、无空鼓的板材。

（5）木龙骨基层木材含水率必须控制在 12％之内，但含水率不宜太小（否则吸水后也会变形），一般木材应该提前运到现场，放置 10d 以上，尽量与现场湿度相吻合。

10.3.5　木门窗套未对色对花，接缝处有黑纹，接缝不严

由于未认真选材，操作工艺不正确，未认真仔细地进行质量检验，木门窗套未对色对花，将导致接缝处难以达到颜色均匀、木纹通顺美观的效果，出现黑斑、黑纹，盖不住缝隙，造成结合不严，将严重影响木门窗套的美观及使用功能。因此，实施过程中具体防治措施如下：

（1）认真进行选材，面层板材均要纹理顺直，颜色均匀、花纹相似。不得有节疤、扭曲、裂缝等瑕疵。将树种、颜色、花纹一致的使用于同一房间内。

（2）使用切片板时，尽量将花纹木芯对上，一般花纹大的安装在下面，花纹小的安装在上面，防止倒装。颜色好的用在迎面，颜色稍差的用在较背的部位。

（3）门窗套板先安顶部，找平后再安两侧。门窗框要有裁口或打槽。

（4）安装贴脸时，先量出横向所需长度，两端放出 45°角，锯好刨平，紧贴在樘子上冒头钉牢，再配两侧贴脸。贴脸板最好盖好抹灰墙面 20mm，最少也不得小于 10mm。贴脸下部要有贴脸墩，贴脸墩应稍厚于踢脚板厚度，没有贴脸墩时，贴脸板的厚度不能小于踢脚板，以免踢脚板冒出。

10.3.6 木门窗面层钉眼过大，钉帽外露

硬木装修采用明钉安装装饰件时，钉眼过大；贴脸、压缝条、墙裙压顶条等端头劈裂以及钉帽外露等，都会影响装饰质量及美观度。

(1)原因分析

1)钉子的长度选用不当。

2)钉子位置未确定好。

3)操作方法不正确。

4)对露出的钉帽未做认真处理。

(2)防治措施

1)钉子的长度以不超过面层厚度的两倍为宜。

2)打扁后的钉帽宽度要略小于钉子直径，扁钉帽应顺着木纹往里卧入。钉子位置应在两根木筋(年轮)之间。

3)钉劈的部位，应将钉子取出来，劈裂处用胶黏好，待牢固后，用木钻在两边各引小孔，补钉牢固。

4)面板拉缝处木格栅露出的钉帽，可用铁冲将其冲进 5mm 左右，再用腻子刮平。

5)铁冲头要呈圆锥形，不要太尖，但应保持略小于钉帽的状态。将钉帽冲入板面下 1mm 左右。

6)遇到比较硬的木料，应先用木钻引个小眼，再钉钉子。

10.4 护栏和扶手制作与安装工程

10.4.1 护栏和扶手基本构造

(1)栏杆可分为空心栏杆和实心栏杆两种，其构造如图 10-13 所示。

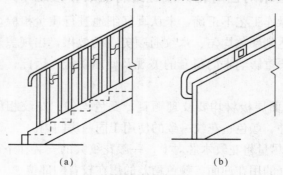

(a)   (b)

图 10-13 栏杆的分类

(a)空心栏杆；(b)实心栏杆

(2)扶手可分为五种，包括金属栏杆木扶手、木板扶手、塑料扶手、磨光花岗石扶手、不锈钢(或铜)扶手。扶手具体构造如图 10-14 所示。

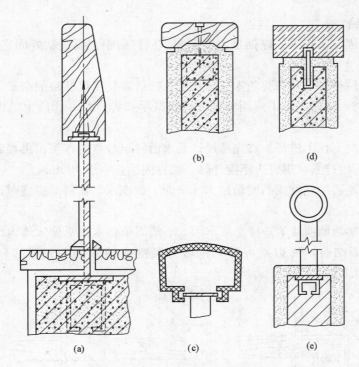

图 10-14 扶手构造示意图

(a)金属栏杆木扶手；(b)木板扶手；(c)塑料扶手；

(d)磨光花岗石扶手；(e)不锈钢（或铜）扶手

10.4.2 护栏、扶手制作与安装施工工艺

(一)木扶手、木栏杆制作与安装

1. 木扶手制作

(1)首先应按设计图纸要求将金属栏杆就位和固定，安装好固定木扶手的扁钢，检查栏杆构件安装的位置和高度，扁钢安装要平顺和牢固。

(2)按照螺旋楼梯扶手内外环不同的弧度和坡度，制作木扶手的分段木坯。木坯可在厚木板上裁切出近似弧线段，但比较浪费木材，而且木纹不通顺。最好将木材锯成可弯曲的薄木条并双面刨光，按照近似圆弧做成模具，将薄木条涂胶后逐片放入模具内，形成组合木坯段。将木坯段的底部刨平后按顺序编号和拼缝，在栏杆上试装和画出底部线。将木坯段的底部按画线铣刨出螺旋曲面和槽口，按照编号由下部开始逐段安装固定，同时要再仔细修整拼缝，使接头的斜面拼缝紧密。

(3)用预制好的模板在木坯扶手上画出扶手的中线，根据扶手断面的设计尺寸，用手刨由粗至细将扶手逐次成型。

(4)对扶手的拐点弯头应根据设计要求和现场实际尺寸在整料上画线，用窄锯条锯出雏形毛坯，毛坯的尺寸比实际尺寸大 10mm 左右，然后用手工锯和刨逐渐加工成型。一般拐点弯头要由拐点伸出 100～150mm。

(5)用抛光机、细木锉和手砂纸将整个扶手打磨砂光。然后刮油漆腻子和补色，喷刷油漆。

2. 木扶手安装

（1）先要检查固定木扶手的扁钢是否平顺和牢固，扁钢上要先钻好固定木螺丝的小孔，并刷好防锈漆。

（2）测量好各段楼梯实际需要的木扶手长度，按所需长度尺寸略加余量下料。当扶手长度较长需要拼接时，最好先在工厂用专用开榫机开手指榫。每一梯段上的榫接头最好不超过一个。

（3）安装扶手由下往上进行。首先按设计要求做好起步点的弯头；再接着安装扶手。固定木扶手的木螺钉应拧紧，螺钉头不能外露，螺钉间距宜小于 400mm。

（4）当木扶手断面的宽度或高度超过 70mm 时，如在现场做斜面拼缝时，最好加做暗木榫加固。

（5）木扶手末端与墙或柱的连接必须牢固，不能简单将木扶手伸入墙内，因为水泥砂浆不能和木扶手牢固结合，所以水泥砂浆的收缩裂缝会使木扶手入墙部分松动。建议按图 10-15所示方法固定。

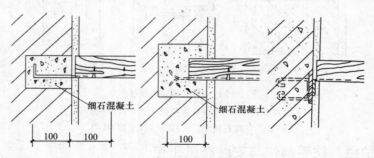

图 10-15　木扶手与墙（柱）的连接（单位：mm）

（6）沿墙木扶手的安装方法基本同前。因为连接扁钢不是连续的，所以在固定预埋铁件和安装连接件时必须拉通线找准位置，并且不能有松动。常用木扶手的安装方法如图 10-16所示。

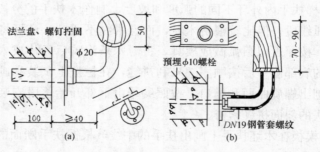

图 10-16　常用木扶手的安装方法（单位：mm）
(a)圆木扶手；(b)高木扶手

（7）木扶手安装好后，要对所有构件的连接进行仔细检查，木扶手的拼接要平顺光滑，对不平整处要用小刨清光，再用砂纸打磨光滑。然后刮腻子补色，最后按设计要求刷漆。

(二)石材栏板与扶手安装

1. 石材栏板安装

现在许多装饰设计中很少绘制楼梯内外栏板立面图，对旋转曲线楼梯内外圈的开展平面图也不相同。实际中应根据装饰设计图和实测尺寸绘制各个内外侧面展开图，并将栏板石材进行合理分格。一般分格宽度不宜大于 1000mm，并应考虑所选用石材品种大板的规格尺寸。外侧栏板最好先不切割成斜边，以便在施工时可方便支撑在支撑木上，上端最好也适当留出余量，以便施工时可以拼对花纹和调整尺寸，在最后才统一弹线，进行现场切割，如图 10-17 所示。

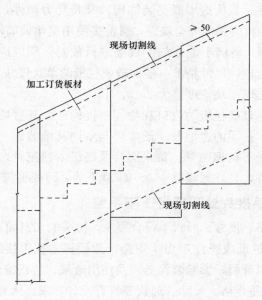

图 10-17 楼梯栏板外侧立板示意图

2. 石材扶手安装

现在仅在少数豪华宾馆内使用石材楼梯或柱杆扶手，采用比较多的是圆形断面，这主要考虑石材加工的方便。材料以雪花白大理石为多，因为白色更容易与其他颜色相配。加工后的大理石扶手细腻光滑，更显豪华气质。由于加工机械能力的限制，现在还只能加工直线形和圆弧曲线形的扶手，还不能加工螺旋曲线形的扶手。因此，在旋转曲线楼梯中，还只能用圆弧曲线形扶手来近似替代螺旋曲线形扶手，相当于平面几何中用多边形来近似圆形一样。应当注意的是圆弧曲线形扶手的分段尺寸不宜太大，否则在安装时扶手会出现明显的死弯硬角。扶手立柱支点的排列要均匀美观，其间距的大小也和石材扶手的直径有关。在旋转曲线楼梯，内外圈栏板（杆）和扶手要分别绘制出内外立面展开图，才能确定扶手等石材的安装定位尺寸。实际订货时，对起始和拐弯处需现场加工拼接处的扶手长度要留出足够的余量。

10.4.3　护栏和扶手所用材料质量不符合要求

由于护栏和扶手制作与安装所使用材料的材质、规格及各种性能不符合设计要求，材料进场后未认真进行检验，都将会严重影响护栏和扶手的质量及使用功能。

(1)护栏和扶手制作与安装所使用材料的材质、规格、数量和木材、塑料的燃烧性能等级应符合设计要求。

(2)木制扶手一般用硬杂木加工成规格成品，其树种、规格、尺寸、形状符合设计要求。木材质量均应纹理顺直，颜色一致，不得有腐朽、节疤、裂缝、扭曲等缺陷，含水率不得大于12%。弯头料一般采用扶手料，以45°角断面相接，断面特殊的木扶手按设计要求备弯头料。

(3)黏结剂。一般多用聚醋酸乙烯(乳胶)等黏结剂。

(4)玻璃栏板用材。

1)玻璃。由于玻璃在栏板构造中既是装饰构件又是受力构件，需具有防护功能及承受推、靠、挤等外力作用，故应采用安全玻璃，目前多使用钢化玻璃，单层钢化玻璃一般选用12mm厚的品种，因为钢化玻璃不能在施工现场进行裁割，所以应根据设计尺寸到厂家订制，须注意玻璃的排块合理，尺寸精准。楼梯玻璃栏板的单块尺寸一般采用1.5m宽；楼梯水平部位及跑马廊所用玻璃单块宽度多为2m左右。

2)扶手材料。扶手是玻璃栏板的收口和稳固连接构件，其材质影响到使用功能和栏板的整体装饰效果。因此，扶手的造型与材质需要与室内其他装饰一并设计。目前所使用的玻璃栏板扶手材料主要是不锈钢圆管、黄铜圆管及高级木料三种。不锈钢管可采用镜面抛光或一般抛光的不同品种，其外圆规格 $\phi 50 \sim \phi 100$ 不等，可根据需要订购。

10.4.4　木梯扶手接头处不严密、不平整

由于材料的材质规格、尺寸、形状不符合要求，接头的切割面不平整、角度不合适，采用胶黏时，温度过高或过低或操作不当，均会导致楼梯木扶手接缝处理不当，黏结不良，造成扶手接槎不平，接缝开裂，影响装饰美观及使用效果。故正确做法如下：

(1)木扶手材料的材质规格、尺寸、形状要符合设计要求。木料材质应纹理通顺，颜色一致，不得有腐朽、节疤、裂缝扭曲等缺陷，含水率不得大于12%。

(2)木扶手安装由下向上安装，先按栏杆斜度配好起步弯头。一般木扶手宽度在70mm以内的可以用扶手料配制弯头，采用45°角断面黏结，断块的黏结区段内最少要有三个螺钉与支承件连接固定；宽度大于70mm的扶手，接头除黏结外，还应在下边作暗榫，也可用铁件铆固。

(3)高级装修中的楼梯扶手采用整块弯头。整块弯头应做足尺大样的样板，在弯头料上按样板画线制作。

(4)接头处以45°角断面黏结时，应使用符合要求的黏结剂，并要注意操作环境的温度。

(5)预制木扶手须经预装。安装扶手由下往上进行，首先按栏杆斜度做好起步点的弯头，再接头安装扶手。黏结应使用符合要求的黏结剂，操作环境温度不应低于5℃。

(6)木扶手安装完毕后，需对所有构件的连接处进行检查，木扶手的拼接要平顺光滑，对不平整处要用小刨净光，使其折角清晰，坡度合适，弯曲自然，断面一致，再用砂纸打磨光滑，并宜刷一道底子油，以防受潮变色。

10.4.5　木扶手固定不牢

由于木扶手与栏杆连接操作工艺不正确，未认真进行质量检验，致使木扶手活动，木

螺钉歪斜不平，扶手与栏杆结合不牢固，不能满足使用要求。故正确做法如下：

(1)栏杆上部带钢螺钉孔中距不应大于 400mm，螺钉孔四周要旋成窝，每个螺钉孔必须拧螺钉，不得间隔。

(2)螺钉孔应留在靠近栏杆立铁的上角部位，操作时螺纹旋具便可与扶手底垂直，防止螺母歪斜。

(3)硬木扶手的螺钉孔用木钻引孔的深度不大于木螺钉长度的 2/3。

(4)木扶手末端与墙或柱的连接必须牢固，不能简单将木扶手伸入墙内。因为水泥砂浆不能和木扶手牢固结合，水泥砂浆的收缩裂缝会使木扶手入墙部分松动。如图 10-18 所示。

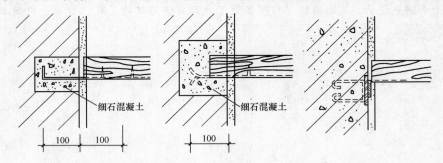

图 10-18　木扶手与墙(柱)的连接(单位:mm)

10.4.6　护栏高度不够、栏杆间距过大

由于护栏高度、栏杆间距不符合设计要求，或未严格按设计文件施工，均会导致护栏高度不够，或栏杆间距过大，易造成严重的安全隐患。故在安装前应对照图纸检查护栏高度、栏杆间距和安装位置是否符合设计要求。如设计无具体规定时，扶手高度不应小于 0.9m，护栏高度不应小于 1.05m，栏杆间距不应大于 0.11m。护栏应采用坚固、耐久材料制作，并能承受相关规范允许的水平荷载。

参 考 文 献

[1] 国家标准. GB 50300—2001 建筑工程施工质量验收统一标准 [S]. 北京：中国建筑工业出版社，2001.

[2] 国家标准. GB 50210—2001 建筑装饰装修工程质量验收规范 [S]. 北京：中国建筑工业出版社，2001.

[3] 北京土木建筑学会. 装饰装修工程现场施工处理方法与技巧 [M]. 北京：机械工业出版社，2009.